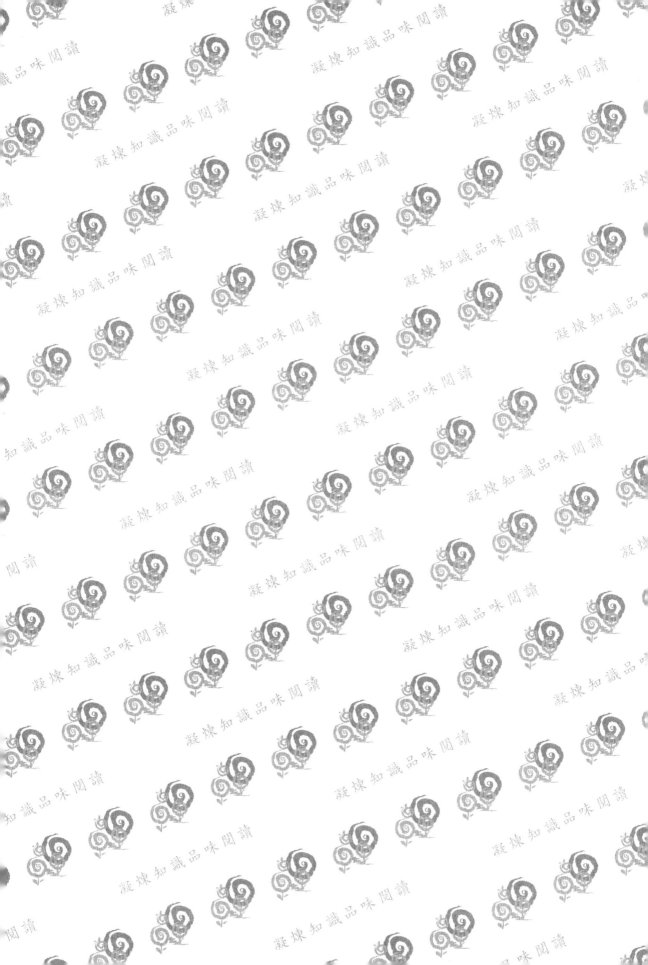

吳柏林、林松柏──著

模糊統計：

使用

語言

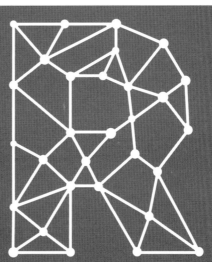

五南圖書出版公司 印行

序言

　　時光荏苒，距離《模糊統計導論：方法與應用》初版發行已歷 15 年了，雖然在 2015 年進行部分內容修訂並發行第二版，但因為 R 語言的開發與廣泛使用，我們在模糊統計的推廣應用多了一項強大的生力軍。

　　原本模糊統計導論就已經建構了相當完整的定義與計算公式，但苦於沒有容易操作使用的統計軟體平台，並不像一般統計分析方法能夠使用常見的套裝軟體進行操作與學習，所以模糊統計在研究或教學的運用就相當受限，讓人對它更為卻步，也更讓人模糊了。所幸 R 語言的成熟，提供了一個便於計算與理解模糊統計方法的平台，透過程式語言的撰寫，更能印證模糊統計方法的各種設想，而且也能由讀者自行撰寫更彈性與多元的語法，讓模糊統計的應用更為廣泛與深入。

　　本書在模糊統計導論的基礎上，針對每種模糊統計分析方法提供 R 語言的撰寫語法，並且為了讓讀者們能夠逐步了解模糊統計的計算過程，所以並不使用既有的 R 語言套件，而是使用較容易理解與基本的語法來撰寫，像是常用的向量定義、迴圈、判斷句等。雖然部分語法會因此多出許多 coding，但我們都會在各語法進行註解說明，能夠減輕讀者還要再學習程式語言的負擔。

　　本書得以發行，感謝各位讀者來信對模糊統計方法的指教，以及提供了許多實務例子，激勵我們不斷思考與提出各種設想，也使得模糊統計能更為清晰展開在各位面前，而非其名的模模糊糊。模糊統計的應用還有很大的發展空間，加上各種程式語言的開發使用，相信能為更多人所理解與投入，期

待能在本書的拋磚引玉之下，讓模糊統計方法論的發展更為扎實茁壯。

吳柏林

林松柏

謹識

秋季，2021

我不知道我在這世界上的地位；但是在神遊科學的世界裡，
我常把自己比喻成一位充滿好奇心的小孩，
在繽紛的海灘邊，撿拾一些更美麗的貝殼。
而浩瀚的知識大海則不斷地拍打在我的腳丫上，
激起無數的美麗浪花。

目錄

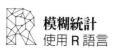
* 下載本書相關檔案，請上五南官網

https://www.wunan.com.tw，首頁搜尋書號 1H3D。

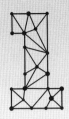

緒　言

學習金鑰

✦ 理解模糊統計與人類思維的特性
✦ 認識模糊理論隸屬度描述的概念

1.1　模糊理論之概念

　　人類的思維主要是來自於對自然現象和社會現象的認知意識，而人類的知識語言也會因本身的主觀意識、時間、環境和研判事情的角度不同而具備模糊性。模糊理論的產生即是參考人類思維方式對環境所用的模糊測度與分類原理，給予較穩健的描述方式，以處理多元複雜的曖昧和不確定現象。因此，人類思維有兩類，一為形式化思維 (formal thinking)，另一為模糊思維 (fuzzy thinking)；前者是有邏輯性和順序性的思考，而後者則是全體性和綜合性的思考。當面臨決策判斷而進行思考時，基於形式化思維的二元邏輯，常很難表示出人類思考的多元邏輯特性。

　　當有人說他今天感到很快樂時，究竟他對於快樂的認知為何呢？什麼樣

的測量標準可以稱得上快樂呢？或是這樣的感覺持續多久的時間以上才能算是快樂呢？然而，這樣的問題，每個人的回答皆因其主觀性而有不同，即使回答者為同一人，也會因為所處的環境、或是外在條件的不同，而可能出現與之前相異的答案。諸如此類很多的論點和問題，都不是能夠用絕對的二元邏輯所可以界定的。原因則皆來自於人類思維的模糊性。但人類卻常常被要求做出絕對的判斷或選擇，以人性的觀點來看，這是十分不合理的。

模糊理論的概念，主要強調個人喜好程度不需非常清晰或數值精確，因此對人類而言，模糊模式比直接指定單一物體一個值，較合適於評估物體間的多元或相關特性。

對不確定性的事物作決策，是相當重要的人類活動。如果這種不確定性僅僅是由於事物的隨機所引起的，模糊統計分析發展為這類決策活動提供了不錯的理論依據。事實上，我們在決策過程中所遇到的不確定性問題，往往不只是由於事物的隨機所引起，這種不確定性還可能是：不完全的資訊、部分已知的知識、對環境模糊的描述等，這類資訊來自於測量與感知中的不確定因素，主要是我們的語言及人類思維對某些概念表達模糊所引起。這些不明確性經常比我們想像的要複雜許多。

顯然地說，如果要對人類思維的模糊性做出比較好的判斷，我們必須盡量將所得到的資訊都考慮在內，特別是屬性問題。由於屬性問題本身的不確定性與模糊性，若我們利用此假性的精確值來做因果分析與計量度量，可能造成判定偏差及決策誤導，甚至會擴大預測結果與實際狀態之間的差異。因此對於這些在思考認知不易表達完善的屬性問題，藉由軟計算方法與模糊統計分析可更明確表達出來。

雖然古典集合在數理科學上建立一套完整的系統邏輯，但是，若將此集合關係應用於描述某些實務現象時，常發現不合理的情形。因為某些現象並不一定存在「非此即彼」的關係。例如：進行某一教學單元後，將班級的學生劃分成「精熟」和「不精熟」兩類，這樣的劃分很明顯地有不合理之處，因為學生的精熟度並非是二元的現象，而是有各種不同精熟程度連續性之特性。自 Zadeh(1965) 提出模糊理論以來，此思維可解釋許多實務現象。模糊理論將元素和集合之間的關係，以介於 [0,1] 之間的隸屬度 (membership) 描述。

　　由於傳統集合中二元邏輯與人類思維模式出入頗大，若能引用隸屬度函數，應能得到較合理的解釋。例如：人們認為身高 200 公分絕對屬於高，則其隸屬度函數值自然屬於 1，而身高 180 公分或 178 公分的隸屬度函數值則約等於 0.8，此表示身高 180 公分或 178 公分屬於高的程度有 0.8 之多，再根據隸屬度函數的定義，我們可描繪出模糊集合中高的隸屬度函數。又如果某人認為 40 歲絕對屬於中年，則其隸屬度函數值自然屬於 1，而 39 歲或 41 歲的隸屬度函數值則約等於 0.9，此表示 39 歲或 41 歲屬於中年的程度有 0.9 之多。

　　根據隸屬度函數的定義，我們可繪出模糊集合中年的隸屬度函數。與傳統集合的特徵函數比較，隸屬度函數似乎是將特徵函數平滑化了。不僅如此，隸屬度函數讓每個年齡層都擁有一個介於 0 到 1 之間的值，來代表屬於高或中年的程度。相較於傳統集合的特徵函數，在描述模糊的概念時，利用模糊集合的隸屬度函數來解釋是更適當的。

　　模糊理論是以模糊邏輯為基礎，它將傳統數學之二元邏輯做延伸，不再是只有對錯或是非二分法。對於元素與集合的關係，古典集合論中元素是否屬於集合 A，必須十分明確不容模糊。即 $X \in A$ 或 $X \notin A$ 二者必居其一，且只能居其一。這種邏輯正是所謂的二元邏輯。然而人類的思維，因來自於對自然現象和社會現象的主觀意識影響，其知識語言也會因本身的主觀意識、時間、環境和研判事情的角度不同而具模糊性。對和錯之間還有「不完全對」、「一點對」或「不完全錯」等，是非之間還有「有些是」、「有些非」等地帶，正所謂的灰色地帶與模糊觀念。要了解模糊的意義，亦可從模糊的相反詞明確來做反向思考。

　　有些學者認為模糊理論既是研究不確定的現象，應與機率論類似。然而機率論是研究隨機性問題，隨機性雖不確定，但那是因為條件不充分引起的，事件的發生是隨機的，事件之後卻是確定的，例如：擲一公正骰子，出現 1,2,3,4,5,6 點之機率均為 1/6，當丟完一次之後，出現多少就是多少。而模糊理論的事件本身卻是模糊不明確的，例如：回答家中經濟屬於不錯、小康或中等等，這些均不屬於隨機，而是事件本身的不完整性與不明確性。Zadeh(1999) 更建議引用感覺測度 (perception measure) 和軟計算 (soft computing system) 共同應用作為模糊函數估計量，這種應用模糊概念將屬性

關係數學模式化的方法，我們統稱為軟計算方法。希望此研究方向提供未來計量研究方法的一個有用的工具。

　　模糊概念並不只侷限在研究人類的思維與情感而已。在以往嚴謹精確的原則要求下，許多技術層面所衍生出的灰色地帶，都必須耗費相當大的心力為複雜的系統寫下嚴密的定義與敘述，灰色地帶中的每一個細微末節，都必須完全地考慮到，盡全力使得其中的模糊變得明確，但若稍有一遺漏，則全盤皆墨，一切又得從頭做起。而模糊理論卻提供一種新的思維模式，只需要明瞭各種屬性的狀況，利用軟計算方法建立大略性的處理模式，即可處理系統中灰色地帶的問題。所以我們應該要了解到：灰色或是模糊不清的事件是層出不窮的，也是無法完全避免的，也因此，才讓我們體認到研究模糊理論的重要性。

　　隸屬度函數是模糊理論的基礎，它是從傳統集合中的特徵函數 (characteristic function) 所衍生出來的，用以表達元素對模糊集合的隸屬度 (membership grade)，其範圍介於 0 到 1 之間。對於元素和集合的關係，古典集合將元素和集合之間的關係以特徵函數來說明，亦即 $I(x) = 1$，若 $x \in A$；$I(x) = 0$，若 $x \notin A$。但是 Zadeh(1965) 在模糊集合論中則提到，若一個元素屬於某一個集合的程度越大，則其隸屬度值越接近於 1，反之則越接近 0。

　　隸屬度函數是模糊理論最基本的概念，它不僅可以描述模糊集合的性質，更可以對模糊集合進行量化，並且利用精確的數學方法，來分析和處理模糊性資訊。然而，要建立一個足以表達模糊概念的隸屬度函數，並不是一件容易的事。其原因在於隸屬度函數脫離不了個人的主觀意識，故沒有通用的定理或公式，通常是根據經驗或統計來加以確定，很難像客觀事物一樣有很強的說服力。因此，隸屬度函數的建立經常是具有爭議性的，也沒有一種隸屬度函數是可以被廣泛接受而使用。

　　近年來，由於科技知識水平的提高與智慧科技多元發展，造就了現今財金、經濟、教育與心理研究環境的多變與複雜化。以往的社會科學研究多利用傳統的統計分析方法，如今卻因為時代的不斷進步，而漸漸不符合現今多變環境的複雜性，以致於常感到研究方法之缺乏與不適用。如何以較為進步而精確的方法來分析目前瞬息萬變的大環境是非常必要的。故本書提出應用模糊理論的概念，將人類的喜好程度及各種屬性關係，轉換成各種便於計算

的效用函數，進而適當建立假設的數學模式。這些參考人類思維方式而建構
出來的各種模糊統計分析，將可廣泛地應用於處理分析各種多元複雜的不確
定現象。

1.2 R 語言語法說明

為了使讀者更容易理解本書建構的各種模糊統計分析模式，也讓讀者更
容易應用與計算，本書將介紹與建構的各種模糊統計分析模式為 R 語言。R
語言是免費開放原始碼軟體 (open source software)，雖然必須使用命令行撰
寫程式語言才能進行統計分析，但卻能使分析者更為自由與彈性撰寫符合個
人需求的分析程序，同時也能使讀者透過本書所附的 R 語言，更加理解各
種模糊統計的定義或公式，並且將之轉換為具體的計算公式，再加上 R 語
言安裝簡易與更為小巧，更有利讀者使用。

本書在後續各章節的定義或實例分析都會附上「R 語言語法」，提供讀
者檢視與運用，有興趣的讀者可以參考本書提供的 R 語言語法，改寫為符
合自己需要的語法，或者是直接使用本書的語法與原始資料驗證本書的實例
資料。雖然 R 語言可以透過安裝各種相關的統計套件 (packages) 使功能得到
擴展，但本書所撰寫的 R 語言語法大多不需要另外安裝套件，以基本的語
法即可完成模糊統計分析。本書亦提供各種自訂函數，提供讀者容易進行不
同情境的模糊統計分析。

因本書並非介紹 R 語言的專書，故本書並不針對如何安裝與撰寫 R 語
言語法進行說明，像是 for()、if()、read.csv() 等，有興趣了解或學習 R 語言
的讀者可以自行參酌各種專門討論 R 語法的專書。然而，即使不懂 R 語言
的讀者亦毋須擔心無法使用本書的語法，在 R 語言語法的命令行前，均會
以 # 註記說明文字，提供讀者理解各命令行的功能。也建議讀者可以先模仿
本書的寫法，再逕自修改語法即可進行分析。

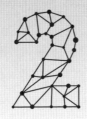

隸屬度函數與軟計算方法

難易指數：☺☺☺☺（簡單）

學習金鑰

✦ 熟悉離散型與連續型隸屬度函數定義與表示
✦ 能夠進行模糊集合隸屬度函數之計算
✦ 能撰寫 R 語言進行模糊軟運算與相似度

　　隸屬度函數通常可分為離散型 (discrete) 與連續型 (continuous) 兩類。離散型隸屬度函數是直接給定有限模糊集合內每個元素的隸屬度，並以向量的形式表現出來，而連續型隸屬度函數則有幾種常用的函數形式（S- 函數、Z- 函數、π- 函數、三角形函數、梯形函數、高斯（指數）函數）來描述模糊集合。函數定義的表現，可以是無限模糊集合的元素及其隸屬度之間的關係，也可以是有限模糊集合的元素及其隸屬度之間的關係。

2.1　隸屬度函數與模糊數

　　過去我們利用傳統集合定義具有模糊性質的語言變數時，常會造成許多不合理的現象。例如，最近相當熱門的景氣一詞，當我們考慮景氣指標 0

到 100 的範圍時，若定義 30 到 50 爲景氣好，則根據傳統集合的定義，可繪出景氣的特徵函數，如圖 2.1 所示。

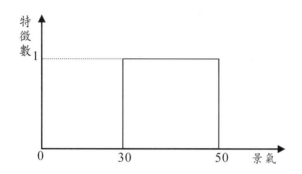

圖 2.1　傳統集合：景氣的特徵函數

在圖 2.1 中顯示當某月景氣指標介於 30 到 50 之間，則屬於景氣好，其特徵值爲 1；反之，便不屬於景氣好，特徵值爲 0。但若我們假設有 A、B、C 三個月，景氣指標各爲 29、31、49，其中 B、C 兩月指標值相差 18，且都屬於景氣好；但 A、B 兩月指標值雖只差 2，但 A 月卻不屬於景氣好，這是相當不合理的。故並不是全部都合理，須看特性決定。

對於這種傳統集合的二分法與人類思維模式格格不入的問題，利用隸屬度函數則能獲得較爲合理的答案。如果某人認爲 40 絕對屬於景氣好，則其隸屬度函數值自然屬於 1，而 39 或 41 的隸屬度函數值則約等於 0.9，此表示 39 或 41 屬於景氣好的程度有 0.9 之多。根據隸屬度函數的定義，我們可繪出模糊集合景氣指標的隸屬度函數。與傳統集合的特徵函數比較，隸屬度

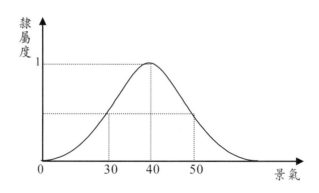

圖 2.2　模糊集合：景氣的隸屬度函數

函數似乎是將特徵函數平滑化了。不僅如此，隸屬度函數讓每個景氣指標都擁有一個介於 0 到 1 之間的值，來代表屬於景氣好的程度。相較於傳統集合的特徵函數，在描述模糊的概念時，利用模糊集合的隸屬度函數來解釋，是更為恰當的。

隸屬度函數是模糊理論最基本的概念，它不僅可以描述模糊集合的性質，更可以對模糊集合進行量化，並且利用精確的數學方法，來分析和處理人類模糊性的資訊。然而，要建立一個足以表達模糊概念的隸屬度函數，並不是一件容易的事。其原因在於隸屬度函數仍舊脫離不了個人的主觀意識，故沒有通用的定理或公式。一般而言，解決的辦法是根據經驗法則，或是利用以往的統計資料來輔助加以確定，很難像客觀事物一樣有很強的說服力。因此，隸屬度函數的建立經常最具有爭議性的，也沒有一種隸屬度函數是可以被廣泛接受而使用。

隸屬度函數可分為離散型 (discrete type) 與連續型 (continuous type) 兩種。離散型的隸屬度函數是直接給予有限模糊集合內每個元素的隸屬度，並以向量的形式表現出來；而連續型隸屬度函數則有幾種常用的函數形式（S-函數、Z- 函數、π- 函數、三角形函數、梯形函數、高斯（鐘形）函數）來描述模糊集合。函數定義的表現，可以是無限模糊集合的元素及其隸屬度之間的關係，也可以是有限模糊集合的元素及其隸屬度之間的關係。

傳統的統計方法透過一般的抽樣調查往往只能得到單一的數值資料、或是固定尺度的選擇，但如此並不足以能夠完整地反應人類個體的想法。若能讓受訪者根據自己的意識，利用隸屬度函數或區間值表達心中對於問項真正屬意的程度，則可更完整地傳達人類真實的思維。在考慮具有模糊特性的問項時，資料本身便具有不確定性與模糊性，所以我們先定義模糊數如下。

定義 2.1　模糊數

設 U 為一論域，令 $\{A_1, A_2, ..., A_n\}$ 為論域 U 的因子集。μ 為一對應到 $[0,1]$ 間的實數函數，即 $\mu : U \to [0,1]$。假若布於論域 U 之一述句 X 其相對於因子集的隸屬度函數以 $\{\mu_1(X), \mu_2(X), ..., \mu_n(X)\}$ 表示，則在離散 (discrete) 的情形下，述句 X 的模糊數可表示成：

$$\mu_U(X) = \frac{\mu_1(X)}{A_1} + \frac{\mu_2(X)}{A_2} + ... + \frac{\mu_n(X)}{A_n}$$

其中 + 是或的意思，$\frac{\mu_i(X)}{A_i}$ 表示述句 X 隸屬於因子集 A_i 的程度。當 U 爲連續時，述句 X 的模糊數可表示成：$\mu(X) = \int_{x \in X} \frac{\mu_i(X)}{A_i}$。

例 2.1 一天運動時間的模糊數表示

假設 X 爲國中學生一天運動幾個小時，以模糊數表示爲 $\mu_\Omega(X)$，論域 Ω 可視爲整數論域，即是運動時數。設 $\Omega = \{0,1,2,3,4,5\}$，X：一天運動時間模糊數的隸屬度函數爲：$\{\mu_0(X) = 0.25, \mu_1(X) = 0.4, \mu_2(X) = 0.2, \mu_3(X) = 0.1, \mu_4(X) = 0.05, \mu_5(X) = 0\}$。

則 X：一天運動幾個小時的模糊數可表示爲：

$$\mu_\Omega(X) = \frac{0.25}{0} + \frac{0.4}{1} + \frac{0.2}{2} + \frac{0.1}{3} + \frac{0.05}{4} + \frac{0}{5}$$

例 2.2 居民對河川惡臭感覺的模糊數表示

假設 X = 高雄愛河沿岸居民對河川惡臭的感覺。以模糊數表示爲 $\mu_U(X)$。假設論域 $U = \{1 = 很嚴重, 2 = 嚴重, 3 = 普通, 4 = 輕度, 5 = 無影響\}$。若 X = 高雄愛河沿岸居民對河川惡臭的感覺隸屬度函數爲 $\{\mu_1(X) = 0.25, \mu_2(X) = 0.6, \mu_3(X) = 0.1, \mu_4(X) = 0.05, \mu_5(X) = 0\}$；亦可以模糊數表示爲：

$$\mu_U(X) = \frac{0.25}{1} + \frac{0.6}{2} + \frac{0.1}{3} + \frac{0.05}{4} + \frac{0}{5}$$

例 2.3 投資報酬率的模糊數表示

假設 X 公司投資報酬率以模糊數表示爲 $\mu_U(X)$，論域 U 可視爲實數論域，即是投資報酬率。設 $U = \{2\%, 5\%, 10\%, 20\%\}$，且令 X 公司投資報酬率模糊數的隸屬度函數爲：

$$\{\mu_2(X) = 0.2, \mu_5(X) = 0.4, \mu_{10}(X) = 0.3, \mu_{20}(X) = 0.1\}$$

則 X 公司投資報酬率的模糊數可表示為：

$$\mu_U(X) = \frac{0.2}{2\%} + \frac{0.4}{5\%} + \frac{0.3}{10\%} + \frac{0.1}{20\%}$$

在計算模糊樣本其相對於語言變數的隸屬度函數時，經常利用到三角形隸屬度函數及其他函數來進行計算工作，其定義及計算方式如下：

定義 2.2　三角形隸屬度函數之計算

令 $\{X_i, i = 1, ..., n\}$ 為一組模糊樣本，U 為其論域。給定 U 的一個次序分割集合，$\{P_j, j = 1, ..., r\}$，且其相對於語言變數為 $\{L_j, j = 1, ..., r\}$。設 m_j 為其分割集合 P_j 的中間值，若 X_i 介於 m_j 與 m_{j+1} 之間，則其屬於語言變數 L_j 的隸屬度為 $\dfrac{m_{j+1} - X_i}{m_{j+1} - m_j}$，屬於語言變數 L_{j+1} 的隸屬度為 $\dfrac{X_i - m_j}{m_{j+1} - m_j}$。

例 2.4　計算股市成交股數對應於量之語言變數的隸屬度

令 $\{X_i\}$ = {16, 34, 58, 70, 88}（單位：千萬）為股市中五檔股票於某月之成交股數，若選擇一次序分割集合 U = {[0, 20), [20, 40), [40, 60), [60, 80), [80, 100)}，其相對應的語言變數為：微量 = $L_1 \propto$ [0, 20)，小量 = $L_2 \propto$ [20, 40)，普通 = $L_3 \propto$ [40, 60)，大量 = $L_4 \propto$ [60, 80)，巨量 = $L_5 \propto$ [80, 100)，其中「$\propto$」表「相對於」。再取各分割集合之中間值為 $\{m_1 = 10, m_2 = 30, m_3 = 50, m_4 = 70, m_5 = 90\}$，其相對應的語言變數為 $\{L_1, L_2, L_3, L_4, L_5\}$。因為 $X_1 = 16$ 介於 10 與 30 之間，因此可以計算 X_1 對應於 L_1 及 L_2 之隸屬度如下：

$$\frac{30-16}{30-10} = 0.7 \in L_1 \ , \ \frac{16-10}{30-10} = 0.3 \in L_2$$

同理，我們可得到 $\{X_i\}$ 中每一個元素對應於語言變數之隸屬度，如表 2.1。

表 2.1　{X_i} 對應於語言變數 {L_j} 之隸屬度

	L_1	L_2	L_3	L_4	L_5
$X_1 = 16$	0.7	0.3	0	0	0
$X_2 = 34$	0	0.8	0.2	0	0
$X_3 = 58$	0	0	0.6	0.4	0
$X_4 = 70$	0	0	0	1	0
$X_5 = 88$	0	0	0	0.1	0.9

R 語言語法

```
> # 對應於語言變數隸屬度
> # 分別定義分割集合的最小值與最大值
> U_min <- 0
> U_max <- 100
>
> # 界定分割集合的組數
> U_c <- 5
>
> # 計算分割集合之區間值
> U_dis <- (U_max - U_min) / U_c
>
> # 宣告論域的語言變數為 U_L
> U_L <- c()
>
> # 運用 for 迴圈函數呈現分割集合內容
> for(i in 1:U_c)
+ {
+     # 計算各分割集合的左端值
+     U_c_min <- (i - 1) * U_dis + U_min
+     # 計算各分割集合的右端值
+     U_c_max <- U_c_min + U_dis
+     # 運用 paste0 函數產生語言變數內容
+     U_c_i <- paste0("L", i, " [", U_c_min, ", ", U_c_max, ")")
+     # 逐一合併次序分割集合的內容
+     U_L <- c(U_L, U_c_i)
```

```
+ }
>
> U_L # 執行 U_L 呈現分析結果
[1] "L1 [0, 20)"    "L2 [20, 40)"   "L3 [40, 60)"
[4] "L4 [60, 80)"   "L5 [80, 100)"
>
>
> # 運用與增修上述語法，撰寫自訂函數 Fuzzy_U 語法
> # 分別產生分割集合標題文字、最小值、最大值與中間值
>
> Fuzzy_U <- function(U_min, U_max, U_c)
+ {
+     U_dis <- (U_max - U_min) / U_c
+     U_L_title <- c()
+     U_L_min <- c()
+     U_L_max <- c()
+     U_L_m <- c()
+     for(i in 1:U_c)
+     {
+         U_c_title <- paste0("L", i)
+         U_c_min <- (i - 1) * U_dis + U_min
+         U_c_max <- U_c_min + U_dis
+         U_c_m <- (U_c_min + U_c_max) / 2
+         U_L_title <- c(U_L_title, U_c_title)
+         U_L_min <- c(U_L_min, U_c_min)
+         U_L_max <- c(U_L_max, U_c_max)
+         U_L_m <- c(U_L_m, U_c_m)
+     }
+     U_L <- list(L_title = U_L_title, L_min = U_L_min, L_max = U_L_max, L_m = U_L_m)
+     return(U_L)
+ }
>
> # 設定語言變數的次序分割集合，最小值設為 0，最大值為 100
> # 分割集合組數為 5，並儲存為 fuzzy_L
> fuzzy_L <- Fuzzy_U(0, 100, 5)
>
```

```
>
> # 計算單一數值的語言變數的隸屬度
> # 宣告 X 等於 16
> X <- 16
> # 宣告對應 fuzzy_L 分割集合組數的 X_L 語言變數，暫設為 0
> X_L <- rep(0, length(fuzzy_L$L_m))
>
> # 運用 if 條件執行，以及定義 2.2 三角形隸屬度函數進行計算
> # 判斷程序第一階段若 X 低於語言變數的最小值，則語言變數最小值為 1
> # 第二階段若 X 大於語言變數的最大值，則語言變數最大值為 1
> # 第三階段若 X 介於語言變數範圍，則以定義 2.2 計算三角形隸屬度函數
> # 先以 which() 判斷 X 介於哪兩組語言變數之中間值
> # 再分別計算 Lj 的隸屬度與 Lj+1 的隸屬度
>
> if(X <= fuzzy_L$L_m[1])
+ {
+     X_L[1] <- c(1)
+ } else if( X >= fuzzy_L$L_m[length(fuzzy_L$L_m)]) {
+     X_L[length(fuzzy_L$L_m)] <- c(1)
+ } else {
+     L_i <- max(which(X > fuzzy_L$L_m))
+     X_L[L_i] <- (fuzzy_L$L_m[L_i + 1] - X) / (fuzzy_L$L_m[L_i + 1] - fuzzy_L$L_m[L_
i])
+     X_L[L_i + 1] <- (X - fuzzy_L$L_m[L_i]) / (fuzzy_L$L_m[L_i + 1] - fuzzy_L$L_m[L_
i])
+ }
>
> # 輸入 X_L 即可查看三角形隸屬度函數計算結果
> X_L
[1] 0.7 0.3 0.0 0.0 0.0
>
>
> # 計算多項數值的語言變數的隸屬度
>
> # 宣告 X 等於 16, 34, 58, 70, 88 五個數值
> X <- c(16, 34, 58, 70, 88)
```

```
> # 宣告 X_L_table 以儲存分析結果
> X_L_table <- c()
> # 宣告 X_L_table 的列名稱
> table_rownames <- c()
>
> # 運用 for 迴圈函數逐步計算 X 的各項數值
> # 並將分析結果儲存爲 X_L_table
>
> for(X_i in 1:length(X))
+ {
+     X_L <- rep(0, length(fuzzy_L$L_m))
+     if(X[X_i] <= fuzzy_L$L_m[1])
+     {
+         X_L[1] <- c(1)
+     } else if( X[X_i] >= fuzzy_L$L_m[length(fuzzy_L$L_m)]) {
+         X_L[length(fuzzy_L$L_m)] <- c(1)
+     } else {
+         L_i <- max(which(X[X_i] > fuzzy_L$L_m))
+             X_L[L_i] <- (fuzzy_L$L_m[L_i + 1] - X[X_i]) / (fuzzy_L$L_m[L_i + 1] -
fuzzy_L$L_m[L_i])
+             X_L[L_i + 1] <- (X[X_i] - fuzzy_L$L_m[L_i]) / (fuzzy_L$L_m[L_i + 1] -
fuzzy_L$L_m[L_i])
+     }
+     X_L_table <- rbind(X_L_table, X_L)
+     table_rownames <- c(table_rownames, paste0("X", X_i, " = ", X[X_i]))
+ }
> colnames(X_L_table) <- fuzzy_L$L_title
> row.names(X_L_table) <- table_rownames
>
> # 輸入 X_L_table 即可查看三角形隸屬度函數計算結果，如表 2.1
> X_L_table
         L1   L2   L3   L4   L5
X1 = 16 0.7 0.3 0.0 0.0 0.0
X2 = 34 0.0 0.8 0.2 0.0 0.0
X3 = 58 0.0 0.0 0.6 0.4 0.0
X4 = 70 0.0 0.0 0.0 1.0 0.0
```

模糊統計
使用 R 語言

```
X5 = 88 0.0 0.0 0.0 0.1 0.9
>
>
> # 撰寫自訂函數 Fuzzy_XL_table 語法
> # 須要先以自訂函數 Fuzzy_U 計算 fuzzy_L
>
> Fuzzy_XL_table <- function(X, fuzzy_L)
+ {
+     if(min(X) < min(fuzzy_L$L_min) || max(X) > max(fuzzy_L$L_max))
+     {
+         print("X 值超出論域，請重新界定論域值或 X 值 ")
+     } else {
+         X_L_table <- c()
+         table_rownames <- c()
+         for(X_i in 1:length(X)){
+             X_L <- rep(0, length(fuzzy_L$L_m))
+             if(X[X_i] <= fuzzy_L$L_m[1])
+             {
+                 X_L[1] <- c(1)
+             } else if( X[X_i] >= fuzzy_L$L_m[length(fuzzy_L$L_m)]) {
+                 X_L[length(fuzzy_L$L_m)] <- c(1)
+             } else {
+                 L_i <- max(which(X[X_i] > fuzzy_L$L_m))
+                 X_L[L_i] <- (fuzzy_L$L_m[L_i + 1] - X[X_i]) / (fuzzy_L$L_m[L_i + 1]
- fuzzy_L$L_m[L_i])
+                 X_L[L_i + 1] <- (X[X_i] - fuzzy_L$L_m[L_i]) / (fuzzy_L$L_m[L_i + 1]
- fuzzy_L$L_m[L_i])
+             }
+             X_L_table <- rbind(X_L_table, X_L)
+             table_rownames <- c(table_rownames, paste0("X", X_i, " = ", X[X_i]))
+         }
+         colnames(X_L_table) <- fuzzy_L$L_title
+         row.names(X_L_table) <- table_rownames
+         return(X_L_table)
+     }
+ }
```

```
>
> # 執行自訂函數 Fuzzy_XL_table，並將分析結果儲存為 fuzzy_XL
> fuzzy_XL <- Fuzzy_XL_table(X, fuzzy_L)
>
> # 執行 View() 可檢視三角形隸屬度函數計算結果表格
> View(fuzzy_XL)
```

2.2 模糊集合的軟運算

軟計算 (soft computing) 與傳統實數計算方法（硬計算）不同的是，軟計算乃基於模糊數或模糊樣本，包括區間數、多值數、語言變數等的數學運算。舉例來說：某大學生每週運動 2-4 回，每回 1-2 小時，那一週運動幾小時？又如某人出外旅遊 7-8 天，需攜帶若干胃腸藥，而胃腸藥標示成人每日 3-4 回，每回 5-7 顆，請問他須攜帶多少顆，傳統數學並無法對此作一明確的計算，但是一般人均會作一概略的計算。這實在應屬於軟計算過程。

定義 2.3　設 A, B 為論域 U 中的兩個模糊集合，其隸屬度表徵為 μ_A, μ_B。

(a) 補集：$\mu_{A^c}(x) = 1 - \mu_A(x)$

(b) 交集：$\mu_{A \cap B}(x) = \min(\mu_A(x), \mu_B(x)) = \mu_A \wedge \mu_B$

(c) 聯集：$\mu_{A \cup B}(x) = \max(\mu_A(x), \mu_B(x)) = \mu_A(x) \vee \mu_B(x)$

(d) 距離：$d_1 = $ 歐幾里得 (Euclidian)，$d_2 = $ 漢明 (Hamming)

$$d_1(A, B) = \frac{1}{\sqrt{n}} \sqrt{\sum_{i=1}^{n} (\mu_A(x_i) - \mu_B(x_i))^2} \quad (n = 論域因子集個數)$$

$$d_2(A, B) = \frac{1}{n} \sum_{i=1}^{n} 1_{\{x_i : |\mu_A(x_i) - \mu_B(x_i)| > 0\}}(x_i) \quad (n = 論域因子集個數)$$

例 2.5　設 A, B 兩國人民對宗教的隸屬度為：

$$A = \frac{0.3}{佛教} + \frac{0.2}{基督教} + \frac{0.1}{回教} + \frac{0.3}{其他教} + \frac{0.1}{未信教},$$

$$B = \frac{0.2}{佛教} + \frac{0.3}{基督教} + \frac{0.2}{回教} + \frac{0.1}{其他教} + \frac{0.2}{未信教}$$

則根據定義 2.3 可得以下之關係：

$$A^c = \frac{0.7}{佛教} + \frac{0.8}{基督教} + \frac{0.9}{回教} + \frac{0.7}{其他教} + \frac{0.9}{未信教}$$

$$A \bigcap B = \frac{0.2}{佛教} + \frac{0.2}{基督教} + \frac{0.1}{回教} + \frac{0.1}{其他教} + \frac{0.1}{未信教}$$

$$A \bigcup B = \frac{0.3}{佛教} + \frac{0.3}{基督教} + \frac{0.2}{回教} + \frac{0.3}{其他教} + \frac{0.2}{未信教}$$

$$d_1(A,B) = \frac{1}{\sqrt{5}} \sqrt{(0.1^2 + 0.1^2 + 0.1^2 + 0.4^2 + 0.1^2)} = 0.126$$

$$d_2(A,B) = \frac{1}{5} \sum_{i=1}^{5} 1_{\{x_i : |\mu_A(x_i) - \mu_B(x_i)| > 0\}}(x_i) = 1$$

值得注意的是：d_2 通常用於屬質之二元邏輯測度。例如假設投資者對 X, Y, Z 房子的評估為（只有滿意，不滿意兩種）：

	地點	交通	屋況	環境	價格
X	滿意	不滿意	滿意	滿意	滿意
Y	滿意	滿意	不滿意	不滿意	滿意
Z	不滿意	不滿意	滿意	滿意	滿意

則 $d_2(X, Y) = 0.6$，$d_2(X, Z) = 0.2$，$d_2(Y, Z) = 0.8$。

R 語言語法

```
> #模糊集合的軟運算
> #進行模糊集合軟運算可將模糊樣本資料以表格樣式呈現
>
> #宣告語言變數為 U_L
> U_L <- c("佛教", "基督教", "回教", "其他教", "未信教")
>
> #輸入 A 國人民對宗教的隸屬度
> A <- c(0.3, 0.2, 0.1, 0.3, 0.1)
> #輸入 B 國人民對宗教的隸屬度
> B <- c(0.2, 0.3, 0.2, 0.1, 0.2)
```

```
>
> fuzzy_sample <- matrix(c(A, B), nrow = 2, ncol = length(U_L),
+                        byrow = TRUE, dimnames = list(c("A", "B"), U_L))
> View(fuzzy_sample)
>
> # 依據定義 2.3 分別計算 A 與 B 模糊集合的隸屬度表徵
> # 補集
> AC <- 1 - fuzzy_sample[1,]
> BC <- 1 - fuzzy_sample[2,]
> # 交集
> AB_Inter <- apply(fuzzy_sample, 2, min)
> # 聯集
> AB_Union <- apply(fuzzy_sample, 2, max)
> # 距離：歐幾里得
> AB_d1 <- (1/sqrt(length(fuzzy_sample[1,])))*sqrt(sum(fuzzy_sample[1,]-fuzzy_
sample[2,])^2))
> # 距離：漢明
> fuzzy_sample_d2 <- rep(0, length(fuzzy_sample[1,])) # 宣告 fuzzy_sample_d2 為 0
> fuzzy_sample_d2[which(abs((fuzzy_sample[1,]-fuzzy_sample[2,])) > 0)] <- 1 # 若
fuzzy_sample 差異大於 0，則改為 1
> AB_d2 <- (1/length(fuzzy_sample[1,]))*sum(fuzzy_sample_d2) # 依據公式計算漢明距離
>
> # 假設各宗教隸屬度改以二元邏輯測度計算，並以超過 0.1 視為 1，否則為 0
> fuzzy_sample1 <- rep(0, length(fuzzy_sample[1,]))
> fuzzy_sample2 <- rep(0, length(fuzzy_sample[2,]))
> fuzzy_sample1[which(fuzzy_sample[1,] > 0.1)] <- 1
> fuzzy_sample2[which(fuzzy_sample[2,] > 0.1)] <- 1
> fuzzy_sample_d2 <- rep(0, length(fuzzy_sample[1,]))
> fuzzy_sample_d2[which(abs((fuzzy_sample1-fuzzy_sample2)) > 0)] <- 1
> AB_d2 <- (1/length(fuzzy_sample[1,]))*sum(fuzzy_sample_d2)
>
>
> # 模糊集合隸屬度表徵的自訂函數
> # 補集自訂函數 Fuzzy_AC
> Fuzzy_AC <- function(fuzzy_sample)
+ {
```

```
+        Fuzzy_AC <- 1 - fuzzy_sample
+        return(Fuzzy_AC)
+ }
>
> # 交集自訂函數 Fuzzy_ABInter，fuzzy_sample 須為兩組模糊集合
> Fuzzy_ABInter <- function(fuzzy_sample)
+ {
+        AB_Inter <- apply(fuzzy_sample, 2, min)
+        return(AB_Inter)
+ }
>
> # 聯集自訂函數 Fuzzy_ABUnion，fuzzy_sample 須為兩組模糊集合
> Fuzzy_ABUnion <- function(fuzzy_sample)
+ {
+        AB_Union <- apply(fuzzy_sample, 2, max)
+        return(AB_Union)
+ }
>
> # 距離：歐幾里得自訂函數 Fuzzy_ABd1，fuzzy_sample 須為兩組模糊集合
> Fuzzy_ABd1 <- function(fuzzy_sample)
+ {
+        AB_d1 <- (1/sqrt(length(fuzzy_sample[1,])))*sqrt(sum((fuzzy_sample[1,]-fuzzy_
sample[2,])^2))
+        return(AB_d1)
+ }
>
> # 距離：漢明自訂函數 Fuzzy_ABd2，fuzzy_sample 須為兩組模糊集合，並再定義二元邏輯測度
計算的分割點
> Fuzzy_ABd2 <- function(fuzzy_sample, value01)
+ {
+      fuzzy_sample1 <- rep(0, length(fuzzy_sample[1,]))
+      fuzzy_sample2 <- rep(0, length(fuzzy_sample[2,]))
+      fuzzy_sample1[which(fuzzy_sample[1,] > value01)] <- 1
+      fuzzy_sample2[which(fuzzy_sample[2,] > value01)] <- 1
+      fuzzy_sample_d2 <- rep(0, length(fuzzy_sample[1,]))
+      fuzzy_sample_d2[which(abs((fuzzy_sample1-fuzzy_sample2)) > 0)] <- 1
```

```
+       AB_d2 <- (1/length(fuzzy_sample[1,]))*sum(fuzzy_sample_d2)
+       return(AB_d2)
+ }
>
> # 以自訂函數執行模糊集合的軟運算
> Fuzzy_AC(fuzzy_sample[1,]) # 計算模糊集合的補集隸屬度表徵
  佛教 基督教   回教 其他教 未信教
  0.7    0.8    0.9    0.7    0.9
> Fuzzy_ABInter(fuzzy_sample[c(1,2),]) # 計算模糊集合的交集隸屬度表徵
  佛教 基督教   回教 其他教 未信教
  0.2    0.2    0.1    0.1    0.1
> Fuzzy_ABUnion(fuzzy_sample[c(1,2),]) # 計算模糊集合的聯集隸屬度表徵
  佛教 基督教   回教 其他教 未信教
  0.3    0.3    0.2    0.3    0.2
> Fuzzy_ABd1(fuzzy_sample[c(1,2),]) # 計算模糊集合的歐幾里得距離
[1] 0.1264911
> Fuzzy_ABd2(fuzzy_sample[c(1,2),], 0.1) # 計算模糊集合的漢明距離
[1] 0.6
>
>
> # 進行二元邏輯測度計算的漢明距離計算，先輸入表格樣式的模糊樣本資料
> U_L <- c("地點", "交通", "屋況", "環境", "價格")
> X <- c(1, 0, 1, 1, 1) # 輸入隸屬度，滿意為 1，不滿意為 0
> Y <- c(1, 1, 0, 0, 1)
> Z <- c(0, 0, 1, 1, 1)
> fuzzy_sample <- matrix(c(X, Y, Z), nrow = 3, ncol = length(U_L), byrow = TRUE,
dimnames = list(c("X", "Y", "Z"), U_L))
> View(fuzzy_sample)
>
> # 逐一計算 XY、XZ 與 YZ 的漢明距離，原始資料屬質之二元邏輯測度，分割點須設為 0
> Fuzzy_ABd2(fuzzy_sample[c(1,2),], 0)
[1] 0.6
> Fuzzy_ABd2(fuzzy_sample[c(1,3),], 0)
[1] 0.2
> Fuzzy_ABd2(fuzzy_sample[c(2,3),], 0)
[1] 0.8
```

定義 2.4　區間數之運算

(a) 區間相加：[a,b] + [c,d] = [a + c, b + d]

(b) 區間相減：[a,b]–[c,d] = [a–d,b–c]

(c) 區間相乘：[a,b]×[c,d] = [min(ac,ad,bc,bd), max(ac,ad,bc,bd)]

(d) 區間相除：[a,b]/[c,d] = [min(a/c,a/d,b/c,b/d), max(a/c,a/d,b/c,b/d)], $c,d \neq 0$

例 2.6

[2,4]+[1,5] = [3,9]

[2,4]-[1,5] = [-3,3]

[2,3]×[-2,1] = [min(-4,2,-6,3), max(-4,2,-6,3)] = [-6,3]

[-2,4]/[0.2,1] = [min(-10,-2,20,4), max(-10,-2,20,4)] = [-10,20]

R 語言語法

```
> # 區間數之運算
> # 區間相加
> A <- c(2, 4)
> B <- c(1, 5)
> (fuzzy_add <- A + B)
[1] 3 9
>
> # 區間相減
> A <- c(2, 4)
> B <- c(1, 5)
> (fuzzy_sub <- c(A[1]-B[2], A[2]-B[1]))
[1] -3  3
>
> # 區間相乘
> A <- c(2, 3)
> B <- c(-2, 1)
> (fuzzy_mul <- c(min(A[1]*B[1], A[1]*B[2], A[2]*B[1], A[2]*B[2]), max(A[1]*B[1],
A[1]*B[2], A[2]*B[1], A[2]*B[2])))
[1] -6  3
>
```

```
> # 區間相除
> A <- c(-2, 4)
> B <- c(0.2, 1)
> (fuzzy_div <- c(min(A[1]/B[1], A[1]/B[2], A[2]/B[1], A[2]/B[2]), max(A[1]/B[1],
A[1]/B[2], A[2]/B[1], A[2]/B[2])))
[1] -10  20
```

　　分解理論與擴張理論是模糊集合中之重要觀念，前者將模糊集合的問題化為傳統集合論的問題來解決。而後者把傳統集合論的問題擴展至模糊集合的問題來解決。兩者要用到的工具為截集 (α–cut) 與層集 (α–level) 的觀念。模糊集合 A 的截集 (α–cut) 是指包含論域中隸屬度大於或等於 α 的所有成員，以數學式表示如下：

$$A_\alpha = \{x \in U : \mu_U(x) \geq \alpha\} \tag{2.1}$$

模糊集合 A 的層集 (α–level) 是指包含論域中隸屬度等於 α 的所有成員，以數學式表示如下：

$$A_\alpha = \{x \in U : \mu_U(x) = \alpha\} \tag{2.2}$$

例 2.7　投資報酬率的截集與層集

　　假設 X 公司投資報酬率 $\mu_U(X) = \dfrac{0.2}{2\%} + \dfrac{0.4}{5\%} + \dfrac{0.3}{10\%} + \dfrac{0.1}{20\%}$
則投資報酬率的截集：

$$A_{0.1} = \frac{0.2}{2\%} + \frac{0.4}{5\%} + \frac{0.3}{10\%} + \frac{0.1}{20\%}, A_{0.2} = \frac{0.2}{2\%} + \frac{0.4}{5\%} + \frac{0.3}{10\%}$$

投資報酬率的層集：

$$A(0.1) = 20\%, A(0.2) = 2\%, A(0.3) = 10\%, A(0.4) = 5\%$$

R 語言語法

```
> #模糊集合的截集與層集
> #以表格樣式呈現模糊樣本資料的模糊集合,以例 2.7X 公司投資報酬率為例
> U_L <- c("2%", "5%", "10%", "20%") #宣告語言變數為 U_L
> X <- c(0.2, 0.4, 0.3, 0.1) #輸入 X 公司的隸屬度數值
> fuzzy_sample <- matrix(X, nrow = 1, ncol = length(U_L), byrow = TRUE, dimnames =
list(c("X"), U_L))
> View(fuzzy_sample)
>
> #以自訂函數 Fuzzy_alphacut 計算截集,須輸入截集數值
> Fuzzy_alphacut <- function(fuzzy_sample, value)
+ {
+    L_i <- which(fuzzy_sample >= value)
+       alphacut <- matrix(fuzzy_sample[L_i], ncol = length(L_i), byrow = TRUE,
dimnames = list(c("X"), c(U_L[L_i])))
+    return(alphacut)
+ }
>
> #以自訂函數 Fuzzy_alphalevel 計算層集,須輸入層集數值
> Fuzzy_alphalevel <- function(fuzzy_sample, value)
+ {
+    L_i <- which(fuzzy_sample == value)
+    alphalevel <- paste0("A(", value, ") = ", U_L[L_i])
+    return(alphalevel)
+ }
>
> Y <- c(0.5, 0.25, 0.1, 0.15) #可於 fuzzy_sample 再加入 Y 公司的隸屬度數值
> fuzzy_sample <- rbind(fuzzy_sample, Y) #運用 rbind() 新增 Y 公司
> Fuzzy_alphacut(fuzzy_sample[2,], 0.25) #Y 公司投資報酬率為 0.25 的截集
    2%    5%
X 0.5 0.25
> Fuzzy_alphalevel(fuzzy_sample[2,], 0.15) #Y 公司投資報酬率為 0.15 的層集
[1] "A(0.15) = 20%"
```

2.3 語意軟計算與相似度

語言的意旨在於和世界溝通。藉研究語意，我們將更了解這個世界共識。然而即使人們用相同的字眼、文法或語法，欲成功地交流卻仍嫌不夠，我們希望對相同的東西亦要有同樣程度意指。也就是說，我們必須有一個有關語意的協議。因此如何分析人類的意指與推論，如何測量它真正感覺的程度，越來越重要。

我們借語意計量方法來幫助我們理解語言，進而來檢視我們的理論。若能建立一語言計算模型，便擁有和世界溝通的有利工具。在本節裡，我們將介紹結合語意學概念與擴展知識，提出建立自然語言計算系統方法。在討論語言處理時，應切記語言之正面屬性，因為是這些正面屬性使語言成為足以包容各色麻煩的現象。

人們常經由腦中的印象去尋找或辨認相似的事物，此種辨識能力對於較簡單明白的事物可以有一定水準的正確率，但對於較複雜的事物就需借助其他工具來完成。本節的目的主要即在介紹相似性 (similarity) 的衡量方法及分析上應注意的概念。

在語意認知的過程中，最重要且最常被應用的概念就是擇近原則。所謂擇近原則就是說對於兩件事物如果彼此之間的距離很大，表示此二件事物相似的程度很低，可能為不同類別的事物；但是若彼此的距離很小，則表示此二件事物相似的程度很高，可能視為同類別的事物。故在評量兩集合間的相似度，將論域模糊化的過程中，可將距離較近的兩元素給予較高的隸屬度。比較兩個模糊集的近似距離，可用絕對值差和比距離，歐幾里得 (Euclid) 距離、漢明 (Hamming) 距離、明考斯基 (Minkowski) 距離等距離公式來衡量。一般採用漢明距離和歐幾里得距離較多。而根據解決問題的需要，我們亦可構造出一些其他距離公式。

在相似性問題的探討中，語言變數的概念亦十分重要。例如考慮年紀這個變量，它不但可以有其數值，如間隔 [0,100] 中的任意數，也可以取年輕、很年輕、相當年輕、極年輕、不年輕、不很年輕、不很老也不很年輕等作值。其中若取後者作值者，便稱為語言變數。在一般社會科學研究中，語言變數通常採用 5 等級，例如調查對三黨的滿意程度，便可分為十分滿意、

模糊統計
使用 R 語言

滿意、無所謂滿不滿意、不滿意、非常不滿意等五等級；父子的相像程度亦可以分成極相似、相似、普通、不相似、極不相似等五級來評量。

　　一語詞之語意關係與其他觀念上有很多相似特徵。代表性 (typicality) 之認定則須靠統計的方法以達到較高共識。類集 (category) 的最高代表性項目應是具有每一因素的高代表性項目。一般已知之語詞相關乃基於以下 3 種形式：(1) 以代表性顯示語意相關程度、(2) 與相對關係做比較、(3) 語意聯想 (semantic association)。

1. 代表性

　　類集內之項目代表性有觀念上之差異。例如鱒魚是很典型觀念之魚。飛魚則較不具有代表性。甲魚、青蛙則更不具有代表性。這些魚類的代表性程度皆需要靠問卷調查進行（軟）統計分析完成。類集內之元素項目均以隸屬度函數表示，再計算其綜合加權評分。一般我們定義語意代表性如下：

$$T(o) = \frac{\text{項目}o\text{的隸屬度函數值}}{\text{類集中項目對語意之最大隸屬度}} \tag{2.3}$$

2. 一般相似度 (general similarity)

　　因為人類具有關係的相似性判定本能，故應用於語意關係之比較由來已久。對於單一構面，可用類比進行。但是較複雜的多構面則須考慮以數位隸屬度計算。若 o_i, o_j 為兩物件，$(H_i, M_i), (H_j, M_j)$ 為主詞 (head) 與其相對修辭語 (linguistic henge) 之特徵集合，則 o_i, o_j 為兩物件其相似度計量為：

$$S(o_i, o_j) = \frac{|H_i \bigcap H_j| + |M_i \bigcup M_j|}{|H_i \bigcup H_j| + |M_i \bigcup M_j|} \tag{2.4}$$

表 2.2 為語詞代表性的計量實例。

表 2.2　語詞代表性的計量

電線	相似度	喜悅	相似度	肯定	相似度
電線	1	喜悅	1	肯定	1
電纜	0.9	歡怡	0.95	絕對	0.95
光纖	0.7	愉快	0.9	會	0.8

表 2.2 語詞代表性的計量（續）

電線	相似度	喜悅	相似度	肯定	相似度
半導體	0.7	開心	0.9	很可能	0.8
水管	0.5	高興	0.9	大概	0.7
麻繩	0.45	甜蜜	0.8	可能	0.7
針線	0.45	幸福	0.8	也許	0.7
鐵絲網	0.3	樂透	0.7	應該	0.7
吸管	0.3	感謝	0.6	或許	0.7
拉鍊	0.25	哀傷	0.1	不大可能	0.35
木板	0.05	憤怒	0	否定	0

3. 偏相似度 (partial similarity)

　　若我們僅考慮某單一構面之語意相似度，則稱此為偏相似度或不分相似度。令 E, F 為此兩物件，則偏相似度計算方法為：

$$PS(E, F) = \frac{\sqrt{T(E|C) \cdot T(F|C)}}{\max\{T(E|C), T(F|C), 1 - T(E|C), 1 - T(F|C)\}} \tag{2.5}$$

其中 c 為固定構面。

例 2.8　假設魚的概念代表性程度為：T（鱒魚｜形狀）= 0.9，T（飛魚｜形狀）= 0.7，T（海豚｜形狀）= 0.6，T（青蛙｜形狀）= 0.1。由式 (2.5) 與統計樣本可計算此形狀（魚）偏相似度，見表 2.3。

表 2.3 魚形狀之偏相似性

項目	鱒魚	飛魚	海豚	青蛙
鱒魚	1.00	0.88	0.82	0.33

此例只提出簡要概念與計算，實際過程與更精細結果應由與語言學者及與統計工程專家等合作完成。

　　在模糊識別過程中，模糊熵是類似於熱力學中能量的含蘊標準單位，但它和傳統之熵的意義不同。在定義模糊熵時並非使用機率 (probability) 論的觀念，而是使用可能性 (possibility) 理論的觀念。模糊熵表示模糊集合的平均內部訊息量，此訊息量可作為對模糊集合所描述的對象，進行分類時的判定標準。

R 語言語法

```
> # 偏相似度
> # 以例 2.8 魚形狀之偏相似性為例，以表格樣式呈現偏相似性，如表 2.3
> T_o <- c(" 鱒魚 ", " 飛魚 ", " 海豚 ", " 青蛙 ") # 宣告單一構面裡物件的項目名稱為 T_o
> X <- c(0.9, 0.7, 0.6, 0.1) # 輸入各項目的隸屬度數值
>
> # 以公式 2.5 計算兩兩項目的偏相似度，例如鱒魚與飛魚
> PS_EF <- sqrt(X[1]*X[2]) / max(X[1], X[2], 1-X[1], 1-X[2])
>
> # 以自訂函數 Fuzzy_PS 計算兩兩項目的偏相似度，並呈現如表 2.3 的分析結果矩陣
> Fuzzy_PS <- function(T_o, X)
+ {
+     PS_EF <- c()
+     for(i in 1:length(T_o))
+     {
+         PS_EF[i] <- round(sqrt(X[1]*X[i]) / max(X[1], X[i], 1-X[1], 1-X[i]), 2)
+     }
+     names(PS_EF) <- T_o
+     return(PS_EF)
+ }
>
> Fuzzy_PS(T_o, X)
鱒魚 飛魚 海豚 青蛙
1.00 0.88 0.82 0.33
```

定義 2.5　模糊熵

設 A 為論域 U 中的一個模糊集合，其隸屬度表徵為 $\{\mu_1, \mu_2, ..., \mu_k\}$，則 A 的模糊熵定義為：

$$H(A) = -\frac{1}{k}\sum_{i=1}^{k}[\mu_i \ln(\mu_i) + (1-\mu_i)\ln(1-\mu_i)] \tag{2.6}$$

R 語言語法

```
> # 模糊熵
> fuzzy_sample <- c(0.2, 0.4, 0.3, 0.1) # 輸入隸屬度表徵，以例 2.7 X 公司投資報酬率為
例
>
> # 依據定義 2.5 計算模糊熵
> Fuzzy_HA <- function(fuzzy_sample)
+ {
+     HA_i_cal <- function(x) { x*log(x) + (1-x)*log(1-x) }
+     HA_i <- sapply(fuzzy_sample, HA_i_cal)
+     HA <- (-1/length(fuzzy_sample))*sum(HA_i)
+     return(HA)
+ }
>
> Fuzzy_HA(fuzzy_sample)
[1] 0.5273403
```

模糊敘述統計量

難易指數：☺☺☺☺（簡單）

學習金鑰

✦ 能計算離散型與連續型模糊樣本平均數
✦ 能計算離散型與連續型模糊樣本眾數
✦ 能計算離散型與連續型模糊樣本中位數
✦ 能計算離散型模糊數的模糊標準差
✦ 了解並計算梯形模糊數之反模糊化轉換

　　對人類社會而言，有時應用模糊數學方法與模式來表示可能比直接給定單一的特定值來得適切些，並可能較合於用來評估變數與變數之間的相關性。此外，由於其他因素往往也會影響人們對某一事物的評定，因此使用模糊邏輯時，必須對所謂的「其他因素」加以說明，以便將人們的喜好程度轉換成便於計算的隸屬度函數。

　　要對模糊的現象予以適當的集合描述，必須應用新的邏輯假設，即論域上的對象由屬於某一集合到不屬於某一集合是漸進而非突變的。因此，隸屬度函數的應用在模糊統計分析與檢定上，扮演相當重要的角色。

統計分析在各個領域中皆被廣泛利用。一些基本的敘述統計參數，如期望值、中位數及眾數等，並不因其方法簡單而失其重要性。在分析資料時，這些參數能夠簡單且快速地描述資料的基本結構，其中又以期望值最常被利用。在知識經濟之社會，多元思維逐漸取代傳統二元邏輯的思考與分析方法。過去使用單一數值的樣本來計算期望值的方法，已漸不符合現今複雜多變的智慧科技時代之需求。尤其是在具有多變性、不確定性、訊息不完整性的財金與經濟環境下，過分強調對於數值之運算與數學假設的前提，反而更容易造成與現實環境及條件的背離、甚至是脫節。故在進行財金與經濟方面問題的研究時，利用軟計算方法與模糊統計的分析將會是一種較爲進步的測度方法。

在討論模糊分析調查之前，我們先給予模糊隨機變數的定義及基本觀念。欲應用傳統的數學邏輯觀念，明確定義一模糊隨機變數並不容易。此處僅提供一比較合理與符合經驗法則的參考。

一般人在日常生活中常對可能發生的事進行推論。例如：一個決策的過程中，某些重要因素的考量，都可能是下決策的關鍵。所以當我們考慮的因素越多越詳密，越能確信最後所做的決策。模糊統計資料就是考量了人們擁有多重喜好，而以模糊區間和加權模糊區間來進行討論。但因個人認知的喜好程度不同，而具有不定等長的期望區間。下面我們提出一些關於模糊統計量：模糊樣本平均數、模糊樣本眾數，與模糊樣本中位數的定義。

3.1 模糊樣本平均數 (fuzzy sample mean)

定義 3.1　離散型模糊樣本均數

設 U 爲一論域，令 $L = \{L_1, L_2, ..., L_k\}$ 爲布於論域 U 上的 k 個語言變數，$\{x_i = \dfrac{m_{i1}}{L_1} + \dfrac{m_{i2}}{L_2} + ... + \dfrac{m_{ik}}{L_k}, i = 1, 2, ..., n\}$ 爲一組模糊樣本（$\sum_{j=1}^{k} m_{ij} = 1$）。則模糊樣本均數爲：

$$F\overline{x} = \frac{\frac{1}{n}\sum_{i=1}^{n} m_{i1}}{L_1} + \frac{\frac{1}{n}\sum_{i=1}^{n} m_{i2}}{L_2} + ... + \frac{\frac{1}{n}\sum_{i=1}^{n} m_{ik}}{L_k} \tag{3.1}$$

其中 m_{ij} 爲第 i 個樣本相對於語言變數 L_j 之隸屬度。

例 3.1　離散型模糊均數應用於商品滿意度調查

　　一新上市之商品，商品廠商欲探討消費者的滿意程度，於是在街頭邀集 5 位消費者 A、B、C、D、E 作調查，每位消費者對商品滿意度的隸屬度如表 3.1。

表 3.1　5 位受訪者對商品滿意度之隸屬度選擇

滿意程度	L_1 很不滿意	L_2 不滿意	L_3 普通	L_4 滿意	L_5 很滿意
A	0	0.5	0.5	0	0
B	0	0	0.8	0.2	0
C	0	0.3	0.7	0	0
D	0	0	0	0.9	0.1
E	0	0	0.2	0.8	0

則模糊樣本均數為：

$$F\bar{x} = \frac{\frac{1}{5}(0+0+0+0+0)}{\text{很不滿意}} + \frac{\frac{1}{5}(0.5+0+0.3+0+0)}{\text{不滿意}} + \frac{\frac{1}{5}(0.5+0.8+0.7+0+0.2)}{\text{普通}}$$

$$+ \frac{\frac{1}{5}(0+0.2+0+0.9+0.8)}{\text{滿意}} + \frac{\frac{1}{5}(0+0+0+0.1+0)}{\text{很滿意}}$$

$$= \frac{0}{\text{很不滿意}} + \frac{0.16}{\text{不滿意}} + \frac{0.44}{\text{普通}} + \frac{0.38}{\text{滿意}} + \frac{0.02}{\text{很滿意}}$$

此模糊樣本均數所代表的意義為：「很滿意」的隸屬度為 0.02，「滿意」的隸屬度為 0.38，「普通」的隸屬度為 0.44，「不滿意」的隸屬度為 0.16，「很不滿意」的隸屬度為 0。此模糊均數是一個模糊數，表現出此商品的平均滿意度最可能為「普通」、其次為「滿意」。

R 語言語法

```
> # 離散型模糊均數應用於商品滿意度調查
> # 可以下列語法逐一輸入表 3.1 之數值
```

```
> U_L <- c("L1 很不滿意", "L2 不滿意", "L3 普通", "L4 滿意", "L5 很滿意") # 宣告語言變
數為 U_L
> sample_k <- c("A", "B", "C", "D", "E")
> X <- c(0, 0.5, 0.5, 0, 0, 0, 0, 0.8, 0.2, 0, 0, 0.3, 0.7, 0, 0, 0, 0, 0, 0.9, 0.1,
0, 0, 0.2, 0.8, 0) # 輸入隸屬度數值
> fuzzy_sample <- matrix(X, nrow = length(sample_k), ncol = length(U_L), byrow =
TRUE, dimnames = list(sample_k, U_L))
> View(fuzzy_sample)
>
> # 亦可使用 read.csv() 讀取既有之表格內容
> fuzzy_sample <- read.csv(file.choose(), header = TRUE, row.names = 1)
> U_L <- colnames(fuzzy_sample) # 讀取資料後，可再定義語言變數 U_L
>
> # 依據定義 3.1 計算模糊樣本均數
> Fx <- apply(fuzzy_sample, 2, mean)
>
> # 輸入 Fx 即可查看模糊樣本均數計算結果
> Fx
L1 很不滿意    L2 不滿意    L3 普通    L4 滿意    L5 很滿意
        0.00        0.16       0.44      0.38       0.02
```

定義 3.2　等距尺度離散型模糊樣本組均數

　　設 U 為一論域，令 $\{L_1, L_2, ..., L_k\}$ 為布於論域 U 上的 k 個等距尺度變數，$\{x_1, x_2, ..., x_n\}$ 為一組模糊樣本，且每個樣本 x_i 對應變數 L_j 之隸屬度為 m_{ij}，其中 $\sum_{j=1}^{k} m_{ij} = 1$。令 M_j 為 L_j 的組中點，若 $F\overline{x} = \frac{1}{n}\sum_{i=1}^{n}\sum_{j=1}^{k} m_{ij}M_j \in L_j$，我們定義模糊樣本 $\{x_1, x_2, ..., x_n\}$ 之模糊樣本組均數為：$F\overline{x} = L_k$。

例 3.2　人力僱用數量之模糊樣本均數

　　某機構於近期將成立新辦事處，對於規模之大小欲擬定人力僱用計畫，於是召集 A、B、C、D、E 五位相關主管進行意見調查。5 位專家根據給定的人數選項所做出之選擇及個別的隸屬度如表 3.2。

表3.2　5 位主管對應於各選項之隸屬度選擇

人數	1~3	4~6	7~9	10~12	13~15	16~18	19~21	22~24
A	0.4	0.6	0	0	0	0	0	0
B	0	0	0.3	0.7	0	0	0	0
C	0	0	0	0	0.7	0.3	0	0
D	0	0	0	0	0	0	0.2	0.8
E	0	0.4	0.6	0	0	0	0	0

　　由於這 5 位主管有各自的觀念及考量，造成對僱用人數的差異。若要從此樣本中得到僱用人數，又要忠實反應樣本的資訊，那麼使用模糊樣本均數是不錯的方法。計算如下：

　　令 M_j 為人數區間的組中點：$\{2, 5, 8, 11, 14, 17, 20, 23\}$

$$F = (0.4 \cdot 2 + 0.6 \cdot 5 + 0.3 \cdot 8 + 0.7 \cdot 11 + 0.7 \cdot 14 + 0.3 \cdot 17 + 0.2 \cdot 20 + 0.8 \cdot 23$$
$$\quad + 0.4 \cdot 5 + 0.6 \cdot 8)/5$$
$$= 58/5$$
$$= 11.6 \in [10,12]$$

故模糊樣本均數 $F\bar{x} = [10, 12]$。

　　由以上可得：人力僱用人數的模糊樣本組均數為 [10, 12] 這個區間。也就是說此機構於近期將成立新辦事處的僱用人數，參考 5 位主管的意見之後，可以做出平均應該僱用 10 至 12 人的決策。

R 語言語法

```
> # 人力僱用數量之模糊樣本均數
> # 可以下列語法逐一輸入表 3.2 之數值
> U_L1 <- seq(1, 22, by = 3) # 宣告語言變數左端值為 U_L1
> U_L2 <- seq(3, 24, by = 3) # 宣告語言變數右端值為 U_L2
> U_L <- paste(U_L1, U_L2, sep = "~") # 宣告語言變數 U_L
> sample_k <- c("A", "B", "C", "D", "E")
> X <- c(0.4, 0.6, 0, 0, 0, 0, 0, 0, 0, 0, 0.3, 0.7, 0, 0, 0, 0, 0, 0, 0, 0, 0.7,
0.3, 0, 0, 0, 0, 0, 0, 0.2, 0.8, 0, 0.4, 0.6, 0, 0, 0, 0, 0) # 輸入隸屬度數值
```

```
> fuzzy_sample <- matrix(X, nrow = length(sample_k), ncol = length(U_L), byrow =
TRUE, dimnames = list(sample_k, U_L))
> View(fuzzy_sample)
>
> # 依據定義 3.2 計算等距尺度離散型模糊樣本組均數
> # 計算人數區間的組中點，並宣告為 M_j
> M_j <- (U_L1 + U_L2)/2
>
> # 計算 Fx，並且判斷介於 U_L 的哪一區間
> Fx_M <- sum(colSums(fuzzy_sample)*M_j) / length(sample_k)
> U_L[max(which(U_L1 < Fx_M))]
[1] "10~12"
```

定義 3.3　連續型模糊樣本均數（樣本為連續型且為均勻分配）

　　設 U 為一個論域，$L = \{L_1, L_2, ..., L_k\}$ 為布於論域 U 上的 k 個語言變數，$\{x_i = [a_i, b_i, c_i, d_i], i = 1, 2, ... n\}$ 為論域 U 裡的一組模糊樣本。則模糊樣本均數為：

$$E(X) = [\frac{1}{n}\sum_{i=1}^{n}a_i, \frac{1}{n}\sum_{i=1}^{n}b_i, \frac{1}{n}\sum_{i=1}^{n}c_i, \frac{1}{n}\sum_{i=1}^{n}d_i] \tag{3.2}$$

例 3.3　在我們對於今年畢業生求職潮中，調查出下列 5 位研究所畢業生對薪資期望的一組模糊樣本為 [2 萬元，3 萬元]，[3 萬元，4 萬元]，[4 萬元，6 萬元]，[5 萬元，8 萬元]，[4 萬元，7 萬元]，則根據定義 3.3，其模糊樣本均數：

$$F\bar{x} = [\frac{2+3+4+5+4}{5}, \frac{3+4+6+8+7}{5}] = [3.6, 5.6] \text{ 萬元}$$

這個資訊能提供給急需求才的公司主管們參考，以了解目前一般研究所畢業生他們所希望的薪資。

R 語言語法

```
> # 連續型模糊樣本均數
> # 以表格方式呈現模糊樣本的區間資料
> sample_k <- 5 # 輸入樣本人數
> U_k <- 2 # 輸入語言變數的個數，如例 3.3 的語言變數即為 2
> # 逐一輸入 5 位研究所畢業生薪資期望的區間值
> X <- c(2, 3, 3, 4, 4, 6, 5, 8, 4, 7)
> fuzzy_sample <- matrix(X, nrow = sample_k, ncol = U_k, byrow = TRUE)
> # 依據定義 3.2 計算連續型模糊樣本均數
> F_Ex <- apply(fuzzy_sample, 2, mean)
> F_Ex
[1] 3.6 5.6
>
> # 模糊樣本改為三角模糊定義，如第一位研究生的薪資期望為 [2 萬元, 2.5 萬元, 3 萬元]
> sample_k <- 5 # 輸入樣本人數
> U_k <- 3 # 輸入語言變數的個數
> # 逐一輸入 5 位研究所畢業生薪資期望的區間值
> X <- c(2, 2.5, 3, 3, 3.2, 4, 4, 5.5, 6, 5, 7, 8, 4, 5, 7)
> fuzzy_sample <- matrix(X, nrow = sample_k, ncol = U_k, byrow = TRUE)
> # 依據定義 3.2 計算連續型模糊樣本均數
> F_Ex <- apply(fuzzy_sample, 2, mean)
> F_Ex
[1] 3.60 4.64 5.60
```

3.2 模糊樣本眾數 (fuzzy sample mode)

定義 3.4 離散型模糊樣本眾數

設 U 為一論域，令 $L = \{L_1, L_2, ..., L_k\}$ 為布於論域 U 上的 k 個語言變數，$\{x_i = \dfrac{m_{i1}}{L_1} + \dfrac{m_{i2}}{L_2} + ... + \dfrac{m_{ik}}{L_k}, i = 1, 2, ..., n\}$ 為一組模糊樣本（$\sum\limits_{j=1}^{k} m_{ij} = 1$）。令 $T_j = \sum\limits_{i=1}^{n} m_{ij}$。則我們稱擁有最大的 T_j 值之 L_j 為模糊樣本眾數（*fuzzy mode* 簡記 *Fmode*），即：

$$Fmode = \{L_j : 相對之\, j\, 項，使得\, T_j = \max_{j=1,2,...k} T_j\} \tag{3.3}$$

假若存在兩組以上之 L_j 其最大 T_j 值相同，則我們稱此組資料具有多個模糊樣本眾數或是具有多重共識。

推廣 1：設 U 為一論域，令 $L = \{L_1, L_2, ..., L_k\}$ 為布於論域 U 上的 k 個語言變數，$\{S_i; i = 1, ..., n\}$ 為一組模糊樣本，且對每個樣本 S_i 對應語言變數 L_j 給予一標準化之隸屬度 m_{ij} ($\sum m_{ij} = 1$)。在 α 顯著水準下，令 $I_{ij} = 1$，若 $m_{ij} \geq \alpha$；$I_{ij} = 0$，若 $m_{ij} \geq \alpha$，令 $T_j = \sum_{i=1}^{n} I_{ij}$。則我們稱擁有最大的 T_j 值之 L_j 為在 α 顯著水準下模糊樣本眾數（*Fuzzy Mode*，簡記 *Fmode*），即 $FM = \{L_j : 相對之\, j\, 項，使得\, T_j = \max_{j=1,2,...k} T_j\}$。假若存在兩組以上之 T_j 其最大 T_j 值相同，則我們稱此組資料具有多個模糊樣本眾數或是具有多重共識。

例 3.4 利用離散型模糊眾數決定旅遊地點

假設有 10 個人計畫利用週休二日時到戶外郊遊，旅遊選擇地點有野柳、淡水、烏來與九份四處。則表 3.3 為兩種問卷結果之比較。

表 3.3 旅遊選擇地點兩種問卷結果之比較

模糊眾數選擇旅遊地點				傳統眾數選擇旅遊地點				
投票	野柳	淡水	烏來	九份	投票	野柳	淡水	烏來	九份
1	0.4	0.6	0	0	1		○		
2	0.5	0	0.4	0.1	2	○			
3	0.1	0	0.4	0.5	3				○
4	0.4	0	0.6	0	4			○	
5	0	0.8	0.2	0	5		○		
6	0.4	0	0.6	0	6			○	
7	0	0.6	0.4	0	7		○		
8	0.5	0	0.4	0.1	8	○			
9	0.4	0.6	0	0	9		○		

表 3.3　旅遊選擇地點兩種問卷結果之比較（續）

模糊眾數選擇旅遊地點					傳統眾數選擇旅遊地點				
投票	野柳	淡水	烏來	九份	投票	野柳	淡水	烏來	九份
10	0	0	0.7	0.3	10			○	
總計	2.7	2.6	3.7	1.0	總計	2	4	3	1

　　比較模糊眾數與傳統眾數所決定的旅遊地點可以發現，若用傳統計票，統計得票結果為淡水 4 票、烏來 3 票、野柳 2 票、九份 1 票，則旅遊地點眾數應為淡水，因為淡水得 4 票最高。

　　若由模糊隸屬度投票計算，則以烏來隸屬度和為 3.7 最高，即選擇模糊眾數烏來為旅遊地點。但是選擇淡水的 4 票，是否就足以代表這 10 個人的最佳共識呢？嚴格來說，淡水應該只是在二元邏輯的規則下，利用傳統眾數所求得的偏共識 (partial common agreement)。而模糊眾數較傳統眾數更能表現出民意之所在，且能找出一個令大家都可接受並且較不極端的結果。

R 語言語法

```
> # 利用離散型模糊眾數決定旅遊地點
> # 以下列語法逐一輸入表 3.3 之數值，或使用 read.csv() 讀取既有之表格內容
> U_L <- c("野柳", "淡水", "烏來", "九份")
> sample_k <- paste0("sample_", seq(1, 10))
> X <- c(0.4, 0.6, 0, 0, 0.5, 0, 0.4, 0.1, 0.1, 0, 0.4, 0.5, 0.4, 0, 0.6, 0, 0, 0.8,
0.2, 0, 0.4, 0, 0.6, 0, 0, 0.6, 0.4, 0, 0.5, 0, 0.4, 0.1, 0.4, 0.6, 0, 0, 0, 0, 0.7,
0.3)
> fuzzy_sample <- matrix(X, nrow = length(sample_k), ncol = length(U_L), byrow =
TRUE, dimnames = list(sample_k, U_L))
> View(fuzzy_sample)
>
> # 依據定義 3.4 計算離散型模糊樣本眾數
> Fmode <- U_L[which.max(colSums(fuzzy_sample))]
>
> # 輸入 Fmode 即可查看模糊樣本眾數計算結果
> Fmode
[1] "烏來"
```

```
>
>
> #將表 3.3 左方模糊數改為右方二元計分呈現
> #先界定數值全為 0 的投票結果表格
> fuzzy_sample_01 <- matrix(c(0), nrow = length(sample_k), ncol = length(U_L),
dimnames = list(sample_k, U_L))
>
> #運用 for() 迴圈逐一判斷四個旅遊地點的最大值，並以 1 取代
> for(i in 1:length(sample_k)) { fuzzy_sample_01[i, which.max(fuzzy_sample[i,])] <- 1
}
>
> #計算四個旅遊地點的加總，並呈現最大值
> U_L[which.max(colSums(fuzzy_sample_01))]
[1] "淡水"
```

例 3.5　題庫試題難度預估

　　在編製題庫試題過程中，商請學科及教育測驗專家根據其專業，進行選題並預估其對學生而言之難易隸屬度 $P(0 \leq P \leq 1)$。今選取 12 位專家以 S_1, S_2, ..., S_{12} 表示，請他們憑藉著專業與經驗，預估某一試題難易隸屬度，利用 $\{L_1, L_2, L_3, L_4, L_5\}$ 分別表示 {極難、難、中等、容易、極容易}。此 12 位專家對該題難易度預測之隸屬度如表 3.4 所示。

表 3.4　試題難易度預測之隸屬度

專家 ＼ 語言變數難度	$L_1 =$ 極難	$L_2 =$ 難	$L_3 =$ 中等	$L_4 =$ 容易	$L_5 =$ 極容易
1	0.5	0.4	0.1		
2			0.4	0.6	
3		0.6	0.4		
4			0.4	0.6	
5	0.4	0.6			
6				0.1	0.9
7			0.4	0.6	
8			0.4	0.6	

表3.4 試題難易度預測之隸屬度（續）

專家 ＼ 語言變數難度	L_1＝極難	L_2＝難	L_3＝中等	L_4＝容易	L_5＝極容易
9		0.4	0.6		
10			0.1	0.1	0.8
11	0.6	0.4			
12			0.4	0.6	
Total	1.5	2.8	3.4	2.6	1.7

若以傳統 5 等第量表調查，則發現預測如下表 3.5。

表3.5 試題難易度之預測

專家 ＼ 語言變數難度	L_1＝極難	L_2＝難	L_3＝中等	L_4＝容易	L_5＝極容易
1	○				
2				○	
3		○			
4			○		
5		○			
6					○
7				○	
8				○	
9			○		
10					○
11	○				
12				○	
Total	2	2	2	4	2

　　利用傳統眾數方法得知，對該題難度預測的結果為「容易」的教育測驗專家最多（2、7、8、12 四票）。但在 12 位專家中，僅採用其中 4 位專家所預測的結果，似乎不太合理。若我們利用模糊隸屬度計算，則該題難度的

預測結果，為「中等」隸屬度總合 3.4 遠大於「容易」隸屬度總合 2.6。相較之下，利用模糊樣本眾數會比利用傳統眾數要來得客觀些，也更能取得大家對該題難度預測之共識。

R 語言語法

```
> # 題庫試題難度預估
> # 以下列語法逐一輸入表 3.4 之數值，或使用 read.csv() 讀取既有之表格內容
> U_L <- c("L1=極難", "L2=難", "L3=中等", "L4=容易", "L5=極容易")
> sample_k <- paste0("ex_", seq(1, 12))
> X <- c(0.5, 0.4, 0.1, 0, 0, 0, 0, 0.4, 0.6, 0, 0, 0.6, 0.4, 0, 0, 0, 0.4, 0.6, 0,
0, 0.4, 0.6, 0, 0, 0, 0, 0, 0, 0.1, 0.9, 0, 0, 0.4, 0.6, 0, 0, 0, 0.4, 0.6, 0, 0,
0.4, 0.6, 0, 0, 0, 0.1, 0.1, 0.8, 0.6, 0.4, 0, 0, 0, 0, 0, 0.4, 0.6, 0)
> fuzzy_sample <- matrix(X, nrow = length(sample_k), ncol = length(U_L), byrow =
TRUE, dimnames = list(sample_k, U_L))
> View(fuzzy_sample)
>
> # 依據定義 3.4 計算離散型模糊樣本眾數
> Fmode <- U_L[which.max(colSums(fuzzy_sample))]
>
> # 輸入 Fmode 即可查看模糊樣本眾數計算結果
> Fmode
[1] "L3=中等"
>
>
> # 將表 3.4 隸屬度改為表 3.5 二元計分呈現
> # 先界定數值全為 0 的投票結果表格
> fuzzy_sample_01 <- matrix(c(0), nrow = length(sample_k), ncol = length(U_L),
dimnames = list(sample_k, U_L))
>
> # 運用 for() 迴圈逐一判斷試題難易度的最大值，並以 1 取代
> for(i in 1:length(sample_k)) { fuzzy_sample_01[i, which.max(fuzzy_sample[i,])] <- 1
}
>
> # 計算試題難易度的加總，並呈現最大值
> U_L[which.max(colSums(fuzzy_sample_01))]
[1] "L4=容易"
```

定義 3.5　連續型模糊樣本眾數（樣本為連續型且為均勻分配）

　　設 U 爲一論域，令 $\{x_i = [a_i, b_i, c_i, d_i], i = 1, 2, \dots n\}$ 爲一組模糊樣本。令 cx_i 爲 x_i 之重心，A_i 爲 x_i 之範圍。將 cx_i 的全距分成 k 個語言變數區。則模糊樣本眾數爲包含最大隸屬度 k_0 區語言變數交集，記爲：

Fmode k_0 = largest sum of communicative memberships for $(k_1, k_2, \dots k_n)$

(3.4)

　　若 k_0 不存在，則我們稱此資料沒有模糊樣本眾數或是無共識；若存在兩組以上覆蓋頻率相同，則我們稱此組資料具有多個模糊樣本眾數或是具有多種共識。

例 3.6　社會新鮮人就業薪資之模糊樣本眾數

　　設區間 $\{[a_i, b_i] \mid a_i, b_i \in R, i = 1, 2, \dots, 10\}$ 表示 10 位新鮮人可接受的薪資範圍，單位爲萬元。$I_1 = [2.5, 3.4]$，$I_2 = [2.5, 3]$，$I_3 = [3.5, 4]$，$I_4 = [2, 3]$，$I_5 = [3, 4]$，$I_6 = [5, 6]$，$I_7 = [4, 4.5]$，$I_8 = [3, 3.5]$，$I_9 = [4.5, 6]$，$I_{10} = [2.5, 3]$。

　　我們將中心點之全距分爲 5 個區間 [2, 2.6], [2.6, 3.2], [3.2, 3.8], [3.8, 4.8], [4.8, 6]；利用模糊樣本眾數定義，由下表 3.6 可找出最大累積隸屬度 3.1 落於 [2.6, 3.2]。所以依照定義 3.5，2.6 至 3.2 萬元爲社會新鮮人就業薪資的模糊樣本眾數。

表 3.6　社會新鮮人就業薪資

設定區域 / 樣本區域	[2,2.6]	[2.6,3.2]	[3.2,3.8]	[3.8,4.8]	[4.8,6]
[2.5,3.4]	0.1	0.7	0.2		
[2.5,3]	0.2	0.8			
[3.5,4]			0.6	0.4	
[2,3]	0.6	0.4			
[3,4]		0.1	0.7	0.2	
[5,6]					1

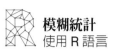
表 3.6　社會新鮮人就業薪資（續）

設定區域 樣本區域	[2,2.6]	[2.6,3.2]	[3.2,3.8]	[3.8,4.8]	[4.8,6]
[4,4.5]				1	
[3,3.5]		0.2	0.8		
[4.5,6]				0.2	0.8
[2.5,3]	0.1	0.9			
累積隸屬度	1	3.1	2.3	0.9	1.8

R 語言語法

```
> # 社會新鮮人就業薪資之模糊樣本眾數
> # 以下列語法逐一輸入表 3.6 之數值，或使用 read.csv() 讀取既有之表格內容
> U_L <- c("[2,2.6]", "[2.6,3.2]", "[3.2,3.8]", "[3.8,4.8]", "[4.8,6]")
> sample_k <- c("[2.5,3.4]", "[2.5,3]", "[3.5,4]", "[2,3]", "[3,4]", "[5,6]", "[4,4.5]",
"[3,3.5]", "[4.5,6]", "[2.5,3]")
> X <- c(0.1, 0.7, 0.2, 0, 0, 0.2, 0.8, 0, 0, 0, 0, 0, 0.6, 0.4, 0, 0.6, 0.4, 0, 0,
0, 0, 0.1, 0.7, 0.2, 0, 0, 0, 0, 1, 0, 0, 0, 1, 0, 0, 0.2, 0.8, 0, 0, 0, 0, 0,
0.2, 0.8, 0.1, 0.9, 0, 0, 0)
> fuzzy_sample <- matrix(X, nrow = length(sample_k), ncol = length(U_L), byrow =
TRUE, dimnames = list(sample_k, U_L))
> View(fuzzy_sample)
>
> # 依據定義 3.5 計算連續型模糊樣本眾數
> Fmode <- U_L[which.max(colSums(fuzzy_sample))]
>
> # 輸入 Fmode 即可查看模糊樣本眾數計算結果
> Fmode
[1] "[2.6,3.2]"
```

例 3.7　等候公車時間之模糊樣本眾數

　　假設我們隨機抽取 8 人，調查他們對於等候公車時間長短可接受的程度。

　　以區間 $\{[a_i, b_i] \,|\, a_i, b_i \in R, i = 1, 2, \ldots, 8\}$ 表示此 8 人可接受的等公車時間，$I_1 = [0, 2]$，$I_2 = [9, 11]$，$I_3 = [8, 12]$，$I_4 = [6, 10]$，$I_5 = [10, 15]$，$I_6 = [5, 10]$，I_7

= [3, 6]，I_8 = [10, 20]。

由資料將此 [1,20] 分成 (0,3,6,9,12,20) 五個區間。由下表 3.7 我們宣稱此 8 人對於等公車時間模糊眾數爲 (9,12)。

表 3.7　可接受的等公車時間

設定區域 樣本區域	[0,3]	[3,6]	[6,9]	[9,12]	[12,20]
[0,2]	1				
[9,11]				1	
[8,12]			0.3	0.7	
[6,10]			0.6	0.4	
[10,15]				0.4	0.6
[5,10]		0.1	0.8	0.1	
[3,6]		1			
[10,20]				0.2	0.8
累積隸屬度	1	1.1	1.7	2.8	1.4

R 語言語法

```
> # 等候公車時間之模糊樣本眾數
> # 以下列語法逐一輸入表 3.7 之數值，或使用 read.csv() 讀取既有之表格內容
> U_L <- c("[0,3]", "[3,6]", "[6,9]", "[9,12]", "[12,20]")
> sample_k <- c("[0,2]", "[9,11]", "[8,12]", "[6,10]", "[10,15]", "[5,10]", "[3,6]",
"[10,20]")
> X <- c(1, 0, 0, 0, 0, 0, 0, 0, 1, 0, 0, 0, 0.3, 0.7, 0, 0, 0, 0.6, 0.4, 0, 0, 0, 0,
0.4, 0.6, 0, 0.1, 0.8, 0.1, 0, 0, 1, 0, 0, 0, 0, 0, 0, 0.2, 0.8)
> fuzzy_sample <- matrix(X, nrow = length(sample_k), ncol = length(U_L), byrow =
TRUE, dimnames = list(sample_k, U_L))
> View(fuzzy_sample)
>
> # 依據定義 3.5 計算連續型模糊樣本眾數
> Fmode <- U_L[which.max(colSums(fuzzy_sample))]
>
> # 輸入 Fmode 即可查看模糊樣本眾數計算結果
```

```
> Fmode
[1] "[9,12]"
```

3.3 模糊樣本中位數 (fuzzy sample median)

模糊樣本中位數和傳統中位數相同，不會受到樣本極端值影響（如 X_2），故為一具穩健性 (robustness) 的估計量，而有關模糊樣本極端值的定義則不在本文的討論範圍內。

定義 3.6　離散型模糊樣本中位數 (fuzzy sample median for discrete type)

設 U 為一論域，令 $L = \{L_1, L_2, ..., L_k\}$ 為布於論域 U 上的 k 個有序變數，$\{x_i = \dfrac{m_{i1}}{L_1} + \dfrac{m_{i2}}{L_2} + ... + \dfrac{m_{ik}}{L_k}, i = 1,2,...,n\}$，$\sum\limits_{j=1}^{k} m_{ij} = 1$ 為自論域中抽出的一組模糊樣本，x_{if} 為對應於模糊樣本 x_i 之反模糊化值。

令 $x_{(i)}$ 為 x_i 反模糊化值後之排序的樣本值，則定義離散型模糊樣本中位數為：

$$Fmedian(X) = \begin{cases} 相對應於 x_{(n/2)f} 之樣本 x & 若 n 為奇數 \\ 相對應於 x_{(n/2)f}, x_{(\frac{n}{2}+1)f} 之樣本均數 x & 若 n 為偶數 \end{cases} \tag{3.5}$$

例 3.8　離散型模糊樣本中位數應用於產品定價調查

7-11 超商欲訂定一新上市茶飲之價格。假設擬訂的價格有 20、25、30、35、40 元 5 種方案。公司欲探討何種價格較能夠被消費者所接受，隨機抽取 6 位消費者作市場調查，每位消費者對各價格的隸屬度如表 3.8。

表 3.8　6 位受訪者對應於 5 種價格之隸屬度選擇

價格	20	25	30	35	40	x_{if}
1	0	0	0.5	0.5	0	32.5
2	1	0	0	0	0	20
3	0	0.6	0.4	0	0	27

表 3.8　6 位受訪者對應於 5 種價格之隸屬度選擇（續）

價格	20	25	30	35	40	x_{if}
4	0	0.7	0.3	0	0	26.5
5	0	0	0.4	0.3	0.3	34.5
6	0	0	0.8	0.2	0	31

由於樣本數 $n = 6$ 為偶數，且 $x_{(3)f} = 27$，$x_{(6)f} = 31$，模糊化之中位數為 $\dfrac{27+31}{2}$ $= 29$。若以對應 $x_{(3)f}$，$x_{(6)f}$ 之樣本值為：

$$x_{(3)} = x_3 = \frac{0}{20} + \frac{0.6}{25} + \frac{0.4}{30} + \frac{0}{35} + \frac{0}{40} ,$$

$$x_{(6)} = x_6 = \frac{0}{20} + \frac{0}{25} + \frac{0.8}{30} + \frac{0.2}{35} + \frac{0}{40} ,$$

來計算，則模糊樣本中位數為：

$$Fmedian = \frac{0}{20} + \frac{\frac{0.6+0}{2}}{25} + \frac{\frac{0.4+0.8}{2}}{30} + \frac{\frac{0+0.2}{2}}{35} + \frac{0}{40}$$

$$= \frac{0}{20} + \frac{0.3}{25} + \frac{0.6}{30} + \frac{0.1}{35} + \frac{0}{40}$$

此模糊樣本中位數反模糊化亦為 29 (= 0.3*25 + 0.6*30 + 0.1*35)。

　　若以傳統的問卷調查方式，也就是規定每位受訪者只能勾選一意願最高的選項，則對於受訪者而言，所勾選之選項應為心目中隸屬度最高者，而其結果如下表 3.9：

表 3.9　5 位受訪者對於 5 種價格之隸屬度選擇

顧客＼價格	20	25	30	35	40
A		○			
B	○				
C			○		
D		○			

表 3.9　5 位受訪者對於 5 種價格之隸屬度選擇（續）

顧客 ＼ 價格	20	25	30	35	40
E					○
Total	1	2	1	0	1

　　從上表 3.9 的資料中我們可以得到 5 位受訪者的選擇價格依大小排序後依序為 20、25、25、30、40，而依傳統中位數的取法，取出結果為 25 元。

　　但我們可以知道，若以傳統問卷的方式進行調查，並無法真正反應受訪者完整的想法，因為對於商品價格的問題而言，傳統的中位數可能只能以消費者最願意接受的價格作為考量，但實際情形卻非如此！若當該商品對消費者而言，十分具有吸引力，即使價格比當初心目中的理想價格要高，消費者仍會有購買的意願，這樣的情形也普遍存在現實的生活中，因此我們若以模糊樣本中位數來思考，更能合理分析這類的問題。

　　從排序後的隸屬度中，以模糊樣本中位數的取出結果為 30 元，高於以傳統中位數取出之 25 元，從這樣的結果我們可結論：以 30 元的價格來說，一般民眾的接受度應不低；而且單價多 5 元的利潤，應是對廠商比較有利的。

R 語言語法

```
> #離散型模糊樣本中位數應用於產品定價調查
> #以下列語法逐一輸入表 3.8 之數值，或使用 read.csv() 讀取既有之表格內容
> U_L <- seq(20, 40, 5)
> sample_k <- c(1:6)
> X <- c(0, 0, 0.5, 0.5, 0, 1, 0, 0, 0, 0, 0, 0.6, 0.4, 0, 0, 0, 0.7, 0.3, 0, 0, 0,
0, 0.4, 0.3, 0.3, 0, 0, 0.8, 0.2, 0)
> fuzzy_sample <- matrix(X, nrow = length(sample_k), ncol = length(U_L), byrow =
TRUE, dimnames = list(sample_k, U_L))
> View(fuzzy_sample)
>
> #依據定義 3.6 計算對應於模糊樣本之反模糊化值，再計算模糊樣本中位數
> #使用 for() 迴圈逐一計算各樣本的反模糊化值，並儲存於 F_m
> #再以 median() 計算 F_m 資料中的模糊樣本中位數，並宣告為 Fmedian
> F_m <- c()
```

```
> for(i in 1:length(sample_k))
+ {
+     De_F <- sum(fuzzy_sample[i,]*U_L)
+     F_m <- rbind(F_m, De_F)
+ }
> Fmedian <- median(F_m)
>
> # 輸入 Fmedian 即可查看模糊樣本中位數計算結果
> Fmedian
[1] 29
```

定義 3.7　連續型模糊樣本中位數 (fuzzy sample median for continuous type)

　　設 U 為一論域，令 $\{x_i = [a_i, b_i, c_i, d_i], i = 1, 2, \ldots n\}$ 為一組模糊樣本。令 cx_i 為 x_i 之重心，A_i 為 x_i 之範圍（面積）。則模糊樣本中位數 fuzzy median，為以 median$\{cx_i\}$ 為中心，以中位數 A_i 的為範圍區域。i.e.

$$Fmedian = (cx; A), cx = median\{cx_i\}, A = median\{A_i\} \qquad (3.6)$$

例 3.9　連續型模糊樣本中位數應用於房屋購買意願調查

　　對商業用戶購屋者來說，一樓店面的面寬對於其營業績效有很大的影響。若由資料顯示，台北市城中區一樓路旁的房子面寬範圍 (a, b)，假設面寬自 2 公尺至 20 公尺，即論域為 $U = [2, 20]$。若某房屋仲介公司想了解此區商業店面面寬需求情形，決定以開放式問卷的形式來了解此區商業店面面寬實際需求情形，若隨機選取該區 5 位商家作調查，而每位商家對店面面寬的需求區間如表 3.10：

表 3.10　5 位受訪者對店面面寬需求之隸屬度選擇

商家	a_i	b_i	$c_i = (a_i + b_i) / 2$	A_i
1	2	5	3.5	3
2	6	10	8	4
3	7	12	9.5	5

表 3.10　5 位受訪者對店面面寬需求之隸屬度選擇（續）

商家	a_i	b_i	$c_i = (a_i + b_i) / 2$	A_i
4	3	4	3.5	1
5	17	20	18.5	3

　　由定義 3.7 可得模糊樣本中位數為 (8;1.5)。由模糊樣本中位數可知此區商家對店面的面寬需求約略為 6.5 公尺至 9.5 公尺之間，故房屋仲介業者可多留意蒐集此面寬區間的出租或出售案件，提供顧客充足選擇。

R 語言語法

```
> # 連續型模糊樣本中位數應用於房屋購買意願調查
> # 以下列語法逐一輸入表 3.10 之數值，或使用 read.csv() 讀取既有之表格內容
> sample_k <- c(1:5)
> U_L1 <- c(2, 6, 7, 3, 17) # 宣告論域左端值為 U_L1，即表 3.10 之 a
> U_L2 <- c(5, 10, 12, 4, 20) # 宣告論域右端值為 U_L2，即表 3.10 之 b
> fuzzy_sample <- matrix(c(U_L1, U_L2), nrow = length(sample_k), ncol = 2)
> View(fuzzy_sample)
>
> # 依據定義 3.7 計算 cx 與 A
> F_cx <- (U_L2 + U_L1) / 2
> F_A <- U_L2 - U_L1
>
> # 分別運用 min() 與 max() 計算論域的最小值與最大值，並命名為 F_U
> F_U <- paste0("[", min(U_L1), ",", max(U_L2), "]")
>
> # 依據定義 3.7 並運用 median() 計算 cx 與 A 的中位數
> cx_A <- c(median(F_cx), median(F_A))
>
> # 依據計算所得之 cx 與 A 計算區間，惟 A 為面積，故須先除 2，再以 cx 加減
> F_UX <- c((cx_A[1] - cx_A[2]/2), (cx_A[1] + cx_A[2]/2))
> F_UL <- paste0("[", F_UX[1], ",", F_UX[2], "]")
>
> # 將上述計算結果儲存為 Fmedian 串列，再予以命名
> Fmedian <- list(F_U, cx_A[1], cx_A[2], F_UL)
> names(Fmedian) <- c("U", "cx", "A", "L")
```

```
>
> #輸入 Fmedian 即可查看模糊樣本中位數計算結果
> Fmedian
$U
[1] "[2, 20]"

$cx
[1] 8

$A
[1] 3

$L
[1] "[6.5, 9.5]"

>
> #Fmedian 中的 U、cx、A、L 分別代表論域、重心、範圍、區間
> #若要查看區間，則可輸入 Fmedian$L
> Fmedian$L
[1] "[6.5, 9.5]"
```

例 3.10　投資計畫金額之模糊樣本中位數

　　某公司於近日擬定進行投資計畫，於是聘請 5 位投資顧問專家進行投資策略分析，5 位專家分別對於投資金額提出建議如下表 3.11（金額單位：千萬元）：

表 3.11　5 位專家分別對於投資金額提出建議

	A	B	C	D	E
建議投資金額	1~2	4~7	3~8	5~9	16~20
c_i	1.5	5.5	5.5	7	18
A_i	2	3	5	4	4

　　由於 5 個人所提出之建議金額共識度不高，尤其以 E 所提出之投資建

議，遠大於他人所建議之金額，但若是直接以平均金額作為投資決策，無疑地會將整體金額提高許多，但又不能忽略 E 所提之建議，因此我們考慮以模糊樣本中位數的觀點來看待分析此問題。

　　由定義 3.7 可得區間為 [3.5, 7.5] (= (5.5; 2)) 千萬，此區間即為所求之模糊樣本中位數。

R 語言語法

```
> # 投資計畫金額之模糊樣本中位數
> # 以下列語法逐一輸入表 3.11 之數值，或使用 read.csv() 讀取既有之表格內容
> sample_k <- c("A", "B", "C", "D", "E")
> U_L1 <- c(1, 4, 3, 5, 16) # 宣告論域左端值為 U_L1，即表 3.11 金額的最小值
> U_L2 <- c(2, 7, 8, 9, 20) # 宣告論域右端值為 U_L2，即表 3.11 金額的最大值
> fuzzy_sample <- matrix(c(U_L1, U_L2), nrow = length(sample_k), ncol = 2)
> View(fuzzy_sample)
>
> # 依據定義 3.7 計算 cx 與 A，惟 A 為面積，故須除 2
> F_cx <- (U_L2 + U_L1) / 2
> F_A <- (U_L2 - U_L1) / 2
>
> # 分別運用 min() 與 max() 計算論域的最小值與最大值，並命名為 F_U
> F_U <- paste0("[", min(U_L1), ",", max(U_L2), "]")
>
> # 依據定義 3.7 並運用 median() 計算 cx 與 A 的中位數
> cx_A <- c(median(F_cx), median(F_A))
>
> # 依據計算所得之 cx 與 A 計算區間，再以 cx 加減
> F_UX <- c((cx_A[1] - cx_A[2]), (cx_A[1] + cx_A[2]))
> F_UL <- paste0("[", F_UX[1], ",", F_UX[2], "]")
>
> # 將上述計算結果儲存為 Fmedian 串列，再予以命名
> Fmedian <- list(F_U, cx_A[1], cx_A[2], F_UL)
> names(Fmedian) <- c("U", "cx", "A", "L")
>
> # 輸入 Fmedian 即可查看模糊樣本中位數計算結果
> Fmedian
```

```
$U
[1] "[1, 20]"


$cx
[1] 5.5


$A
[1] 2


$L
[1] "[3.5, 7.5]"


>
> #Fmedian 中的 U、cx、A、L 分別代表論域、重心、範圍、區間
> # 若要查看區間，則可輸入 Fmedian$L
> Fmedian$L
[1] "[3.5, 7.5]"
```

定義 3.8　離散型模糊數的模糊標準差

設 x 為一模糊數，語言變數 $\{L_i; i = 1, ..., k\}$ 為論域 U 中有序的數列，
$\mu_{L_i}(x) = m_i$ 為模糊樣本 x 相對於 L_i 的隸屬度且 $\sum_{i=1}^{n} \mu_{L_i}(x) = 1$。

考慮模糊數 x 的經典反模糊化值 $x_f = \sum_{i=1}^{k} m_i L_i$，則模糊數之模糊標準差定義為：

$$F\sigma = \sqrt{\sum_{i=1}^{k} m_i \left(L_i - x_f \right)^2}$$

例 3.11　求離散型模糊數之模糊標準差

設 X 為某學生一星期來學校購買早餐的天數，其論域 $U = \{0,1,2,3,4,5\}$，學生的隸屬度函數為 $\{\mu_0(X) = 0, \mu_1(X) = 0.3, \mu_2(X) = 0.5, \mu_3(X) = 0.1, \mu_4(X) = 0.1, \mu_5(X) = 0\}$。則學生一星期來學校購買早餐天數的反模糊化值為 2（天）；則學生一星期來學校購買早餐天數的模糊標準差為：

$$Fσ = \sqrt{0.3(1-2)^2 + 0.5(2-2)^2 + 0.1(3-2)^2 + 0.1(4-2)^2} = 0.89$$

R 語言語法

```
> # 求離散型模糊數之模糊標準差
> U_L <- c(0:5) # 宣告論域 U_L 爲 {0, 1, 2, 3, 4, 5}
> U_X <- c(0, 0.3, 0.5, 0.1, 0.1, 0) # 輸入學生的隸屬度數值
>
> # 計算反模糊化數值 De_F
> De_F <- sum(U_L*U_X)
>
> # 依據定義 3.8 計算模糊標準差，並命名爲 F_s
> F_s <- sqrt(sum(U_X*(U_L - De_F)^2))
>
> F_s
[1] 0.8944272
```

3.4　模糊統計量的次序與距離

定義 3.9　兩離散型模糊樣本相對差異

設 U 爲一論域，令 $L = \{L_1, L_2, ..., L_k\}$ 爲布於論域 U 上的 k 個語言變數，而 $\{x_i = \dfrac{m_{i1}}{L_1} + \dfrac{m_{i2}}{L_2} + ... + \dfrac{m_{ik}}{L_k}, i = 1,2\}$，$\sum\limits_{j=1}^{k} m_{ij} = 1$ 爲自論域中抽出的兩個模糊樣本。則兩離散型模糊樣本 x_1 與 x_2 之相對差異定義爲：

$$\delta(x_1, x_2) = \frac{|m_{11} - m_{21}|}{L_1} + \frac{|m_{12} - m_{22}|}{L_2} + ... + \frac{|m_{1k} - m_{2k}|}{L_k} \tag{3.7}$$

例 3.12　若一組受訪者的模糊意見表示如下表 3.12。

表 3.12 受訪者的模糊意見

您對執政黨 2015 年施政滿意度	1 = 很不滿意	2 = 不滿意	3 = 普通	4 = 滿意	5 = 很滿意
x_1	0	0	0	0	1
x_2	1	0	0	0	0
x_3	0	0	1	0	0
x_4	0	0.5	0	0.5	0
x_5	0	0	0.5	0	0.5
x_6	0	0	0.8	0	0.2

根據離散型模糊樣本相對差異定義，我們可算出各樣本間的相對差異。相對差異的模糊數值大小可看出各樣本在不同語意變數喜好的差異性，例如：

$$\delta(x_1, x_2) = \frac{|0-1|}{L_1} + \frac{|0-0|}{L_2} + \frac{|0-0|}{L_3} + \frac{|0-0|}{L_4} + \frac{|1-0|}{L_5} = \frac{1}{L_1} + \frac{0}{L_2} + \frac{0}{L_3} + \frac{0}{L_4} + \frac{1}{L_5}$$

$$\delta(x_5, x_6) = \frac{|0-0|}{L_1} + \frac{|0-0|}{L_2} + \frac{|0.8-0.5|}{L_3} + \frac{|0-0|}{L_4} + \frac{|0.2-0.5|}{L_5}$$

$$= \frac{0}{L_1} + \frac{0}{L_2} + \frac{0.3}{L_3} + \frac{0}{L_4} + \frac{0.3}{L_5}$$

$\delta(x_1, x_2)$ 的模糊數值顯示 x_1 和 x_2 在很不滿意與很滿意這二個選項的差異性很大，而其他選項的差異性則無。$\delta(x_5, x_6)$ 的模糊數值則顯示 x_5 和 x_6 在普通與很滿意這二個選項的差異性，而其他選項的差異性則無。

R 語言語法

```
> # 兩離散型模糊樣本相對差異
> # 可以下列語法逐一輸入表 3.12 之數值
> U_L <- c("L1 很不滿意", "L2 不滿意", "L3 普通", "L4 滿意", "L5 很滿意") # 宣告語言變數爲 U_L
> sample_k <- paste0("x_", c(1:6))
> X <- c(0, 0, 0, 0, 1, 1, 0, 0, 0, 0, 0, 0, 1, 0, 0, 0, 0.5, 0, 0.5, 0, 0, 0, 0.5, 0, 0.5, 0, 0, 0.8, 0, 0.2) # 輸入隸屬度數值
```

```
> fuzzy_sample <- matrix(X, nrow = length(sample_k), ncol = length(U_L), byrow =
TRUE, dimnames = list(sample_k, U_L))
> View(fuzzy_sample)
>
> # 亦可使用 read.csv() 讀取既有之表格內容
> fuzzy_sample <- read.csv(file.choose(), header = TRUE, row.names = 1)
> U_L <- colnames(fuzzy_sample) # 讀取資料後，可再定義語言變數 U_L
>
> # 依據公式 3.7 計算兩離散型模糊樣本之相對差異
> abs(fuzzy_sample[1,]-fuzzy_sample[2,])  # 樣本 1 與樣本 2
    L1 很不滿意 L2 不滿意 L3 普通 L4 滿意 L5 很滿意
x_1          1        0      0      0         1
> abs(fuzzy_sample[5,]-fuzzy_sample[6,])  # 樣本 5 與樣本 6
    L1 很不滿意 L2 不滿意 L3 普通 L4 滿意 L5 很滿意
x_5          0        0    0.3      0       0.3
>
> # 撰寫自訂函數 Fuzzy_delta 語法
> # 在自訂函數中分別輸入樣本資料、要計算的兩個樣本編號
> # 例如要比較 x3 與 x5，則輸入 Fuzzy_delta(fuzzy_sample, 3, 5)
> Fuzzy_delta <- function(fuzzy_sample, X1, X2)
+ {
+     F_d <- abs(fuzzy_sample[X1,]-fuzzy_sample[X2,])
+     return(F_d)
+ }
>
> Fuzzy_delta(fuzzy_sample, 3, 5)
    L1 很不滿意 L2 不滿意 L3 普通 L4 滿意 L5 很滿意
x_3          0        0    0.5      0       0.5
```

　　在定義離散型模糊樣本絕對距離之前，我們必須先定義離散型模糊樣本反模糊化值。

定義 3.10　離散型模糊數的反模糊化值

　　設 x 為一模糊數，語言變數 $\{L_i; i = 1, ..., k\}$ 為論域 U 中有序的數列，$\mu_{L_i}(x) = m_i$ 為模糊樣本 x 相對於 L_i 的隸屬度，$\sum_{i=1}^{k} m_i = 1$，則稱

$$x_f = \sum_{i=1}^{k} m_i L_i + \frac{1}{k+1} \sum_{i=1}^{k} m_i \left| L_i - \sum_{i=1}^{k} m_i L_i \right|$$

為模糊數 x 的反模糊化值。

例 3.13　求離散型模糊數之反模糊化值

　　設 X 為某學生一星期來學校購買早餐的天數，其論域 $U = \{0,1,2,3,4,5\}$，學生的隸屬度函數為 $\{\mu_0(X) = 0, \mu_1(X) = 0.3, \mu_2(X) = 0.5, \mu_3(X) = 0.1, \mu_4(X) = 0.1, \mu_5(X) = 0\}$，則學生一星期來學校購買早餐天數的反模糊化值計算如下：

$$\sum_{i=1}^{k} m_i L_i = 0 \cdot 0 + 0.3 \cdot 1 + 0.5 \cdot 2 + 0.1 \cdot 3 + 0.1 \cdot 4 + 0 \cdot 5 = 2$$

$$\begin{aligned}
x_f &= \sum_{i=1}^{k} m_i L_i + \frac{1}{k+1} \sum_{i=1}^{k} m_i |L_i - 2| \\
&= 2 + \frac{1}{5}(0 \cdot |0-2| + 0.3 \cdot |1-2| + 0.5 \cdot |2-2| + 0.1 \cdot |3-2| \\
&\quad + 0.1 \cdot |4-2| + 0 \cdot |5-2|) \\
&= 2 + \frac{1}{5} \cdot 0.6 = 2.12
\end{aligned}$$

　　而在語意變數為順序尺度情形下，由定義 3.10，我們可進一步算出各樣本間的（絕對）距離值。絕對距離的數值大小則可看出各樣本整體喜好程度的差異性。根據離散型模糊樣本絕對距離定義。例如下表 3.13。

表 3.13 受訪者的模糊意見距離

$d(x_i, x_j)$	$x_1 = 5$	$x_2 = 1$	$x_3 = 3$	$x_4 = 3.25$	$x_5 = 4.25$	$x_6 = 3.56$
x_1	0	4	2	1.75	0.75	1.44
x_2		0	2	2.25	3.25	2.56
x_3			0	0.25	1.25	0.56
x_4				0	1.00	0.31

表 3.13 受訪者的模糊意見距離（續）

$d(x_i, x_j)$	$x_1 = 5$	$x_2 = 1$	$x_3 = 3$	$x_4 = 3.25$	$x_5 = 4.25$	$x_6 = 3.56$
x_5					0	0.69
x_6						0

由上表 3.13 我們可發現：即 x_3 受訪者的意見和 x_4 受訪者的意見最接近；而 x_4 受訪者的意見和 x_6 受訪者的意見次之；x_1 受訪者和 x_2 受訪者的意見最不接近。

R 語言語法

```
> # 求離散型模糊數之反模糊化值
> U_L <- c(0:5) # 宣告論域 U_L 為 {0, 1, 2, 3, 4, 5}
> U_X <- c(0, 0.3, 0.5, 0.1, 0.1, 0) # 輸入學生的隸屬度數值
>
> # 依據定義 3.10 計算離散型模糊數的反模糊化值
> # 先計算論域與隸屬度乘積 F_ml，再加上相對差異，則可得反模糊化數值 De_F
> F_mL <- sum(U_L*U_X)
> De_F <- F_mL + 1/(length(U_L)-1)*sum(U_X*abs(U_L-F_mL))
> De_F
[1] 2.12
> # 以自訂函數 Fuzzy_dis 計算絕對距離，並呈現如表 3.13 的分析結果矩陣
> # 依據例 3.13 計算表 3.13 受訪者的模糊意見距離
> # 依據定義 3.10 計算 x1 至 x6 受訪者的反模糊化值
> # 再以 for() 迴圈逐一計算兩兩樣本的差異性
>
> # 讀取表 3.13 資料，或逐一輸入例 3.13 資料
> fuzzy_sample <- read.csv(file.choose(), header = TRUE, row.names = 1)
> U_L <- c(1:5) # 定義語言變數數值
> sample_k <- row.names(fuzzy_sample)
>
> Fuzzy_dis <- function(fuzzy_sample, U_L)
+ {
+     De_F <- c()
+     for(i in 1:length(sample_k))
+     {
```

```
+          mL <- sum(U_L*fuzzy_sample[i,])
+          De_i <- mL + 1/(length(U_L)-1)*sum(fuzzy_sample[i,]*abs(U_L-mL))
+          De_F <- c(De_F, round(De_i, 2))
+      }
+      Fd_matrix <- matrix(c(""), nrow = length(sample_k), ncol = length(sample_k),
dimnames = list(sample_k, sample_k))
+      for(i in 1:length(sample_k))
+      {
+          for(j in 1:length(sample_k))
+          {
+              if(i <= j) { Fd_matrix[i,j] <- round(abs(De_F[i]-De_F[j]), 2) }
+          }
+      }
+      return(Fd_matrix)
+ }
>
> Fuzzy_dis(fuzzy_sample, U_L)
    x_1 x_2 x_3 x_4    x_5    x_6
x_1 "0" "4" "2" "1.75" "0.75" "1.44"
x_2 ""  "0" "2" "2.25" "3.25" "2.56"
x_3 ""  ""  "0" "0.25" "1.25" "0.56"
x_4 ""  ""  ""  "0"    "1"    "0.31"
x_5 ""  ""  ""  ""     "0"    "0.69"
x_6 ""  ""  ""  ""     ""     "0"
```

　　至於連續型模糊數之反模糊化轉換，則考量代表一連續性的模糊集合，即代表不確定事件之一梯形模糊集合。當提出此一梯形樣本時，我們感興趣的是它在實數線上代表的值，即「反模糊化值」。然在實際應用上，採取一更為普遍化之非線性單位間轉換，而非原始的線性單位間的變換，更加方便合理。例如：地震的能量既可以以一般的能量單位表示，也可以用指數的芮氏 (Richter) 單位表示。同樣地，訊號或聲響強度的測度，可以用瓦特 (watt) 為單位，也可以用對數的單位，即分貝 (decibel) 來表示。

定義 3.11　梯形模糊數在實數線上之反模糊化轉換

令 $x = [a,b,c,d]$ 是在論域 U 上的一組梯形模糊數，而這組梯形模糊數

的重心座標為 $(cx, cy) = (\dfrac{\int x u_A(x)dx}{\int u_A(x)dx}, \dfrac{\int \frac{1}{2}(u_A(x))^2 dx}{\int u_A(x)dx})$。則模糊數 $A = [a,b,c,d]$

在實數線上的反模糊化值 (realization) RA 定義為：

$$RA = cx + \frac{\|x\|}{2\ln(e + |cx|)}，其中 \|x\| 表示 x 的面積。$$

其中，cx 表示為此區間中心，當 x 為梯形時，我們取 $cx = \dfrac{a+b+c+d}{4}$；

當 x 為三角形時，取 $cx = \dfrac{a+b+c}{3}$；當 x 為實數區間時，$cx = \dfrac{b+c}{2}$。

定義 3.12　兩連續型模糊樣本 x_1 與 x_2 之距離

$$d(x_1, x_2) = |cx_1 - cx_2| + |\frac{\|x_1\|}{2\ln(e + |cx_1|)} - \frac{\|x_2\|}{2\ln(e + |cx_2|)}|$$

例 3.14　調查 5 位大學畢業生的預期薪資如下表 3.14。

表 3.14　5 位大學畢業生的期望薪資

畢業生	期望薪資（萬元）	cx	$\dfrac{\|x\|}{2\ln(e+cx)}$	RA（小數點第 2 位後 4 捨 5 入）
A	[2,3]	2.5	0.3026	2.80
B	[2,4]	3	0.5735	3.57
C	[3,4]	3.5	0.2736	3.77
D	[3,5]	4	0.5250	4.53
E	[3,7]	5	0.9787	5.98

根據離散型模糊數的反模糊化值定義 3.10，可得 5 位畢業生預期薪資的意見

距離。如下表 3.15。

表 3.15　5 位大學畢業生期望薪資的距離

d	A	B	C	D	E
A	0	0.77	1.03	1.72	3.18
B		0	0.80	1.05	2.41
C			0	0.75	2.21
D				0	1.45
E					0

由上表我們可發現：C、D 受訪者意見最接近，A、B 受訪者意見次之，而 A、E 受訪者的意見最遠。

R 語言語法

```
> # 大學畢業生的期望薪資
> # 以下列語法逐一輸入表 3.14 之數值，或使用 read.csv() 讀取既有之表格內容
> sample_k <- c("A", "B", "C", "D", "E")
> U_L1 <- c(2, 2, 3, 3, 3) # 宣告論域左端值為 U_L1，即表 3.14 薪資的最小值
> U_L2 <- c(3, 4, 4, 5, 7) # 宣告論域右端值為 U_L2，即表 3.14 薪資的最大值
> U_L <- paste0("[", U_L1, ",", U_L2, "]")
> fuzzy_sample <- matrix(c(U_L1, U_L2), nrow = length(sample_k), ncol = 2, dimnames =
list(sample_k))
> View(fuzzy_sample)
>
> # 依據定義 3.11 計算梯形模糊數在實數線上之反模糊化轉換
> cx <- (U_L1 + U_L2)/2
> rang <- (U_L2 - U_L1) / (2*log(exp(1) + abs(cx)))
> RA <- cx + rang
>
> # 合併上述資料後，即可呈現如表 3.14 的內容
> fuzzy_table <- cbind(sample_k, U_L, round(cx, 2), round(rang, 2), round(RA, 2))
> colnames(fuzzy_table) <- c("sample", "U", "cx", "rang", "RA")
>
```

```
>
> # 依據定義 3.12 計算兩連續型模糊樣本之距離，並呈現如表 3.15 的分析結果
> Fd_matrix <- matrix(c(""), nrow = length(sample_k), ncol = length(sample_k),
dimnames = list(sample_k, sample_k))
> for(i in 1:length(sample_k))
+ {
+     for(j in 1:length(sample_k))
+     {
+             if(i <= j) { Fd_matrix[i,j] <- round((abs(cx[i]-cx[j]) + abs(rang[i]-
rang[j])), 2) }
+     }
+ }
>
> # 輸入 Fd_matrix 即可查看兩連續型模糊樣本之距離計算結果，如表 3.15
> Fd_matrix
  A     B      C      D      E
A "0"   "0.77" "1.03" "1.72" "3.18"
B ""    "0"    "0.8"  "1.05" "2.41"
C ""    ""     "0"    "0.75" "2.21"
D ""    ""     ""     "0"    "1.45"
E ""    ""     ""     ""     "0"
```

對於一組資料 $X_1, X_2, ..., X_n$，我們想看其分散程度，通常求樣本變異數 $\frac{1}{n-1}\sum_{i=1}^{n}(X_i - \overline{X})^2$。但對於模糊樣本，其形式為多值或是區間，我們該如何分析資料的離散性 (diffusibility)？當我們將梯形資料合理且有意義地轉化至實數線時，我們需確定兩件事，即：轉換資料必須是 (1) 有限維度的；(2) 此等參數的相依性必須是平滑的（即可微分的）。以數學用語言之，就是此轉換群是一李氏群 (Lie group)。

此轉換一旦決定後，我們就有一新的值 $y = f(x)$，取代原始梯形資料。在理想狀況下，此一新的量 y 是常態分配的。（實務上，常態分配對 y 可以是一個好的初步估計。）當決定如何轉換時，我們必須理解，由於可能再次變換單位，代表量 x 之數值轉換並非唯一。

例 3.15 考慮 A_i，$i = 1,2,...,6$，等 6 組模糊數，其中，A_1 = [2,2,3,3]（實數區間），A_2 = [1,1,4,4]（實數區間），A_3 = [1,2.5,2.5,4]（三角形），A_4 = [1,2.5,2.5,8]（三角形），A_5 = [1,2,3,4]（梯形），A_6 = [1,2,3,8]（梯形），則其梯形反模糊化轉換爲：

表 3.16 梯形模糊樣本之反模糊化值

Fuzzy data	cx	$\dfrac{\|A\|}{2\ln(e + \|cx\|)}$	RA
A_1 = [2,2,3,3]	2.5	0.30	2.80
A_2 = [1,1,4,4]	2.5	0.91	3.41
A_3 = [1,2.5,2.5,4]	2.5	0.45	2.95
A_4 = [1,2.5,2.5,8]	3.5	0.96	4.46
A_5 = [1,2,3,4]	2.5	0.61	3.11
A_6 = [1,2,3,8]	3.5	1.09	4.59

根據定義 3.12 兩連續型模糊樣本之距離，將此組樣本相互距離以矩陣列出，見表 3.17。

表 3.17 兩梯形模糊樣本之距離

$d(A_i, A_j)$	A_1 = [2,2,3,3]	A_2 = [1,1,4,4]	A_3 = [1,2.5,2.5,4]	A_4 = [1,2.5,2.5,8]	A_5 = [1,2,3,4]	A_6 = [1,2,3,8]
A_1 = [2,2,3,3]	0	0.61	0.15	1.65	0.30	1.79
A_2 = [1,1,4,4]		0	0.45	1.05	0.30	1.19
A_3 = [1,2.5,2.5,4]			0	1.50	0.15	1.64
A_4 = [1,2.5,2.5,8]				0	1.35	0.14
A_5 = [1,2,3,4]					0	1.49
A_6 = [1,2,3,8]						0

R 語言語法

```
> # 梯形模糊樣本之反模糊化值
> # 以下列語法逐一輸入表 3.16 之數值,或使用 read.csv() 讀取既有之表格內容
> sample_k <- c("A", "B", "C", "D", "E", "F")
> U_L1 <- c(2, 1, 1, 1, 1, 1) # 表 3.16 區間的第 1 個數值,並宣告論域左 1 為 U_L1
> U_L2 <- c(2, 1, 2.5, 2.5, 2, 2) # 表 3.16 區間的第 2 個數值,並宣告論域左 1 為 U_L2
> U_L3 <- c(3, 4, 2.5, 2.5, 3, 3) # 表 3.16 區間的第 3 個數值,並宣告論域左 1 為 U_L3
> U_L4 <- c(3, 4, 4, 8, 4, 8) # 表 3.16 區間的第 4 個數值,並宣告論域左 1 為 U_L4
> U_L <- paste0("[", U_L1, ",", U_L2, ",", U_L3, ",", U_L4, "]")
> fuzzy_sample <- matrix(c(U_L1, U_L2, U_L3, U_L4), nrow = length(sample_k), ncol = 4,
dimnames = list(sample_k))
> View(fuzzy_sample)
>
> # 依據定義 3.11 計算梯形模糊數在實數線上之反模糊化轉換
> cx <- (U_L1 + U_L2 + U_L3 + U_L4)/4
> rang <- (((U_L4-U_L1)+(U_L3-U_L2))/2) / (2*log(exp(1) + abs(cx)))
> RA <- cx + rang
>
> # 合併上述資料後,即可呈現如表 3.16 的內容
> fuzzy_table <- cbind(sample_k, U_L, round(cx, 2), round(rang, 2), round(RA, 2))
> colnames(fuzzy_table) <- c("sample", "U", "cx", "rang", "RA")
> fuzzy_table
      sample U            cx      rang   RA
[1,]  "A"    "[2,2,3,3]"        "2.5"  "0.3"  "2.8"
[2,]  "B"    "[1,1,4,4]"        "2.5"  "0.91" "3.41"
[3,]  "C"    "[1,2.5,2.5,4]"    "2.5"  "0.45" "2.95"
[4,]  "D"    "[1,2.5,2.5,8]"    "3.5"  "0.96" "4.46"
[5,]  "E"    "[1,2,3,4]"        "2.5"  "0.61" "3.11"
[6,]  "F"    "[1,2,3,8]"        "3.5"  "1.09" "4.59"
> # 依據定義 3.12 計算兩連續型模糊樣本之距離,並呈現如表 3.17 的分析結果
> Fd_matrix <- matrix(c(""), nrow = length(sample_k), ncol = length(sample_k),
dimnames = list(sample_k, sample_k))
> for(i in 1:length(sample_k))
+ {
+     for(j in 1:length(sample_k))
+     {
```

```
+               if(i <= j) { Fd_matrix[i,j] <- round((abs(cx[i]-cx[j]) + abs(rang[i]-
rang[j])), 2) }
+          }
+ }
>
> # 輸入 Fd_matrix 即可查看兩連續型模糊樣本之距離計算結果，如表 3.17
> Fd_matrix
  A     B       C       D       E      F
A "0"   "0.61"  "0.15"  "1.65"  "0.3"  "1.79"
B ""    "0"     "0.45"  "1.05"  "0.3"  "1.19"
C ""    ""      "0"     "1.5"   "0.15" "1.64"
D ""    ""      ""      "0"     "1.35" "0.14"
E ""    ""      ""      ""      "0"    "1.49"
F ""    ""      ""      ""      ""     "0"
```

　　為了進一步對理想與實際距離有一更清楚之測量，可以誤差多少來評量效率性，我們應用指數函數求算。

定義 3.13　理想與實際距離的效率性指標 (IOE)

　　令 $O = [a_o, b_o, c_o, d_o]$ 是在論域 U 上的一組梯形模糊樣本，$E = [a_e, b_e, c_e, d_e]$ 為理想值（或期望值）。則梯形模糊數 O 和 E 之間效率性指標

$$IOE = e^{-(\frac{|c_o - c_e|}{\ln(1+|c_e|)} + \left| \frac{\ln(1+\|O\|)}{\|O\|} - \frac{\ln(1+\|E\|)}{\|E\|} \right|)}$$

　　效率性指標 IOE 值介於 $(0,1)$ 之間。IOE 值越高表示經營管理越佳。若 $IOE = 1$，我們說經營管理絕對有效率；若 $IOE = 0$，我們說經營管理毫無效率。

R 語言語法

```
> # 理想與實際距離的效率性指標 (IOE)
> U_O <- c(1, 2, 3, 4) # 令實際值為 [1,2,3,4]，並宣告為 U_O
> U_E <- c(1, 3, 4, 5) # 令理想值為 [1,3,4,5]，並宣告為 U_E
```

```
>
> # 依據定義 3.13 計算梯形模糊數 O 和 E 之間效率性指標
> # 先分別計算實際值與理想值的重心座標 cx_O 與 cx_E
> cx_O <- (U_O[1] + U_O[2] + U_O[3] + U_O[4])/4
> cx_E <- (U_E[1] + U_E[2] + U_E[3] + U_E[4])/4
>
> # 再計算實際值與理想值的面積 A_O 與 A_E
> A_O <- ((U_O[4]-U_O[1])+(U_O[3]-U_O[2]))/2
> A_E <- ((U_E[4]-U_E[1])+(U_E[3]-U_E[2]))/2
>
> # 最後則計算 IOE，並命名為 Fuzzy_IOE
> Fuzzy_IOE <- round(exp(1)^(-(abs(cx_O-cx_E)/log(1+abs(cx_E))+abs((log(1+A_O)/A_O)-
(log(1+A_E)/A_E)))), 2)
>
> # 輸入 Fuzzy_IOE 即可查看效率性指標 (IOE) 計算結果
> Fuzzy_IOE
[1] 0.57
```

3.5 模糊統計量的一些性質

統計參數可用來表達母群體的特性，但某些性質卻很難藉由傳統的統計參數（如：均數、中位數、眾數等）表達出來。尤其在社會科學研究上，需要確實地表達大眾的看法時，傳統的統計參數便更顯得不適用了。故本文考慮人類思維的不確定性，根據模糊理論，提出模糊樣本眾數的定義與分析方法，期望對於人類的思維，能夠更完善地表達。針對模糊樣本眾數，我們推導歸納一些有用的性質如下，並比較根據傳統眾數與中位數之差異，觀察其中異同之處。

若以機率統計觀點來進行計量研究分析，在數學模式上雖是以繁化簡，但卻未考慮人類複雜與主觀的思維。基於人類的模糊複雜思維，利用模糊統計量來分析資料，是有其深究與探討的必要性。眾數、均數與中位數是統計學常見的三種集中趨勢量 (central tendency)，它們求法不只簡單，又能清楚表達資料的特色與所傳達的訊息。因此，若能加入模糊觀念利用模糊樣本眾數、模糊樣本均數與模糊樣本中位數來從事社會科學之計量研究分析，應是個實用且重要的方法。

性質 3.1　設 U 為一論域，$\{x_i = [a_i, b_i], i = 1, ..., n\}$ 為論域 U 裡的一組模糊樣本，L_i 為對應於每一個連續樣本 P_i 之區間直徑。對於連續型模糊樣本中位數而言，若超過 $[n/2]$ 個 L_i 等於 0 時，則模糊樣本中位數即為傳統中位數。

證明：根據定義 3.2，對於連續樣本，以傳統中位數之取法，所取出的結果應為所有區間組中點的中位數，即是 m_i 的中位數；而以連續型模糊樣本中位數的方法取之時，是以 m_i 的中位數為中心，所有區間長度 L_i 的中位數為直徑所形成之區間。但若超過 $[n/2]$ 個 L_i 等於 0 時，顯然 L_i 的中位數亦為 0，則所求出之連續型模糊樣本中位數為單一數值，而此即為傳統中位數。

性質 3.2　對於連續型的樣本而言，若其樣本區間之中心點來自單峰且對稱的分配（如常態分配），則當樣本數夠大時，其模糊樣本中位數之中心點將與其模糊樣本眾數之中心點重合。

證明：由於樣本區間之中心點來自單峰且對稱分配，當樣本數夠大時，所求之模糊樣本中位數的中心點應會發生在分配之中點。同樣由於樣本區間之中心點來自單峰且對稱分配，所以中心點亦會被最多的樣本（區間）覆蓋，而形成模糊樣本眾數之中心點，因此模糊樣本中位數之中心點與其模糊樣本眾數之中心點將會重合。

性質 3.3　不論離散型或連續型，模糊樣本中位數均為存在且唯一，然而模糊樣本眾數則未必。

證明：顯然，無論樣本之分配為何、無論為連續型或是離散型，模糊樣本中

位數是存在且唯一的。但對於模糊樣本眾數而言，如果樣本爲連續型且呈均勻分配，而若每一個樣本均無相交，則沒有模糊樣本眾數的存在。

性質 3.4 對於離散型之模糊樣本中位數而言，可藉由改變顯著水準 α，來控制模糊樣本中位數裡所包含的樣本數。

證明： 以例 3.4 說明，假設原本 10 個具有隸屬度之模糊樣本，但若考慮刪去較小的隸屬度，則可以利用選擇顯著水準 α 的大小作爲篩選的標準。若取顯著水準 $\alpha = 0.4$，則考慮的樣本訊息就剩 7 個；若取顯著水準 $\alpha = 0.5$，則考慮的樣本訊息僅剩 5 個。由此可知，可藉由選擇顯著水準 α 的大小，來控制離散型模糊樣本中位數裡所包含的樣本數。然而，太大的 α 值卻容易造成離散型模糊中位數所包含的樣本數過少，而降低其代表性；但若 α 值取太小，又會造成離散型模糊中位數裡所包含的樣本，有隸屬度過低的問題。所以 α 值的選取，需針對不同的問題而有所不同，可憑過去的經驗或是所需的樣本數，來反推應選取之 α 值。

性質 3.5 令 $L = \{L_1, L_2, ..., L_k\}$ 爲布於論域 U 上之語言變數。若論域 U 上每個樣本所給的最大隸屬度 m_{ij} 大於顯著水準 α 且都落在 L_j 上，則模糊樣本眾數即爲一般眾數。

證明： 依定義 3.4 可得。

性質 3.6 令 $L = \{L_1, L_2, ..., L_k\}$ 爲布於論域 U 上之語言變數，$\{x_i = \dfrac{m_{i1}}{L_1} + \dfrac{m_{i2}}{L_2} + ... + \dfrac{m_{ik}}{L_k}, i = 1,2,...,n\}$ 爲論域 U 上一組樣本。若存在一群樣本，對應於不同的語言變數 $L = \{L_1, L_2, ..., L_k\}$ 有相同且最大之隸屬度。則在此種情況下傳統眾數無法判定。但由於 $Fm = L_j$, $\max \sum_{i=1}^{n} I_{ij}$, $j = 1, ... k$，若我們取適當的顯著水準 α，當樣本 S_i 對應語言變數 L_j 隸屬度 $m_{ij} \geq \alpha$ 時，則可計算模糊樣本眾數。

證明：依定義 3.4 可得。

性質 3.7　　令 $L = \{L_1, L_2, ..., L_k\}$ 為布於論域 U 上之語言變數，$\{x_i = [a_i, b_i], i = 1, ..., n\}$ 為論域 U 裡的一組模糊樣本，m_{ij} 為樣本 x_i 對應語言變數 L_j 之隸屬度。假若每個樣本 S_i 都有一個 $m_{ij} > 0.5$，則對任何顯著水準 α，模糊樣本眾數即為一般眾數。

證明：依定義 3.4 可得。

性質 3.8　　對於連續型的樣本而言，若其樣本區間之中心點來自單峰且對稱的分配（如常態分配），則當樣本數夠大時，其模糊樣本均數之中心點與其模糊樣本中位數之中心點將會重合。

證明：由於其樣本區間之中心點來自單峰且對稱的分配（如常態分配），則當樣本數夠大時，其模糊樣本均數之中心點會是整個分配的中點；同樣地，模糊樣本中位數的中心也會發生在分配的中點。因此模糊樣本均數之中心點將與其模糊樣本中位數之中心點重合。

性質 3.9　　對於連續型的樣本而言，若其樣本區間之長度來自單峰且對稱的分配（如常態分配），則當樣本數夠大時，其模糊樣本均數之區間長度將與其模糊樣本中位數之區間長度相同。

證明：由於其樣本區間之長度來自單峰且對稱的分配（如常態分配），則當樣本數夠大時，其模糊樣本均數之區間長度會是整個分配的中點；同樣地，模糊樣本中位數的區間長度也會發生在分配的中點。因此模糊樣本均數之區間長度將與其模糊樣本中位數之區間長度相同。

性質 3.10　　對於連續型的樣本而言，若其樣本區間之中心點及區間長度皆來自單峰且對稱的分配（如常態分配），則當樣本數夠大時，其模糊樣本均數等於模糊樣本中位數。

證明：由性質 3.1 及性質 3.2 可得：無論區間中心點或區間長度，模糊樣本均數與模糊樣本中位數皆相同，所以模糊樣本均數等於模糊樣本中位數。

性質 3.11　對於連續型的樣本而言，若其樣本區間之中心點來自右（左）峰的分配，其模糊樣本均數之中心點將大（小）於與其模糊樣本中位數之中心點。

證明：若其樣本區間之中心點來自右（左）峰的分配，其模糊樣本均數之中心點會在整個分配的中點偏右（左）；但是模糊樣本中位數的中心點會在整個分配的中點。所以模糊樣本均數之中心點將大（小）於與其模糊樣本中位數之中心點。

性質 3.12　對於連續型的樣本而言，若其樣本區間之長度來自右（左）峰的分配，其模糊樣本均數之區間長度將大（小）於與其模糊樣本中位數之區間長度。

證明：若其樣本區間之長度來自右（左）峰的分配，其模糊樣本均數之區間長度會在整個分配的中點偏右（左）；但是模糊樣本中位數的區間長度會在整個分配的中點。所以模糊樣本均數之區間長度將大（小）於與其模糊樣本中位數之區間長度。

性質 3.13　不論離散型或連續型，模糊樣本均數均為存在且唯一。模糊樣本眾數則未必。我們可藉由調整顯著水準 α，來控制模糊樣本眾數裡所包含的樣本數。

證明：顯然，無論樣本之分配為何，是為連續型或是離散型，模糊樣本均數是存在且唯一的。但對於模糊樣本眾數而言，如果樣本為連續型且呈均勻分配，而若每一個樣本均無相交，則沒有模糊樣本眾數的存在。

性質 3.14 令 $L = \{L_1, L_2, ..., L_k\}$ 為布於離散論域 U 上之語言（順序）變數，$\{s_1, s_2, ..., s_m\}$ 為論域 U 上一組樣本，m_{ij} 為樣本 S_i 對應語言變數 L_j 之隸屬度。假設每個樣本 S_i 的隸屬度 $m_{ij} = 1$，則模糊樣本均數即為傳統均數。

證明：根據定義 3.1，令 m_{ij} 為標準化後樣本 S_i 對應 L_j 之隸屬度。當樣本 S_i 對語言變數 L_j 之隸屬度 $m_{ij} = 1$ 時，其餘 m_{ik}，$k \neq j$ 必定等於 0。

根據傳統均數定義，樣本 S_i 即是選擇語言變數 L_j。而對離散型模糊樣本均數，樣本 S_i 同樣也是對應於語言變數 L_j，故得證。

性質 3.15 利用調整顯著水準 α，可以控制模糊樣本均數裡所包含的樣本數。

證明：假設有 k 個樣本，對應語言變數 L_j 之隸屬度分別為 $m_{1j}, m_{2j}, ..., m_{nj}$，且 $m_{1j} > \cdots > m_{ij} > \cdots > m_{kj}$。根據定義 3.8 及 3.9，當 m_{ij} 大於顯著水準 α 時，語言變數 L_j 包含了 k 個樣本的訊息，如果顯著水準 α 大於 m_{ij} 且小於 $m_{(i-1)j}$，則語言變數 L_j 只包含了 $(i$-$1)$ 個樣本的訊息。所以，我們可以利用調整顯著水準 α，控制模糊樣本均數裡所包含的樣本數。

說明：所選取的 α 過大，則模糊樣本均數所包含的樣本數過少，而降低它的代表性；同樣的 α 值取得太小，會造成模糊樣本均數裡所包含的樣本數過多，隸屬度相對地也會過低。因此，α 值的選取，需針對不同的問題而改變，亦可根據均數所需包含的樣本數來反求 α 值。

性質 3.16 對於連續型且呈均勻分配之模糊樣本均數來說，如果以樣本區間的中心點當作樣本的確定值，且中心點來自單峰且對稱分配（如常態分配），則當樣本數夠大時，模糊樣本均數會包含傳統均數。

證明：因為，樣本中心點來自單峰且對稱分配，由傳統均數的定義，當樣本數足夠大時，均數會發生在分配的中點。所以中心點亦會被最多的樣本（區間）覆蓋，而根據定義 3.1，模糊樣本均數為：

$$Fx = [\frac{1}{n}\sum_{i=1}^{n}a_i, \frac{1}{n}\sum_{i=1}^{n}b_i]$$

會包含分配中點，即傳統均數。

性質 3.17 令 $L = \{L_1, L_2, ..., L_k\}$ 爲布於論域 U 上之語言變數，$\{S_1, S_2, ..., S_m\}$ 爲論域 U 上一組樣本。若存在一群樣本，對應於不同的語言變數 $L = \{L_1, L_2, ..., L_k\}$，有些語言變數之隸屬度不爲 1 時，則在這種情況下傳統均數無法判定。但由於模糊離散型均數，或模糊連續型均數是可以更有效地表現出來。如果，我們取適當的顯著水準 α，當樣本 S_i 對應語言變數 L_j 之隸屬度 $m_{ij} > \alpha$ 時，則可計算模糊樣本均數。

說明： 當樣本對於兩個以上的選項具有相同或不同程度的喜好時，傳統二元邏輯並不能將此訊息表達出來，因此無法找到均數。然而，我們可以利用隸屬度的概念，則將它表達出喜好的程度，並且可根據定義 3.1 及 3.2，求出模糊樣本均數。

性質 3.18 $L = \{L_1, L_2, ..., L_k\}$ 爲布於論域 U 上之語言變數，$\{s_1, s_2, ..., s_m\}$，$\{t_1, t_2, ..., t_n\}$ 爲論域 U 上二組離散模糊樣本，對應於相同的語言變數 $L = \{L_1, L_2, ..., L_k\}$，$m_{ij}$ 爲模糊樣本 S_i 對應語言變數 L_j 之隸屬度，r_{ij} 爲模糊樣本 T_i 對應語言變數 L_j 之隸屬度，則混合後的模糊樣本均數爲二組模糊樣本均數的平均，與傳統的均數意義有所不同。

證明： 由定義 3.1 知 $\{s_1, s_2, ..., s_m\}$ 的模糊樣本均數爲：

$$F\bar{s} = \frac{\frac{1}{n}\sum_{i=1}^{n}m_{i1}}{L_1} + \frac{\frac{1}{n}\sum_{i=1}^{n}m_{i2}}{L_2} + ... + \frac{\frac{1}{n}\sum_{i=1}^{n}m_{ik}}{L_k}$$

$\{t_1, t_2, ..., t_n\}$ 的模糊樣本均數爲：

$$Ft = \frac{\frac{1}{n}\sum_{i=1}^{n} r_{i1}}{L_1} + \frac{\frac{1}{n}\sum_{i=1}^{n} r_{i2}}{L_2} + ... + \frac{\frac{1}{n}\sum_{i=1}^{n} r_{ik}}{L_k}$$

又二組相對於語言變數是獨立的，如果我們假設 $W_i = \frac{1}{2}(S_i + T_i)$，則 $\frac{m_{ij} + r_{ij}}{2}$ 為樣本 W_{ij} 對應語言變數 L_j 之隸屬度。由定義 3.1 可得：

$$Fw = \frac{\frac{1}{2n}(\sum_{i=1}^{n} m_{i1} + \sum_{i=1}^{n} r_{i1})}{L_1} + \frac{\frac{1}{2n}(\sum_{i=1}^{n} m_{i2} + \sum_{i=1}^{n} r_{i2})}{L_2} + ... + \frac{\frac{1}{2n}\sum_{i=1}^{n} m_{ik} + \sum_{i=1}^{n} r_{ik}}{L_k}$$

此與傳統的均數為 $E(Z) = E(X)+E(Y)$ 意義是有所不同。

　　將模糊統計分析運用在調查領域來測度理念，並不受限於特定理論，當客觀性伴隨著主觀性時，系統變得模糊。判斷一系統是否為模糊；也就是說，判斷系統是由一確定值或一模糊區間所構成，有其必要性。

　　通常利用確定數值所做的傳統抽樣調查分析的缺點包括：

(1) 人類思考與行為本來充滿著模糊過程，傳統問卷的數字常被過度解釋。

(2) 為迎合數字的精確需求，實驗資料常有被過度使用之嫌。

(3) 為了簡化或降低數學模式的複雜性，將實際狀況之相關與動態特質忽略。

　　而以模糊區間估計人類喜好，是一種描繪人們對字句的思維或感覺的方法。因此凡是牽涉到人的思慮的問題，用模糊敘述統計量觀念來處理較合適。

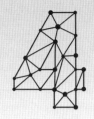

模糊問卷調查

難易指數：☺☺☺（還好）

學習金鑰

✦ 理解量表模糊均數的計算
✦ 能夠計算量表之模糊權重
✦ 能計算模糊加權資料並進行卡方檢定

　　抽樣調查乃依據特定研究目的，從人類現實社會中蒐集資料以驗證事實的一套合乎科學的研究方法。它探討人類行為模式與思想理念，提供決策參考或作為學術理論基礎。但是在科學研究中所提的假設、定義範圍及其發展成可測量的經驗指標時，由於問卷的設計上的遣辭用句、語意順序以及問題形式關係，結果就產生相當差異。

　　傳統問卷設計與分析，常用勾選的方式讓受訪者在數個選項中選唯一一個答案。問題是受訪者的回答不只一個時，單一選答的結果，可能會造成資料難以精準地反應事實真相。本章即是利用模糊邏輯概念來改良傳統問卷，允許受訪者在數個選項中填寫隸屬度，改進上述傳統問卷缺失。

http://tw.news.yahoo.com/

聰明人才做白日夢！研究：智商越高越容易胡思亂想

ETtoday–2012 年 3 月 20 日下午 3:28 國際中心／綜合報導

　　看見國高中生上課撐著頭做白日夢，老師先別急著開罵，因為他們很可能是下一個愛因斯坦！美國進化人類學研究指出，經常胡思亂想的人工作記憶比較強，而這項能力與智商的關係密不可分。

　　美國威斯康辛大學 (University of Wisconsin) 與馬克斯普朗克進化人類學研究所 (Max Planck Institute) 針對認知與大腦科學進行聯合研究，發現人類工作記憶的極限，與執行任務時「神遊」的能力呈正相關。

　　實驗中，受試者被交付一個簡單的工作，「當螢幕出現文字時按按鈕」。每隔一段時間，研究團隊也會詢問受試者是否有在想別的事，並不時問他們一些數學問題。結果發現，覺得自己常胡思亂想的受試者在工作記憶上表現較佳，能夠同時兼顧按按鈕及回答問題。

　　研究人員史摩伍 (Jonathan Smallwood) 解釋說：「在進行簡單任務時，還能夠花時間想其他事情的人，顯然在腦力分配上比其他人來得優秀。」

　　工作記憶即是短期記憶，在過去研究中被認為與閱讀理解能力、智商有很高的關係；也就是說，如果一個人越常做白日夢，工作記憶就越強，人也比較聰明。此外，研究人員也提出，在分神時所想到的事物，很可能代表是潛意識裡優先程度較高的。

　　人類的思維主要是來自於對自然現象和社會現象的認知意識，而人類的知識語言也會因本身的主觀意識、時間、環境和研判事情的角度不同而具備模糊性。本章把模糊思維帶進問卷分析中，來探討模糊統計在問卷設計上的使用。

4.1　社會思維的多元性與模糊性

　　社會科學中的調查研究過程，探討社會、文化、政治經濟、醫藥、工程、教育和心理等問題，常以受訪者填答問卷 (questionnaire)，經由面對面、電話訪談、田野觀測，而由訪員填寫記錄問卷，作為重要之研究資料依據。

　　傳統的調查過程中，科學家使用某些固定回答模式，測量喜好感覺或滿意度，並以整數所衍生的名義尺度記錄此評量和行為結果間的統計相關性。然而，社會科學中所涉及的概念或情報常常是模糊的，而非確定的、清楚的。比方在一個典型的調查中，受訪者被問及去年一年中的總收入是多少；又比方說受訪者被問及「理想子女數」、「支持政黨程度」以及「老人的年齡標準和身分」等問題時，這些問題並沒有清楚的界定，受訪者在面對這些問題時可能會產生許多不同的答案。

　　人類的思維主要是來自於對自然現象和社會現象的認知意識，而人類的知識語言也會因本身的主觀意識、時間、環境和研判事情的角度不同而具備模糊性。模糊理論的產生即是參考人類思維方式對環境所用的模糊測度與分類原理，給予較穩健的描述方式，以處理多元複雜的曖昧和不確定現象。因此，人類思維有兩類，一為形式化思維 (formal thinking)，另一為模糊思維 (fuzzy thinking)；前者是有邏輯性和順序性的思考，而後者則是全體性和綜合性的思考。當面臨決策判斷而進行思考時，基於形式化思維的二元邏輯，常很難表示出人類思考的多元邏輯特性。

　　當有人說他今天感到很快樂時，究竟他對於快樂的認知為何呢？什麼樣的測量標準可以稱得上快樂呢？或是這樣的感覺持續多久的時間以上才能算是快樂呢？然而，這樣的問題，每個人的回答皆因其主觀性而有不同，即使回答者為同一人，也會因為所處的環境、或是外在條件的不同，而可能出現

與之前相異的答案。諸如此類很多的論點和問題，都不是能夠用絕對的二元邏輯所可以界定的。原因則皆來自於人類思維的模糊性。但人類卻常常被要求做出絕對的判斷或選擇，以人性的觀點來看，這是十分不合理的。

模糊理論的概念，主要強調個人喜好程度不需非常清晰或數值精確，因此對人類而言，模糊模式比直接指定單一物體或一個值，較合適於評估物體間的多元或相關特性。

對不確定性的事物作決策，是相當重要的人類活動。如果這種不確定性僅僅是由於事物的隨機所引起的，模糊統計分析發展為這類決策活動提供了不錯的理論依據。事實上，我們在決策過程中所遇到的不確定性問題，往往不只是由於事物的隨機所引起，這種不確定性還可能是：不完全的資訊、部分已知的知識、對環境模糊的描述等，這類資訊來自於測量與感知中的不確定因素，主要是我們的語言及人類思維對某些概念表達模糊所引起。這些不明確性經常比我們想像的要複雜許多。

顯然地說，如果要對人類思維的模糊性做出比較好的判斷，我們必須盡量將所得到的資訊都考慮在內，特別是屬性問題。由於屬性問題本身的不確定性與模糊性，若我們利用此假性的精確值來做因果分析與計量度量，可能造成判定偏差及決策誤導，甚至會擴大預測結果與實際狀態之間的差異。因此對於這些在思考認知不易表達完善的屬性問題，藉由軟計算方法與模糊統計分析可更明確表達出來。

由於傳統集合中二元邏輯與人類思維模式出入頗大，若能引用隸屬度函數，應能得到較合理的解釋。例如：人們認為身高 200 公分絕對屬於高，則其隸屬度函數值自然屬於 1，而身高 180 公分或 178 公分的隸屬度函數值則約等於 0.8，此表示身高 180 公分或 178 公分屬於高的程度有 0.8 之多，再根據隸屬度函數的定義，我們可描繪出模糊集合中高的隸屬度函數。又如果某人認為 40 歲絕對屬於中年，則其隸屬度函數值自然屬於 1，而 39 歲或 41 歲的隸屬度函數值則約等於 0.9，此表示 39 歲或 41 歲屬於中年的程度有 0.9 之多。

根據隸屬度函數的定義，我們可繪出模糊集合中年的隸屬度函數。與傳統集合的特徵函數比較，隸屬度函數似乎是將特徵函數平滑化了。不僅如此，隸屬度函數讓每個年齡層都擁有一個介於 0 到 1 之間的值，來代表屬於高或中年的程度。相較於傳統集合的特徵函數，在描述模糊的概念時，利用模糊集合的隸屬度函數來解釋，是更適當的。

　　模糊理論是以模糊邏輯爲基礎，它將傳統數學之二元邏輯做延伸，不再是只有對錯或是非二分法。對於元素與集合的關係，古典集合論中元素是否屬於集合 A，必須十分明確不容模糊。即 $X \in A$ 或 $X \notin A$ 二者必居其一，且只能居其一，這種邏輯正是所謂的二元邏輯。然而人類的思維，因來自於對自然現象和社會現象的主觀意識影響，其知識語言也會因本身的主觀意識、時間、環境和研判事情的角度不同而具模糊性。對和錯之間還有「不完全對」、「一點對」或「不完全錯」等，是非之間還有「有些是」、「有些非」等地帶，正所謂的灰色地帶與模糊觀念。要了解模糊的意義亦可從模糊的相反詞明確來做反向思考。

　　模糊概念並不只侷限在研究人類的思維與情感而已。在以往嚴謹精確的原則要求下，許多技術層面所衍生出的灰色地帶，都必須耗費相當大的心力爲複雜的系統寫下嚴密的定義與敘述，灰色地帶中的每一個細微末節，都必須完全地考慮到，盡全力使得其中的模糊變得明確，但若稍有一個遺漏，則全盤皆墨，一切又得從頭做起。而模糊理論卻提供一種新的思維模式，只需要明瞭各種屬性的狀況，利用軟計算方法建立大略性的處理模式，即可處理系統中灰色地帶的問題。所以我們應該要了解到：灰色或是模糊不清的事件是層出不窮的，也是無法完全避免的，也因此，才讓我們體認到研究模糊理論的重要性。

　　隸屬度函數是模糊理論的基礎，它是從傳統集合中的特徵函數 (characteristic function) 所衍生出來的，用以表達元素對模糊集合的隸屬度 (membership grade)，其範圍介於 0 到 1 之間。對於元素和集合的關係，古典集合將元素和集合之間的關係以特徵函數來說明，亦即 $I(x) = 1$，若 $x \in A$；$I(x) = 0$，若 $x \notin A$。但是 Zadeh(1965) 在模糊集合論中則提到，若一個元素屬於某一個集合的程度越大，則其隸屬度值越接近於1，反之則越接近0。

　　隸屬度函數是模糊理論最基本的概念，它不僅可以描述模糊集合的性質，更可以對模糊集合進行量化，並且利用精確的數學方法，來分析和處理模糊性資訊。然而，要建立一個足以表達模糊概念的隸屬度函數，並不是一件容易的事。其原因在於隸屬度函數脫離不了個人的主觀意識，故沒有通用的定理或公式，通常是根據經驗或統計來加以確定，很難像客觀事物一樣有很強的說服力。因此，隸屬度函數的建立經常是具有爭議性的，也沒有一種隸屬度函數是可以被廣泛接受而使用。但是，當從事社會經驗性研究時，以上的許多問題，常常以某些固定的認定作爲回答問題的依據。例如：老人的年齡和身分認定就是一個相當有趣且值得探索的問題。65 歲以上是否就可以算是接受老人年金的年齡，或是更年輕一點，或是更年長一些，或是在60 歲到 70 歲之間。但若依老人身體及家庭收入狀況而定，就是一個相當有趣的政策問題。可是，當調查專家設計問卷時，很容易把此一本質模糊的問題設計成「您贊不贊成政府開辦老年年金保險制度？」（台灣地區社會意向調查，1994 年 2 月定期調查執行報告），或「您是否贊成／不贊成 65 歲以上老人接受老人年金？」或「不知道」作爲可能的答項。所以，當問題本身的經驗指標可能是模糊，或不一定的狀況時，如果用結構性的問卷設計，並且沿用清楚的數學模式作爲分析依據的話，就可能導致很大誤差，影響研究結果。

長久以來，在設計問卷時，調查專家們常感到有一些棘手問題包括：

(1) 有些字辭上的解釋對於調查員與受訪者而言可能會有不同的涵義。比如說，「在未來幾年內」這句話，有些人便會認爲是指 3 年內，有些人則認爲是指 3 到 7 年間，甚至有人會覺得是 7 年以上。由於每個人都有一套自己的感覺，以致於所得到的答案當然會有所偏差。

(2) 有些問項的相關性較強，受訪者所回答可能前後不一致，答案可能會出乎問卷設計者意料之外。

(3) 問項答案選擇的多寡，會影響受訪者答題時的思考決策。例如比較是與否的作答選擇與有 5 項選擇的作答方式，則結果可能就有差異。

(4) 問項的相對性，也就是說一個問題可能會受到另一個問題的影響。一個很好的例子是，美國在 1950 年代的恐共時期，當受訪者被問到說：「是否該允許共黨國家的記者入境美國採訪？」時，有 36% 的受訪者答：「是」。但是如果在這問題之前先問：「是否認爲蘇聯應讓美國記者入境採訪？」時，則回答之前問題之受訪者答：「是」的比例從 36% 遽升至 73%！

問題的癥結在於，社會調查的設計問卷過程中充滿很多模糊概念、模糊架構與模糊歸納邏輯。因為人類的語言、思維與決策，常有模糊及不完整的特質，尤其是人類思維模式，更常出現偏好或不確定的情形。如果把這些模糊現象用二分法區分的話，可能會獲得偏差的結果。為了克服以上困擾，我們勢必要找出一些較可行的研究方法。而利用模糊統計技術便是一個很好的解決工具。

在這章中，我們介紹模糊統計調查與分析方法，從社會科學的角度來分析人類思考與行為模式。並將此一模糊統計與分析方法實際地應用在社會調查中，用以證明此一模式在測量人類模糊思維的可能性及可行性。模糊邏輯的應用，主張個人喜好程度不需非常清晰或是有條理。所以，模糊邏輯與布林模式理念是不同的。例如布林模式中，A 和 B 比較只有三種結果：$A > B$，$A < B$，$A = B$。但人類思維是複雜的，兼具有不明確性的喜好。因此如何對真實狀況做整體描繪的構想，早已是模糊邏輯學者的重要目標。

換句話說，對人類而言，模糊模式比直接指定單一物體一個值，較合適於評估物體間的相關特性。由於其他特性有助於意見的評定，因此使用模糊邏輯時，必須對其他特性也加以說明，以便將人們的喜好程度轉換成便於計算的效用函數 (utility function)。對那些人類在思考認知不易表達完善的問題，藉隸屬度函數與模糊統計分析似乎可提供更明確表達。本章亦架構幾個重要的模糊統計量的定義，如：模糊期望值、模糊眾數、模糊秩階等。最後給幾個實證調查實例，希望藉模糊問卷調查及模糊統計分析，對人類在思想認知不易表達之問題，能有更合理的測度與解釋。

另外，我們也比較應用模糊統計所填答之問卷與應用傳統方式所填答之問卷當中的差異。並藉模糊統計所填答的方式與測量技術，改進現有之調查方式，探知人類內心更真實的感受與變化。

4.2　模糊問卷設計與特徵擷取

人類的感覺是模糊的。當有人說今天天氣有點冷時，究竟他對於「冷」的定義為何？多少度的溫度範圍可以稱為「冷」呢？對於這樣的問題，每個人的回答皆因其主觀性而有不同，即使回答者為同一人，也會因為季節、所處的環境不同而有與之前相異的界定範圍。當有人問你今天的心情好不好

時，人的心情是否可以用好 (1) 或不好 (0) 來完全分隔清楚呢？有時我們雖肯定地回答是或不是，但其實絕大多數人的內心是介於中間，兩者都不是的狀態。人類在做判斷時，心情常搖擺不定，而且要明確決定是或不是，需費相當多的精力，因為在最自然的狀態下，答案幾乎都是模糊的。

人類的邏輯是軟運算 (soft computing) 的，因為即使在條件或資料不明確下，依然能夠憑直覺來推論研討。例如：有人建議下雨時，車子容易打滑，所以要減低速度，然而，若只是下一點小雨，不減速也無妨，但若下的是傾盆大雨，不減速就不行了。諸如此類的判斷，對人們來說是極自然的，但要讓電腦來推論，就很麻煩了，因為把資料輸入電腦時，如果沒有嚴格地定義，去掉所有的模糊，則電腦是不會有作用的。所以要讓電腦作業，先決條件是必須勉強地把所有定義都弄清楚。人類最拿手的是圖形認識或剖析抽象化事物，而電腦在這方面就不靈光了。所以到目前為止，人類總是遷就自己去配合電腦，如果電腦不引進模糊概念，則研究方法將永遠受到束縛無法解脫。

從過去講求嚴謹精密原則的觀點來看，模糊理論也許會讓人覺得是在開科學倒車，也有人批評說這是一門冒牌的學問。甚至有很多人主張，既然人類所有的情感皆是模糊的，就根本不該拿來當作數量研究對象。事實上模糊理論並不只是與人類本身有關而已，以往那些嚴密的技術之所以會陷入僵局，是因為若要為該複雜的系統下嚴密的定義與敘述，需要耗費龐大的時間與精力來使其程式化，且辛苦寫出的程式，也常因為太過複雜而無法求出答案。而這時候只需要了解其大體上的動作，執行大略性的處理手法，即可處理該系統的問題。除此之外，面對尚存有許多未知部分的系統時該如何解決呢？如果依照傳統理論，將「未知部分」視為毫無關聯而不予考慮，或是假設一個適當的值，將其程式化，這樣一來，那些程式化的資料，無論怎麼解析嘗試，還是無法掌握到其真正的型態，甚至得出與本質完全無關的結論。所以，未知的部分還是應該當作未知的部分處理。雖然目前尚未找到妥善的方法來解決，但我們已可體會到模糊的必要性了。

Liu & Song (2001) 發展一種語意近似 (semantic proximity) 的度量方法，基於語意近似的概念，提出模糊結合度 (fuzzy association degree) 的計算公式，可比較兩個模糊語意集合間的距離。在其公式之計算與證明中，可知其意義是合理且有效的。文中並以植物學的資料分析為例說明，分析稀有植物在生態學上的分類之近似程度。Carlsson & Fuller(2000a)、Carlsson & Fuller(2000b)、Chiang，Chow，& Wang(2000)、Herrera，Herrera-Viedma，& Martínez (2000)、Dubois & Prade (1991) 對於模糊語意的演算方面論述頗多，也值得實務應用方面多加推廣。

在分析資料時，一些基本的統計參數，如期望值 (expected value)、中位數 (median) 及眾數 (mode) 等，因計算簡單而且又能清楚快速地描述資料本身的基本結構與特性，因此在很多學術領域中廣泛地被應用。然而傳統統計中的眾數與期望值，沒有考慮到人類思維的模糊性與主觀意識的複雜性，於是，常會造成資料無法精準地反應事實真相，因此，本研究將利用模糊統計中之模糊眾數 (fuzzy mode) 與模糊期望值 (fuzzy expected value) 作為分析資料的工具，以期對人類思維與主觀意識做更合理且精確的描述。林原宏、鄭舜仁、吳柏林 (2003) 將模糊眾數應用在教育與心理測驗之實務上，利用模糊眾數來評選教科書、多元評量以及九年一貫課程的國小中年級數學科時數之安排，結果亦發現，利用模糊眾數來反應大眾的想法應是較好的選擇。

在問卷調查中，若欲由喜好程度的資訊得知個人的理念，可以分別以傳統的調查表得到受訪者行為意圖的點估計，另由模糊問題方式得到模糊統計估計，以便兩者加以比較。例如：探討的問題為：

「在現代社會中（如台灣）您預期男性和女性應受幾年教育？
（請給一個確定的年數）」

要求受訪者回答一個確定的數字，此為傳統抽樣調查的問題形式。而調查表中另一問題詢問：

「在現代社會中（如台灣）您預期男性和女性應受幾年教育？
（請給一個範圍）」

這樣的問題要求受訪者給定一個區間來回答模糊形式的問題。
以上所介紹的是獲得模糊屬量資料以及傳統資料的問卷形式。至於屬性

資料的蒐集，傳統的問法是要求受訪者回答一個確定的等距尺度，屬單一邏輯。例如：調查「屏東墾丁海洋生物博物館觀光區的遊客滿意程度」，傳統問卷形式可以為：

	1 = 很不滿意	2 = 不滿意	3 = 普通	4 = 滿意	5 = 很滿意
您對墾丁海洋生物博物館觀光滿意度					

　　而將模糊邏輯、語意與模糊統計所設計的問卷，運用可複選的形式符合實際狀況，可能可以得到較精確的結果。其問答方式為：

　　要求受訪者在＿＿＿＿＿＿線段上劃下感受範圍（區間），比方：不滿意可記為＿////＿；還好，有時很滿意可記為＿////　///＿。用如此的回答形式來獲得模糊感受程度。若對分配程度或隸屬度較具概念者，我們亦可引導他們以對事件感覺之隸屬度值，分別填入。例如：

等級	1	2	3	4	5	滿意度
您對墾丁海洋生物博物館觀光滿意度				0.2	0.8	蠻滿意
您對墾丁海洋生物博物館觀光滿意度	0.5				0.5	有些很不滿意，有些滿意
您對墾丁海洋生物博物館觀光滿意度		0.3	0.7			還好，有點不滿意

　　通常，若有較多的樣本資料居於中間位置，在統計學上我們稱為集中趨勢 (central tendency)。一般以眾數或平均數用來代表此集中趨勢的量數，統計上常用代表群體的三種平均數：算數平均數、中位數、眾數，來比較傳統和模糊調查資料度量結果的異同。

　　在傳統的統計分析中，平均數都是用點來表示。所以又稱為點量數。但在模糊統計中，由於分析的是模糊區間資料，因此亦以區間形式來表示資料的集中趨勢，而其運算理念的構思，仍源於傳統統計的相關定義。另一方面，同一問題對於同一受訪者而言，其依傳統問卷形式所回答的確定數值答案，必包含於模糊問題形式回答的模糊區間中，因此這兩種形式的資料，本身即具有某一程度的相關性。

模糊邏輯考量了人類思維的複雜性及行為的不確定性，允許模糊性現象的存在，較符合實際狀況，此一特點彌補了布林邏輯的不足。將模糊邏輯的觀念運用於問卷調查之分析上，提供了一個新的蒐集及分析資料的理念，和不同於往常的統計結果展示方法。

此外問卷調查時，對有多重感受的受訪者而言，傳統問法的單一邏輯，可能使其無所適從，且當詢問的問題涉及個人隱私時，受訪者很可能拒答。因此實證研究中，允許人們擁有多重感受的模糊理論觀念，不但可減少廢卷率，還可幫助我們偵測出那些具有雙重性或危險傾向的學生，這是傳統的問卷形式所無法達成的目標。

例 4.1 離散型模糊均數應用於商品滿意度調查

一新上市之商品，商品廠商欲探討消費者的滿意程度，於是在街頭邀集 5 位消費者 A、B、C、D、E 作調查，每位消費者對商品滿意度的隸屬度如表 4.1：

表 4.1 5 位受訪者對商品滿意度之隸屬度選擇

滿意程度	L_1 很不滿意	L_2 不滿意	L_3 普通	L_4 滿意	L_5 很滿意
A	0	0.5	0.5	0	0
B	0	0	0.8	0.2	0
C	0	0.3	0.7	0	0
D	0	0	0	0.9	0.1
E	0	0	0.2	0.8	0

則模糊樣本均數為：

$$Fx = \frac{\frac{1}{5}(0+0+0+0+0)}{\text{很不滿意}} + \frac{\frac{1}{5}(0.5+0+0.3+0+0)}{\text{不滿意}} + \frac{\frac{1}{5}(0.5+0.8+0.7+0+0.2)}{\text{普通}}$$

$$+\frac{\frac{1}{5}(0+0.2+0+0.9+0.8)}{\text{滿意}}+\frac{\frac{1}{5}(0+0+0+0.1+0)}{\text{很滿意}}$$

$$=\frac{0}{\text{很不滿意}}+\frac{0.16}{\text{不滿意}}+\frac{0.44}{\text{普通}}+\frac{0.38}{\text{滿意}}+\frac{0.02}{\text{很滿意}}$$

此模糊樣本均數所代表的意義為：「很滿意」的隸屬度為 0.02，「滿意」的隸屬度為 0.38，「普通」的隸屬度為 0.44，「不滿意」的隸屬度為 0.16，「很不滿意」的隸屬度為 0。此模糊均數是一個模糊數，表現出此商品的平均滿意度最可能為「普通」、其次為「滿意」。

例 4.2 人力僱用數量之模糊樣本均數

某機構於近期將成立新辦事處，對於規模之大小欲擬定人力僱用計畫，於是召集 A、B、C、D、E 共 5 位相關主管進行意見調查。5 位專家根據給定的人數選項所作出之選擇及個別的隸屬度如表 4.2：

表 4.2　5 位主管對應於各選項之隸屬度選擇

人數	1~3	4~6	7~9	10~12	13~15	16~18	19~21	22~24
A	0.4	0.6	0	0	0	0	0	0
B	0	0	0.3	0.7	0	0	0	0
C	0	0	0	0	0.7	0.3	0	0
D	0	0	0	0	0	0	0.2	0.8
E	0	0.4	0.6	0	0	0	0	0

由於這 5 位主管有各自的觀念及考量，造成對僱用人數的差異。若要從此樣本中得到僱用人數，又要忠實反應樣本的資訊，那麼使用模糊樣本均數是不錯的方法。計算如下：

令 M_j 為人數區間的組中點：$\{2, 5, 8, 11, 14, 17, 20, 23\}$

$$F = (0.4 \cdot 2 + 0.6 \cdot 5 + 0.3 \cdot 8 + 0.7 \cdot 11 + 0.7 \cdot 14 + 0.3 \cdot 17 + 0.2 \cdot 20 + 0.8 \cdot 23$$
$$+ 0.4 \cdot 5 + 0.6 \cdot 8)/5$$
$$= 58/5$$
$$= 11.6 \in [10, 12]$$

故模糊樣本均數 $F\bar{x} = [10, 12]$。

由以上可得：人力僱用人數的模糊樣本均數爲 [10, 12] 這個區間。也就是說此機構於近期將成立新辦事處的僱用人數，參考 5 位主管的意見之後，可以做出平均應該僱用 10 至 12 人的決策。

例 4.3 在我們對於今年畢業生求職潮中，調查出下列 5 位研究所畢業生對薪資期望的一組模糊樣本爲 [2 萬元，3 萬元]，[3 萬元，4 萬元]，[4 萬元，6 萬元]，[5 萬元，8 萬元]，[4 萬元，7 萬元]，則根據定義 3.3，其模糊樣本均數：

$$F\bar{x} = [\frac{2+3+4+5+4}{5}, \frac{3+4+6+8+7}{5}] = [3.6, 5.6] \text{ 萬元}$$

這個資訊能提供給急需求才的公司主管們參考，以了解目前一般研究所畢業生他們所希望的薪資。

模糊樣本中位數和傳統中位數相同，不會受到樣本極端值影響，故爲一具穩健性 (robustness) 的估計量，而有關模糊樣本極端值的定義則不在本文的討論範圍內。

4.3 模糊量表

模糊統計常應用在各式量表中，然心理層面的測量相當複雜，且牽涉的因素亦很多。發展一套量表並不容易。傳統的調查過程中，計量心理學家常使用某些固定的回答模式，測量心理喜好程度，並以整數所衍生的名義尺度記錄此評量和行爲結果間的統計相關性。然而，計量心理學中所涉及的領域概念常常是模糊的，而非確定、清楚的。比方，在一個典型的調查中，受訪者被問及目前生活痛苦嗎、理想子女數、支持政黨程度，以及老人的年齡標準和退撫等問題時，這些問題並沒有清楚的界定，受訪者在面對這些問題時可能會產生許多不同的答案。在本節中，將簡要說明應用在量表中常用的模糊理論，對於模糊理論及其相關計算有興趣的讀者，請參閱吳柏林 (2005) 專書。

定義 4.1　單項模糊量表

令 k 為感受程度之等級量；m_{ij} 為個人在量表中，第 i 題感受程度在第 j 等級的隸屬度，則單項模糊指數 I_{SF} 定為：

$$I_{SF} = \frac{1}{k-1}\left[\left(\sum_{j=1}^{k} jm_{ij} + \frac{\sum_{j=1}^{k}| j - \sum_{j=1}^{k} jm_{ij} | m_{ij}}{k-1}\right) - 1\right] \tag{4.1}$$

其中 $\sum_{j=1}^{k} jm_{ij}$ 為典型平均值，$k-1$ 為感受程度等級之全距。

式 (4.1) 中，分母的第一項即為傳統的度量方法，第二項則可視為模糊樣本的加權計分。其中加權計分的理由為：若受試者之感受越離散，代表此選項熵 (entropy) 越高，活動力較強，應予計量加分。以下我們以幾個特殊情況，說明定義 4.1 中對模糊感受的加權情形。以較常用之 5 等第量表為例 ($m = 5$)：

1. 當受試者選擇 5 時，表該受試者對此道題感受很強，其個人量表感受百分比為 $(0,0,0,0,1)$，故我們將此受試者之感受程度定為清晰集合 "5"，$I_{SF} = 1$。

2. 當受試者選擇 3 時，表該受試者對此道題感受普通，其個人量表感受百分比為 $(0,0,1,0,0)$，故我們將此受試者之感受程度定為清晰集合 "3"，$I_{SF} = 0.6$。

3. 當受試者的選擇為兩極化時，例如：個人量表感受百分比為 $(0.5,0,0,0,0.5)$，表示該受試者之感受程度有時很強烈，有時沒有感受，故此受試者之感受程度定為模糊集合 "$0.5I_1 + 0.5I_5$"，其感受程度為 3.5(= 3 + 0.5)，其中 $0.5 = \frac{|1-3|\cdot 0.5}{4} + \frac{|5-3|\cdot 0.5}{4}$，$I_{SF} = 0.7$。

4. 當受試者感受程度均等分布時，例如：量表感受百分比為 $(0.2,0.2,0.2,0.2,0.2)$，此受試者之感受程度定為模糊集合 "$0.2I_1 + 0.2I_2 + 0.2I_3 + 0.2I_4 + 0.2I_5$"，其感受程度為 3.3(= 3+0.3)，其中 $0.3 = \frac{|1-3|\cdot 0.2}{4} + \frac{|2-3|\cdot 0.2}{4} + \frac{|3-3|\cdot 0.2}{4} + \frac{|4-3|\cdot 0.2}{4} + \frac{|5-3|\cdot 0.2}{4}$，$I_{SF} = 0.66$。

定義 4.2　綜合模糊量表

　　設 AF 表示為模糊綜合樂觀量表之分配。令 n 為模糊問卷題數，k 為感受程度之等級量，m_{ij} 為個人在量表中，第 i 題感受程度在第 j 等級的隸屬度。則綜合模糊指數 I_{AF} 定為：

$$I_{AF} = \frac{1}{n}\sum_{i=1}^{n}\left[\frac{1}{k}\left(\sum_{j=1}^{k}jm_{ij} + \frac{\sum_{j=1}^{k}\left|j - \sum_{j=1}^{k}jm_{ij}\right|m_{ij}}{k-1}\right)\right] \qquad (4.2)$$

公式 (4.2) 亦可寫成：

$$\frac{1}{n}\sum_{i=1}^{n}\left(\frac{1}{k}\sum_{j=1}^{k}jm_{ij} + \frac{\sum_{j=1}^{k}\left|j - \sum_{j=1}^{k}jm_{ij}\right|m_{ij}}{k(k-1)}\right)$$

$$= \frac{\sum_{j=1}^{k}j\left(\sum_{i=1}^{n}m_{ij}\right)}{nk} + \sum_{i=1}^{n}\left(\frac{\sum_{j=1}^{k}\left|j - \sum_{j=1}^{k}jm_{ij}\right|m_{ij}}{nk(k-1)}\right)$$

$$= \frac{\sum_{j=1}^{k}js_{j}}{nk} + \sum_{i=1}^{n}\left(\frac{\sum_{j=1}^{k}\left|j - \sum_{j=1}^{k}jm_{ij}\right|m_{ij}}{nk(k-1)}\right) \qquad (4.3)$$

　　其中最後一個等號第一項內的 s_j 表示為第 j 級感受程度的總合；「$j = 1$, ..., m」。

　　傳統問卷統計分析方法是將各個具決定性影響的因素視為同等重要，換言之，即各因素具有相同的權重。但是實際上應該賦予各因素不同的權重，即各因素間相異的重要性程度將決定論域中影響因素的權重。比如說，消費者在購買家電時，可能因為自己的特殊需要、個人喜好或經濟能力、商品的價格、售後服務、品牌形象、商品的附加功能、商品的保證期限、折扣的多寡或附送贈品等等因素而有不同選擇；又如候選人的政治背景、形象、參選的政見或選民對政黨的認同度等等因素，都將會影響選民的樂觀行為。由此可知，不同的因素會有相異影響決策的重要程度，而對於各因素的重視程度又將會隨著個人的喜惡與主觀意識有所改變。假若忽視因素權重的存在，或給予各因素相同的權重，或依分析者個人的主觀意識給予權重值，則此錯誤的分析過程將誤導事實，因此依照因素的重要性給予適當的權重是重要且必要的。

　　然而權重值又會因個人特質的差異性而有所改變，也就是說不同個體其所賦予因素的權重值也會不盡相同。社會調查的問卷設計，往往會針對所欲了解的事件狀態與現實情況設定論域面，以探究受訪者的內心感受與想法。由於每個人內心感受到的界面不同，對事件評判的角度不見得一致，因此受訪者考量論域中各影響因子的重要程度也將因人而異。在多元的社會組織下，與日累積的知識、變遷的環境與瞬息萬變的資訊等，皆使人類的思維並非直線單一化，也導致人類的行為變得複雜、多元、模糊，並存在著不確定性。因此決定論域中各影響因素的權數比重，即所謂的模糊權重也就顯得相當重要。

個體模糊權重值設定過程

步驟 1：首先設定問卷內容的論域面，論域面取向因素 $A = \{A_1, A_2, ..., A_l\}$。

步驟 2：受訪者衡量取向因素的重要性程度，將 $A = \{A_1, A_2, ..., A_l\}$ 依重要性予以排序，其偏好 (utility) 序列 $U_1 > U_2 > ... > U_l$ 為偏好遞增序列。

步驟 3：令 $V_1, V_2, ..., V_l$ 為對應偏好序列 $U_1 > U_2 > ... > U_l$ 的排序量值。假設有 n 個受訪者，而第 j 個受訪者就 A_i 排序所對應之 V_i，以 v_{ij} 表示之，其中 $i = 1, 2, ..., l$，$j = 1, 2, ..., n$。

步驟 4：令 SW_{ij} 為第 j 個受訪者給予 A_i 的個體模糊權數值，

$$SW_{ij} = \frac{v_{ij}}{\sum_{i=1}^{l} v_{ij}}$$

總體模糊權重設定過程

步驟 1：令 R_i 為 n 個受訪者對 A_i 排序後所得的總排序值，

$$R_i = \sum_{j=1}^{n} v_{ij}，i = 1, 2, ..., l$$

步驟 2：令 TW_i 為 A_i 的總體權數值，

$$TW_i = \frac{R_i}{\sum_{i=1}^{l} R_i}$$

舉例來說，某研究者共採用 8 項樂觀取向，並以其因素來決定樂觀傾向，共訪問 5 位專家，鑑於每位專家對 8 項取向的因素有不同的感受程度，故請專家按重要性程度以偏好遞增序列 $U_1 > U_2 > U_3 > U_4 > U_5 > U_6 > U_7 > U_8$ 的方式加以排序。

這裡採 n 等第評分標準法，若樂觀取向 A_i 為最重要的決定因素時，$V_1 = 8$；若樂觀取向 A_i 為次重要的決定因素時，$V_2 = 7$；若樂觀取向 A_i 為次不重要的決定因素時，$V_3 = 2$；若樂觀取向 A_i 為最不重要的決定因素時，$V_4 = 1$。若第 j 個受訪者視樂觀取向 A_i 為次重要的決定因素，以 $v_{ij} = 7$ 表示。所得資訊可由表 4.3 觀察出來。

表 4.3　5 位受訪者的樂觀取向決定因素

項目\樣本	1	2	3	4	5	6	7	8
1	6	3	8	7	4	1	5	2
2	6	4	7	8	3	1	5	2
3	5	1	8	7	4	2	6	3
4	5	4	7	8	2	3	6	1
5	5	2	8	7	4	1	6	3
單項總分	27	14	38	37	17	8	28	11
權重 (/180)	0.15	0.08	0.21	0.21	0.09	0.04	0.16	0.06

由表 4.3 得知，受訪者 j 對因素 $A = \{A_1, A_2, ..., A_8\}$，依照不盡相同的重要程度，給予排序值 $\{v_{1i}, v_{2i}, ..., v_{8i}\}$。以第一位為例，

$$SW_{11} = \frac{v_{11}}{\sum_{i=1}^{8} v_{i1}} = \frac{6}{1+2+...+8} = \frac{6}{36} = 0.17 , SW_{21} = \frac{3}{36} = 0.08 ,$$

$$SW_{31} = \frac{8}{36} = 0.22 , SW_{41} = \frac{7}{36} = 0.19 , SW_{51} = \frac{4}{36} = 0.11 ,$$

$$SW_{61} = \frac{1}{36} = 0.03 , SW_{71} = \frac{5}{36} = 0.14 , SW_{81} = \frac{2}{36} = 0.06 。$$

因此，第一位受訪者認為感覺取向因素的個體模糊權數為：

$$\{SW_{11}, SW_{21}, \cdots, SW_{81}\} = \{0.17, 0.08, 0.22, \ 0.19, \ 0.11, \ 0.03, \ 0.14, 0.06\}。$$

又藉5位專家填答中，其各自的總排序值 $\{R_1, R_2, R_3, R_4, R_5, R_6, R_7, R_8\}$ 為：

$$R_1 = \sum_{j=1}^{n} v_{ij} = 27，R_2 = 14，R_3 = 38，R_4 = 37，R_5 = 17，R_6 = 8，R_7 = 28，R_8 = 11$$

則各自的總體權數值可以表示為：

$$\{TW_1, TW_2, TW_3, TW_4, TW_5, TW_6, TW_7, TW_8\}$$
$$= \{ \frac{27}{180} = 0.15，0.08，0.21，0.21，0.09，0.04，0.16，0.06\}$$

值得一提的是，對於尚未或無法表示意向，態度不定的受訪者或是遺漏資料。由於同一種事物具有多種屬性，受多種因素的影響，因此在評價事物的過程中，必須對多個相關的因素作綜合性的考慮，即進行全部評價，若這種評判過程涉及模糊因素，便稱模糊綜合評判。

R 語言語法

```
> # 5 位受訪者的樂觀取向決定因素
> # 使用 read.csv() 讀取既有之表格內容
> fuzzy_sample <- read.csv(file.choose(), header = TRUE, row.names = 1)
>
> # 依據定義 4.2 計算各受訪者認為感覺取向因素的個體模糊權數
> SW <- round(fuzzy_sample / apply(fuzzy_sample, 1, sum), 2)
>
> # 輸入 SW 即可查看 5 位受訪者的模糊權數
> SW
      U1   U2   U3   U4   U5   U6   U7   U8
s1 0.17 0.08 0.22 0.19 0.11 0.03 0.14 0.06
s2 0.17 0.11 0.19 0.22 0.08 0.03 0.14 0.06
s3 0.14 0.03 0.22 0.19 0.11 0.06 0.17 0.08
s4 0.14 0.11 0.19 0.22 0.06 0.08 0.17 0.03
```

```
s5 0.14 0.06 0.22 0.19 0.11 0.03 0.17 0.08
>
> #計算總體權數值，並儲存爲 TW
> TW <- round(apply(fuzzy_sample, 2, sum) / sum(fuzzy_sample), 2)
>
> # 輸入 TW 即可查看總體權數值
> TW
   U1   U2   U3   U4   U5   U6   U7   U8
 0.15 0.08 0.21 0.21 0.09 0.04 0.16 0.06
```

意向順序與權重

1. 模糊權重推估

步驟 1：令 L_{ij} 爲總體權數值與個體權數值的相乘積，即：

$$L_{i,} = TW_i \cdot SW_j$$

步驟 2：假設尚未表示意向或態度不定之 m 個受訪者中的第 j 個受訪者，其 A_i 的模糊權重值爲 W_{ij}，

$$W_{ij} = \frac{L_{ij}}{\sum_{i=1}^{l} L_{ij}} , j = 1, 2, ..., m$$

最後我們可得模糊綜合量表加權指數。

2. 模糊綜合量表加權指數

設 AF 表示爲模糊綜合樂觀量表之分配。令 n 爲模糊問卷題數，m 爲感受程度之等級量，p_{ij} 爲個人在量表中，第 i 題感受程度在第 j 等級的隸屬度，k 爲感受程度等級中 p_{ij} 不爲零的個數，TW_i 爲第 i 題目的總體權數值。則整體模糊量表加權指數 IW_{AF} 定爲：

$$IW_{AF} = \sum_{i=1}^{n} TW_i [\frac{1}{m} (\sum_{j=1}^{m} jp_{ij} + \frac{\sum_{j=1}^{m} \left| j - \sum_{j=1}^{m} jp_{ij} \right| \times p_{ij}}{k})]$$

4.4　實證研究

範例 1：選民投票意向與選情預測

　　由於多數研究文獻都認爲候選人與政黨因素將會影響選民的投票行爲，所以本研究問卷設計選民的投票取向因素爲 { 政治表現、政治形象、候選政見、所屬黨派 }，將此四因素列爲問卷內容的前四題題目，視此四因素將會影響候選人所獲得的支持度。爲了了解受訪者對投票取向因素的認同度，設計 0 至 10 的固定分數區間，0 表示最不滿意，10 表示最滿意，5 表示普通，請他們依照感受的喜好程度自由地爲三位後選人作全面性的評比。

　　本實例將候選人政治表現、政治形象、候選政見、所屬政黨列爲預測○○市長選舉的探究因素，應用模糊統計分析傳統問卷，認爲每一位選民將因本身的獨特因素特徵，各視影響選情的論域有著不盡相同重要程度，故考慮個體模糊權重、總體模糊權重、模糊權重數的選定，評定三位台北市長候選人將各具有不同程度的隸屬函數，利用隸屬度與決定投票意向之間的微妙關係，以最大隸屬度預測選民最終決定的投票意向，將對複雜的選舉情勢作更適合的預測估計。

問卷分析過程

　　461 份有效問卷中，已明確地回答第七題問項之最有可能投給哪位候選人者有 400 份，占總有效問卷之 86.77%；而回答不知道或尚未決定或甚至拒絕回答者有 61 份，占總有效問卷之 13.23%。考慮樣本代表性，經過反覆加權法修正樣本後，460 份成功問卷樣本中，已明確表態者有 400 份，占總有效問卷之 86.93%；而回答不知道或尚未決定或甚至拒絕回答者有 60 份，占總有效問卷 13.07%。

設定總體模糊權數值

　　首先欲經過對照分析，運用權值理念探討投票取向因素 { 政治表現、政治形象、候選政見、所屬黨派 } 的重要性程度。令排序量爲第一重要者所對應的排序量值爲 4；第二重要者給定排序量值爲 3；第三重要者排序量值爲 2；最不重要者之排序量值爲 1；具同等重要地位者，排序量值爲所概括重要程度範圍排序量值的平均。表 4.4 爲 461 份所有成功問卷樣本之實際回答狀況。

表 4.4 訪問成功樣本的 { 政治表現、政治形象、候選政見、所屬黨派 } 重要程度排序量值出現次數

因素 \ 投票取向排序	政治表現	政治形象	候選政見	所屬黨派
4	293	80	46	40
3.5	1	1	0	0
3	106	138	146	61
2.5	0	3	3	0
2	44	175	175	69
1.5	2	4	7	7
1	15	60	84	284

欲使抽樣樣本分布接近母體特徵結構，降低抽樣誤差，提升推估母體的精確度，令成功問卷樣本經過反覆加權法 $q = 2$ 反覆加權後，如表 4.5 所示重新計算 { 政治表現、政治形象、候選政見、所屬黨派 } 的排序量值。

表 4.5 成功問卷樣本反覆加權後的 { 政治表現、政治形象、候選政見、所屬黨派 } 之重要程度的排序量值出現次數

排序值 \ 論域	政治表現	政治形象	候選政見	所屬黨派
4	294	77	41	45
3.5	1	1	0	0
3	103	142	145	57
2.5	0	5	5	0
2	45	171	188	63
1.5	1	3	6	6
1	16	61	75	289

$$R_1 = (4 \cdot 294) + (3.5 \cdot 1) + (3 \cdot 103) + (2.5 \cdot 0) + (2 \cdot 45) + (1.5 \cdot 1) + (1 \cdot 16) = 1596$$
$$R_2 = (4 \cdot 77) + (3.5 \cdot 1) + (3 \cdot 142) + (2.5 \cdot 5) + (2 \cdot 171) + (1.5 \cdot 3) + (1 \cdot 61) = 1157.5$$

$$R_3 = (4 \cdot 41) + (3.5 \cdot 0) + (3 \cdot 145) + (2.5 \cdot 5) + (2 \cdot 188) + (1.5 \cdot 6) + (1 \cdot 75) = 1071.5$$

$$R_4 = (4 \cdot 45) + (3.5 \cdot 0) + (3 \cdot 57) + (2.5 \cdot 0) + (2 \cdot 63) + (1.5 \cdot 6) + (1 \cdot 289) = 775$$

$$\sum_{i=1}^{4} R_i = 1596 + 1157.5 + 1071.5 + 775 = 4600$$

$$TW_1 = \frac{1596}{4600} = 0.35 \text{ , } TW_2 = 0.25 \text{ , } TW_3 = 0.23 \text{ , } TW_4 = 0.17$$

由上可以看出 { 政治表現、政治形象、候選政見、所屬黨派 } 的各自排序量總值爲 $R_1 > R_2 > R_3 > R_4$。

一般認爲影響投票決定的重要程度大小依序爲政治表現、政治形象、候選政見、所屬黨派。即 { 政治表現、政治形象、候選政見、所屬黨派 } 的總體模糊權重值爲 {0.35、0.25、0.23、0.17}。

R 語言語法

```
> # 選民投票意向與選情預測
> # 使用 read.csv() 讀取表 4.5 成功問卷樣本反覆加權後之表格內容
> fuzzy_sample <- read.csv(file.choose(), header = TRUE, row.names = 1)
>
> # 讀取表格列名稱的排序值，並定義爲變數 rank_v
> rank_v <- row.names(fuzzy_sample)
>
> # 若不讀取表格資料，而要直接使用排序值，則可以使用下列語法
> #rank_v <- sort(seq(1, 4, 0.5), decreasing = TRUE)
>
> # 讀取表格欄名稱的論域，並再定義爲變數 U_L
> U_L <- colnames(fuzzy_sample)
>
> # 依據定義計算論域的排序量值
> U_R <- c()
> for(i in 1:length(U_L))
+ {
+     Ri <- sum(as.numeric(rank_v)*fuzzy_sample[,i])
+     U_R <- c(U_R, Ri)
+ }
>
```

```
> #計算總體權數值，並儲存爲 TW 後，再以論域名稱命名
> TW <- round(U_R / sum(U_R), 2)
> names(TW) <- U_L
>
> #輸入 TW 即可查看總體模糊權數值
> TW
政治表現 政治形象 候選政見 所屬黨派
   0.35     0.25     0.23     0.17
```

設定個體模糊權數值

　　成功問卷樣本經過反覆加權法 $q = 2$ 反覆加權後，分別計算個體模糊權數值 $SW_{i,j} = v_{i,j} / \sum_{i=1}^{l} v_{i,j}$，$v_{i,j}$ 爲第 j 個受訪者給予投票取向因素 A_i 的排序量值，$SW_{i,j}$ 爲第 j 個受訪者給予投票取向因素 A_i 的個體模糊權數值，$i = 1,2,3,4$，$j = 1,2,...,461$。試將 6 個成功問卷樣本列舉投票取向因素所屬排序量值與個體模糊權數值如下：

表 4.6　成功問卷樣本的投票取向因素所屬排序量值與個體模糊權數值

受訪者	政治表現	政治形象	候選政見	所屬黨派	SW_1	SW_2	SW_3	SW_4
01	4	3	2	1	0.4	0.3	0.2	0.1
02	4	3	1	2	0.4	0.3	0.1	0.2
03	3	4	2	1	0.3	0.4	0.2	0.1
04	4	2	3	1	0.4	0.2	0.3	0.1
05	4	2	3	1	0.4	0.2	0.3	0.1
06	1	3	2	4	0.1	0.3	0.2	0.4

R 語言語法

```
> #設定個體模糊權數值
> #使用 read.csv() 讀取表 4.6 成功問卷樣本的投票取向因素所屬排序量值
> fuzzy_sample <- read.csv(file.choose(), header = TRUE, row.names = 1)
>
> #讀取表格列名稱的受訪者代碼，並定義爲變數 rank_v
```

```
> rank_v <- row.names(fuzzy_sample)
>
> # 讀取表格欄名稱的論域，並再定義爲變數 U_L
> U_L <- colnames(fuzzy_sample)
>
>
> # 依據定義計算各受訪者的個體模糊權數值
> SW <- round(fuzzy_sample / apply(fuzzy_sample, 1, sum), 2)
>
> # 輸入 SW 即可查看 6 位受訪者的個體模糊權數值
> SW
     政治表現 政治形象 候選政見 所屬黨派
s1      0.4      0.3      0.2      0.1
s2      0.4      0.3      0.1      0.2
s3      0.3      0.4      0.2      0.1
s4      0.4      0.2      0.3      0.1
s5      0.4      0.2      0.3      0.1
s6      0.1      0.3      0.2      0.4
```

模糊權重設定

$L_{i,j}$ 爲投票取向因素 A_i 的總體模糊權值與第 j 個受訪者給予投票取向因素 A_i 的個體模糊權數值之乘積，$L_{i,j} = TW_i * SW_{i,j}$，$i = 1,2,3,4$，$j = 1,2,...,461$，令 $W_{i,j}$ 爲第 j 個受訪者給予 A_i 的模糊權數值：

$$W_{i,j} = L_{i,j} / \sum_{i=1}^{l} L_{i,j}$$

表 4.7 繼續將 6 個成功問卷樣本列舉所屬投票取向因素 A_i 之 $L_{i,j}$ 與模糊權數值 $W_{i,j}$ 如下：

表 4.7　成功問卷樣本列舉所屬投票取向因素之模糊權數值

受訪者	01	02	03	04	05	06
$L_{1,j}$	0.14	0.14	0.10	0.14	0.14	0.03
$L_{2,j}$	0.07	0.07	0.10	0.05	0.05	0.07

表 4.7　成功問卷樣本列舉所屬投票取向因素之模糊權數值（續）

受訪者	01	02	03	04	05	06
$L_{3,j}$	0.05	0.02	0.05	0.07	0.07	0.05
$L_{4,j}$	0.02	0.03	0.02	0.02	0.02	0.07
$W_{1,j}$	0.50	0.54	0.37	0.50	0.50	0.14
$W_{2,j}$	0.25	0.27	0.37	0.18	0.18	0.32
$W_{3,j}$	0.18	0.08	0.19	0.25	0.25	0.23
$W_{4,j}$	0.07	0.12	0.07	0.07	0.07	0.32

R 語言語法

```
> # 模糊權重設定
> # 先計算個體模糊權數值乘積 Lij
> # 再計算模糊權數值 Wij
> # 合併上述計算結果，如表 4.7
>
> Lij <- c()
> for(i in 1:length(rank_v))
+ {
+     Li <- round(TW * SW[i,], 2)
+     Lij <- rbind(Lij, Li)
+ }
> colnames(Lij) <- paste0("L", 1:length(U_L))
>
> Wij <- round(Lij / apply(Lij, 1, sum), 2)
> colnames(Wij) <- paste0("W", 1:length(U_L))
>
> (fuzzy_table <- rbind(t(Lij), t(Wij)))
     s1   s2   s3   s4   s5   s6
L1 0.14 0.14 0.10 0.14 0.14 0.03
L2 0.07 0.07 0.10 0.05 0.05 0.07
L3 0.05 0.02 0.05 0.07 0.07 0.05
L4 0.02 0.03 0.02 0.02 0.02 0.07
W1 0.50 0.54 0.37 0.50 0.50 0.14
W2 0.25 0.27 0.37 0.18 0.18 0.32
W3 0.18 0.08 0.19 0.25 0.25 0.23
W4 0.07 0.12 0.07 0.07 0.07 0.32
```

最大隸屬度判定

　　提出模糊統計加權分類法後，將受訪者針對投票取向因素型態，給予 3 位候選人的評定分數。經過模糊權重 $W_{i,j}$ 修正後，分別計算 3 位候選人在投票取向因素中所得的總評分數。將 { 政治表現、政治形象、候選政見、所屬黨派 } 視為候選人屬性，欲運用模糊理論的隸屬度觀念，期望不忽視且能夠逼近受訪者內心的模糊不確定性質。受訪者的隸屬函數，可由候選人屬性相對所屬的隸屬度表示，即受訪者對不同的候選人將有不盡相同的支持度，再以最大隸屬度判定法則，預測受訪者最終將會決定支持哪一位候選人。試繼續將 6 個成功問卷樣本中，受訪者針對 { 政治表現、政治形象、候選政見、所屬黨派 } 給予 3 位候選人的評定分數列舉於表 4.8。經過模糊理論的模糊權重修正後，6 位受訪者給予各個候選人的支持隸屬度列舉於表 4.9。

表 4.8　受訪者對 { 政治表現、政治形象、候選政見、所屬黨派 } 的評定分數

論域	受訪者	01	02	03	04	05	06
政治表現	A	9	0	7	6	4	7
	B	7	10	6	9	7	7
	C	6	6	0	5	9	7
政治形象	A	8	0	8	8	6	6
	B	9	10	6	7	8	6
	C	7	7	0	9	9	5
候選政見	A	8	0	8	7	6	7
	B	8	10	6	8	6	6
	C	7	8	0	5	7	7
所屬黨派	A	8	0	8	4	4	5
	B	6	10	6	6	6	7
	C	4	6	0	4	8	7

表 4.9　經過模糊權重修正後，6位受訪者給予各個候選人支持隸屬度

受訪者		01	02	03	04	05	06
模糊權重修正論域的總評分	A	8.50	0	7.63	6.47	4.86	6.11
	B	7.61	10.10	6.00	8.18	6.86	6.52
	C	6.29	6.49	0	5.65	8.43	6.43
給予候選人支持隸屬度	A	0.38	0	0.56	0.32	0.24	0.32
	B	0.34	0.61	0.44	0.40	0.34	0.34
	C	0.28	0.39	0	0.28	0.42	0.34
最大隸屬度判定 最終將支持的候選人		A	B	A	B	C	B

即第一位受訪者的隸屬函數，可由候選人屬性相對所屬的隸屬度表示為：

$$\mu_A(x) = 0.38I_A(x) + 0.34I_B(x) + 0.28I_C(x)$$

再依據最大隸屬度的判定原則，第一位受訪者給予 A 的支持隸屬度最高 Max{0.38, 0.34, 0.28} = 0.38。

R 語言語法

```
> # 最大隸屬度判定
> # 先載入依據模糊權重設定計算的模糊權數值 Wij
> # 即表 4.7 中 6 位受訪者的 W1j 至 W4j 的數值
> # 再使用 read.csv() 讀取表 4.8 受訪者對投票取向因素的評定分數
> # 資料檔列為 6 位受訪者分數，欄位為 3 位候選人的評定分數
> # 將表 4.8 資料宣告為 fuzzy_sample
> fuzzy_sample <- read.csv(file.choose(), header = 1, row.names = 1)
>
> # 依序計算 6 位受訪者對 3 位候選人的模糊權重修正論域的總評分
> R_A <- Wij*fuzzy_sample[,1:4]
> A <- apply(R_A, 1, sum)
>
> R_B <- Wij*fuzzy_sample[,5:8]
> B <- apply(R_B, 1, sum)
```

```
>
> R_C <- Wij*fuzzy_sample[,9:12]
> C <- apply(R_C, 1, sum)
>
> R_total <- rbind(A, B, C)
>
> # 利用迴圈計算 6 位受訪者給予 3 位候選人的支持隸屬度
> RW <- c()
> for(i in 1:length(R_total[,1]))
+ {
+     RWi <- round(R_total[i,] / apply(R_total, 2, sum), 2)
+     RW <- rbind(RW, RWi)
+ }
> row.names(RW) <- row.names(R_total)
>
> # 分別判斷 6 位受訪者對 3 位候選人的最大隸屬度
> candidate <- c("A", "B", "C")
> R_dec <- candidate[apply(RW, 2, which.max)]
>
> # 合併上述總評分計算結果 R_total、支持隸屬度 RW、最大隸屬度 R_dec
> (fuzzy_table <- rbind(R_total, RW, R_dec))
      s1     s2     s3     s4     s5     s6
A     "8.5"  "0"    "7.63" "6.47" "4.86" "6.11"
B     "7.61" "10.1" "6"    "8.18" "6.86" "6.52"
C     "6.29" "6.49" "0"    "5.65" "8.43" "6.43"
A     "0.38" "0"    "0.56" "0.32" "0.24" "0.32"
B     "0.34" "0.61" "0.44" "0.4"  "0.34" "0.34"
C     "0.28" "0.39" "0"    "0.28" "0.42" "0.34"
R_dec "A"    "B"    "A"    "B"    "C"    "B"
```

　　經過整體考量後，依據最大隸屬度的判定原則，第一位受訪者於 3 位候選人中，將決定支持 A。於 460 份成功問卷中，有 60 份受訪者未決定投票意向的問卷。依據最大隸屬度的判定原則，預測未決定投票意向的受訪者，將支持 A 者為 16 位，支持 B 者為 30 位，支持 C 者為 14 位。

最大隸屬度預測意向依據可靠度分析法嘗試動態修正

進一步依據可靠度原則,將最大隸屬度預測意向依據可靠度分析法,嘗試動態修正意向預測,表 4.10 為已表態受訪者的投票意願與最大隸屬度判定之綜合比較。

表 4.10　已表態受訪者的投票意願與最大隸屬度判定之綜合比較

隸屬度判定 表態候選人	A	B	C	總得票數
A	162	15	12	189
B	3	136	43	182
C	0	2	27	29
總得票數	165	153	82	400

表 4.10 顯示,在 400 位表態的受訪者中,有 189 位表態支持 A,182 位支持 B,29 位支持 C。但依據最大隸屬度判定後,預測 165 位將支持 A,153 位支持 B,82 位支持 C。所以將最大隸屬度預測意向依據可靠度分析法嘗試動態修正。

在 400 位表態的受訪者中,依據最大隸屬度預測意向判定後,預測 165 位將支持 A 的受訪者中,真正表態支持 A 的受訪者有 162 位,故最大隸屬度預測意向之可靠度動態修正為 162/165 = 0.98。未表態支持 A,卻真正表態支持 B 的受訪者有 3 位,故最大隸屬度預測意向之可靠度動態修正為 3/165 = 0.02。未表態支持 A,卻真正表態支持 C 的受訪者有 0 位,故最大隸屬度預測意向之可靠度動態修正為 0。

在 400 位已表態的受訪者中,依據最大隸屬度預測意向判定後,預測 153 位將支持 B 的受訪者中,真正已表態支持 B 的受訪者共有 136 位,故最大隸屬度預測意向之可靠度動態修正為 136/153 = 0.89。

在 400 位表態的受訪者中,依據最大隸屬度預測意向判定後,預測 82 位將支持 C 的受訪者中,真正表態支持 C 的受訪者有 27 位,故最大隸屬度預測意向之可靠度動態修正為 27/82 = 0.33。未表態支持 C,卻真正表態支持 B 的受訪者有 43 位,故最大隸屬度預測意向之可靠度動態修正為 43/82 =

0.52；其餘依此類推。依據可靠度分析法，我們嘗試動態修正最大隸屬度的
意向預測，其原則表列舉如下。

表 4.11 依據可靠度分析修正最大隸屬度判定之原則表

最大隸屬度判定 表態的受訪者	O_1	O_2	$\cdots$	O_n	總得票數
O_1	O_{11}	O_{12}	$\cdots$	O_{1n}	TO_1
O_2	O_{21}	O_{22}	$\cdots$	O_{2n}	TO_2
$\vdots$	$\vdots$	$\vdots$	$\vdots$	$\vdots$	$\vdots$
O_n	O_{n1}	O_{n2}	$\cdots$	O_{nn}	TO_n
總得票數	TMO_1	TMO_2	$\cdots$	TMO_n	TO

將候選人於已經明確表態的受訪者中所獲得的票數，與於未明確表態的
受訪者中預測將獲得的票數，作個加總動作來預測各位候選人的總得票數如
下：

$$A \text{ 得票數} = 189 + 16*0.982 + 30*0.098 + 14*0.146 = 210$$
$$B \text{ 得票數} = 182 + 16*0.018 + 30*0.889 + 14*0.524 = 216$$
$$C \text{ 得票數} = 29 + 16*0 + 30*0.013 + 14*0.329 = 34$$

為了更能顯示各位候選人將獲得選民的支持程度為何，試將預測候選人
的總得票率列舉如下：

表 4.12 比較預測候選人得票率與實際候選人獲得的得票率

候選人	預測		實際	
	得票數	得票率	得票數	得票率
A	210	46	688,072	45.91
B	216	47	766,377	51.13
C	34	7	44,452	2.97
總共	460	100	1,498,901	100

本實例將成功樣本反覆加權後所獲得的資訊中，預測 A 票數為 210，B 得票數為 216，C 得票數為 34，即 A 得票率為 46%，B 得票率為 47%，C 得票率為 7%。

市長選舉實際開票結果為，A 得票數為 688,072，B 得票數為 766,377，C 得票數為 44,452，即 A 得票率為 45.91%，B 得票率為 51.13%，C 得票率為 2.97%。不難發現預測 A 的得票率與實際開票的結果逼近，但預測 B 與 C 之得票率與實際開票結果不一。

修正最大隸屬度判定之原則中，雖然最大隸屬度判給 C，但表態投給 B 之受訪者，占最大隸屬度判給 C 之總受訪者的 52.4%，或許可以瞧出些端倪。

範例 2：樂觀量表的應用

本例在探討如何應用模糊統計方法，為樂觀量表建立一套更有效率的測量準則，並希望藉這套測量準則，能事先預測出那些具有極端或雙重性格之學生，以施予事前輔導。本問卷針對 26 位大一學生作調查，表 4.13 為傳統調查蒐集的各題反應統計資料。

從事心理調查時，常會遇到不願表示意向或態度不定的受訪者，使得預測的工作不易進行；因此，如何處理這些遺失值便成為研究者致力解決的目標。部分研究指出，內在與外在環境的影響，皆可能導致受訪者意向不明確的情形發生。故本例除了考慮個體模糊權數值外，尚考慮總體模糊權數值，並視個體模糊權數值與總體模糊權數值的相乘積為模糊權數值。

表 4.13　傳統調查樂觀反應頻率統計表

感受程度 題目	沒有感受 → 感受很深					合計
	1	2	3	4	5	
1. 在不確定時刻，我通常是做最好的打算。	0	2	3	17	4	26
2. 如果有什麼事情可以對我不利，其結果真的對我不利。	1	12	8	4	1	26
3. 看事情，我總是看光明的一面。	0	1	1	18	6	26

表 4.13　傳統調查樂觀反應頻率統計表（續）

題目　　　　　　　　　　　　感受程度	沒有感受 → 感受很深					合計
	1	2	3	4	5	
4. 對我自己的前途，我總是樂觀的。	0	0	1	18	7	26
5. 我幾乎從不期望事情如我所願。	2	17	2	5	0	26
6. 事情發展的結果，從來就沒有符合我的需求。	6	15	2	3	0	26
7. 我相信「否極泰來」，「塞翁失馬，焉知非福」的觀念。	0	0	1	14	11	26
8. 我極少期望好事會降臨在我身上。	0	15	2	9	0	26
合計	9	62	20	88	29	208
比率 (/208)	0.04	0.30	0.10	0.42	0.14	

　　由表 4.13，我們發現受試者對樂觀的綜合感受程度，呈平穩然後遞減的分配。但是此量表對於那些情緒起伏甚大者、過於內向者或雙重性格者，可能無法得到一良好的度量，而導致對樂觀所衍生出的各種副作用，如自殺、破壞性行為等，亦無法提出較明確的預警作用。也就是說，二元邏輯的填卷方式，無法看出受試者對樂觀的整體感受程度。

　　事實上樂觀是一個相當模糊的名詞，任何人都會有樂觀的感覺，但傳統的測量工具卻很難為感覺強度訂定出指標來，其主要困難有：

1. 母體樂觀量表的分配難以確立。
2. 樂觀強度的動態性、週期性無法測知。
3. 樂觀強度的兩極性或多極性無法區分。

　　基於以上原因，我們考慮採用模糊問卷的方式，經由統計分析與模糊量度之理論，建立一套模糊樂觀量度。希望能藉此一新的量表，更實際地測量出樂觀的感受與反應。表 4.14 為抽樣調查蒐集的各題模糊反應統計資料。

表 4.14　模糊調查資料綜合樂觀反應頻率統計表

題目　　　　　　　　　　　　感受程度	沒有感受 → 感受很深					合計
	1	2	3	4	5	
1. 在不確定時刻，我通常是做最好的打算。	0.8	6.1	2	10.9	6.2	26

表 4.14　模糊調查資料綜合樂觀反應頻率統計表（續）

題目 \ 感受程度	沒有感受 → 感受很深					合計
	1	2	3	4	5	
2. 如果有什麼事情可以對我不利，其結果真的對我不利。	3	10.4	3.6	6.8	2.2	26
3. 看事情，我總是看光明的一面。	0.3	2.8	2.9	11	9	26
4. 對我自己的前途，我總是樂觀的。	0.1	3.9	1.4	12.1	8.5	26
5. 我幾乎從不期望事情如我所願。	6.5	8.4	1.9	7.2	2	26
6. 事情發展的結果，從來就沒有符合我的需求。	4.3	12	2.5	5.2	2	26
7. 我相信「否極泰來」，「塞翁失馬，焉知非福」的觀念。	0.6	2.6	1.8	7.4	13.6	26
8. 我極少期望好事會降臨在我身上。	2	9.9	4	7.9	2.2	26
合計	17.6	56.1	20.1	68.5	45.7	208
比率 (/208)	0.08	0.27	0.10	0.33	0.22	
加權合計	11.4	43.2	18.3	76.3	58.8	
加權比率 (/208)	0.05	0.21	0.09	0.37	0.28	

根據表 4.14，得到的模糊綜合樂觀隸屬度函數為：

$$u(x) = 0.08 \times I_1(x) + 0.27 \times I_2(x) + 0.1 \times I_3(x) + 0.33 \times I_4(x) + 0.22 \times I_5(x)$$

利用模糊權重作分析，我們有 $\{TW_1, TW_2, TW_3, TW_4, TW_5, TW_6, TW_7, TW_8\}$ = {0.15, 0.08, 0.21, 0.21, 0.09, 0.04, 0.16, 0.06}，因此可得模糊加權綜合樂觀隸屬度函數為 $u(x) = 0.05 \times I_1(x) + 0.21 \times I_2(x) + 0.09 \times I_3(x) + 0.37 \times I_4(x) + 0.28 \times I_5(x)$。

傳統調查樂觀反應頻率分配 (0.04，0.30，0.10，0.42，0.14) 與模糊調查資料綜合樂觀反應頻率分配 (0.08，0.27，0.10，0.33，0.22) 類似，各有兩個較高峰在 2 與 4。不過模糊調查資料綜合樂觀反應頻率在 5 分選項上較傳統調查樂觀反應頻率顯著地高。可說明一般人對於 5 分選項似乎較為保守。也就是說，有 5 分選項的隸屬度，但可能意願程度不是最高或小於 0.5。因此，在傳統調查受試就會被忽略。而在模糊調查受試時就能將此隸屬程度填上展現。

另外，若比較模糊綜合樂觀反應頻率與模糊加權綜合樂觀反應頻率。我們也發現模糊加權綜合樂觀反應頻率在 5 分選項的隸屬度有顯著增加。此表示分項題目權數的不同，會影響結果。

表 4.15 為傳統調查樂觀反應頻率與模糊調查樂觀反應頻率的比較。我們亦可以看出傳統樂觀綜合反應隸屬度、傳統加權樂觀綜合反應隸屬度、模糊樂觀綜合反應隸屬度與模糊加權樂觀綜合反應隸屬度的交互差異情形。其中最顯著的情況是模糊方法之樂觀綜合反應隸屬度在 5 分選項的比率均較高。

表 4.15　傳統調查樂觀綜合反應頻率與模糊調查樂觀綜合反應頻率比較

方法 ＼ 程度	1	2	3	4	5
傳統樂觀綜合反應隸屬度	0.04	0.30	0.10	0.42	0.14
傳統加權樂觀綜合反應隸屬度	0.02	0.17	0.08	0.53	0.20
模糊樂觀綜合反應隸屬度	0.08	0.27	0.10	0.33	0.22
模糊加權樂觀綜合反應隸屬度	0.05	0.21	0.09	0.37	0.28

若我們利用模糊綜合樂觀量表加權指數，便可以得到以下的整體樂觀指標值，見表 4.16。

表 4.16　不同計算方法之模糊綜合樂觀量表加權指數

	傳統樂觀	傳統加權樂觀	模糊樂觀	模糊加權樂觀
樂觀指標	3.32	3.72	3.62(3.32+0.31)	4.21(3.72+0.39)

Scale:1（最不樂觀）到 5（最樂觀）。

由表 4.16 不同計算方法之模糊綜合樂觀量表加權指數，可以發現：

分項指標加權計分結果均較未加權者為高。顯示加權計分指標與未加權的確有顯著差異。分項指標加權計分可更準確反應受試者實際程度。

模糊指標量表記分較傳統量表計分高。此乃我們考慮人類思維不確定性的加權計分效果。將動態的思維考量視為積極的因項，而給予適當之樂觀加分。

R 語言語法

```
> #樂觀量表的應用
> #使用 read.csv() 讀取表 4.13 傳統調查樂觀反應頻率統計表資料
> fuzzy_sample <- read.csv(file.choose(), header = 1, row.names = 1)
>
> #計算八個題目的感受程度總和
> Q_sum <- apply(fuzzy_sample, 2, sum)
>
> #計算傳統調查樂觀反應頻率隸屬度,並定義為 Ix
> Ix <- round(Q_sum / sum(Q_sum), 2)
>
> #運用表 4.3 的語法可以計算總體權數值 TW
> #再運用迴圈逐一計算五種感受程度的加權分數
> Iw_sum <- c()
> for(i in 1:length(Ix))
+ {
+     Iw_i <- sum(TW*fuzzy_sample[,i])*length(fuzzy_sample[,i])
+     Iw_sum <- cbind(Iw_sum, Iw_i)
+ }
>
> #計算傳統調查樂觀反應頻率加權隸屬度,並定義為 Iw
> Iw <- round(Iw_sum / sum(Iw_sum), 2)
>
> #模糊調查資料綜合樂觀反應頻率統計
> #使用 read.csv() 讀取表 4.14 模糊調查資料綜合樂觀反應頻率統計表資料
> fuzzy_sample <- read.csv(file.choose(), header = 1, row.names = 1)
>
> #計算八個題目的感受程度總和
> Q_sum <- apply(fuzzy_sample, 2, sum)
>
> #計算模糊綜合樂觀隸屬度函數,並定義為 F_Ix
> F_Ix <- round(Q_sum / sum(Q_sum), 2)
>
> #運用表 4.3 的語法可以計算總體權數值 TW
> #再運用迴圈逐一計算五種感受程度的加權分數
> Iw_sum <- c()
```

```
> for(i in 1:length(F_Ix))
+ {
+     Iw_i <- sum(TW*fuzzy_sample[,i])*length(fuzzy_sample[,i])
+     Iw_sum <- cbind(Iw_sum, Iw_i)
+ }
>
> # 計算模糊加權綜合樂觀隸屬度，並定義為 F_Iw
> F_Iw <- round(Iw_sum / sum(Iw_sum), 2)
>
> # 合併表 4.13 與表 4.14 的反應頻率計算結果，即可呈現表 4.15 的比較表
> fuzzy_table <- rbind(Ix, Iw, F_Ix, F_Iw)
> row.names(fuzzy_table) <- c("傳統樂觀綜合反應隸屬度", "傳統加權樂觀綜合反應隸屬度",
" 模糊樂觀綜合反應隸屬度 ", " 模糊加權樂觀綜合反應隸屬度 ")
> fuzzy_table
                          I1   I2   I3   I4   I5
傳統樂觀綜合反應隸屬度        0.04 0.30 0.10 0.42 0.14
傳統加權樂觀綜合反應隸屬度 0.02 0.17 0.08 0.53 0.20
模糊樂觀綜合反應隸屬度        0.08 0.27 0.10 0.33 0.22
模糊加權樂觀綜合反應隸屬度 0.05 0.21 0.09 0.37 0.28
```

範例 3：捷運商圈市場發展研究

根據 B 百貨公司為其計畫於捷運站旁新商圈發展，提出配合 B 百貨公司投資研發部門工作，進行捷運新商圈趨勢與特色發展調查。對於消費者行為以及市場需求加以了解，思考未來發展適合之分店發展規劃。如何打造與全球同步的捷運站新商圈購物生活環境？如何營造一個充滿商機的國際化又具本土特色的現代生活品味商圈？如何提升客戶來 B 百貨公司購物空間意願？一份完整之情報資訊與研究分析評估，做投資與決策參考是相當重要的。

調查重點目標

消費者分析：性別、年齡、文化背景區隔與購物偏好。

分店商品的價格定位特色與比率、消費者購買實力分析。

商圈大環境評估：分店商品的定位特色、供需需求。

　　未來發展趨勢評估：評估消費者與商圈發展趨勢，及對分店的期望。

調查項目

1. 基本資料：受訪者居住地、年齡、性別、職業、教育程度等。
2. 生活資料：來新商圈目的、停留地點、活動情形、從事消費方式、資訊取得來源等。
3. 新商圈商品特性調查：針對潛在消費群在新商圈環境進行商品特性與滿意度調查，包含美食小吃、衣鞋化妝品、寢具家電、文藝傳播、觀光遊憩等環境滿意度調查。
4. 新商圈環境滿意度調查：包含新商圈交通工具、服務人員、購物動線、交易習慣、網站等環境滿意度調查，以及新商圈環境整體滿意度調查。
5. 蒐集潛在消費群對新商圈環境服務優、缺點及建議事項。

樣本結構描述

　　實施期程爲一個月。每週分上班日與週末假日調查兩次，其中第一單元時間指上午 11 時至下午 16 時，第二單元時間指下午 16 時至晚上 21 時。本研究回收之有效樣本 500 份中，百貨公司消費群女性與男性之比例控制爲 70% 及 30%，與百貨業者平時觀察之數據大致符合。

調查結果

(一) 來商圈意願與動機

A1 您會因為什麼原因，而來到捷運商圈？	群體意願或感覺程度
1. 工作需求	0.13
2. 家住附近	0.15
3. 赴聚餐邀約	0.18
4. 有好逛的商場	0.23
5. 交通方便或轉乘必須（高鐵、台鐵、公車或自用車）	0.31

A2 百貨公司會吸引您特別想去的原因？	群體意願或感覺程度
1. 豐富商品內容	0.20
2. 選擇多樣的餐廳	0.15
3. 多樣的休閒娛樂功能	0.16
4. 多元豐富的藝文活動（展覽、簽唱會、發表會等）或課程	0.10

A2 百貨公司會吸引您特別想去的原因？	群體意願或感覺程度
5. 有特惠活動或折扣優惠	0.21
6. 自在舒適的購物環境	0.23

A3 在百貨公司您對什麼商品類別最感興趣？	群體意願或感覺程度
1. 符合自己品味的流行服飾區	0.30
2. 完整的美妝保養品區	0.12
3. 機能佳的生活超市	0.14
4. 選擇多元的家用家電區	0.10
5. 具品味的 3C／圖書文具等專門業種	0.16
6. 富特色的餐飲食品	0.18

A4 您去逛一家百貨公司的時機為？	群體意願或感覺程度
1. 與家人同逛	0.35
2. 與朋友同逛	0.32
3. 單獨前往	0.12
4. 商品需要	0.21

由 A1~A4 分析可知以下結果：

來到捷運商圈最重要原因：交通方便或轉乘必須是最吸引顧客上門之因，第 2 重要因素為有好逛的商場。

百貨公司會吸引您特別想去的最重要原因：有特惠活動或折扣優惠，以及自在舒適的購物環境。第 2 重要因素為豐富商品內容。（有些文獻曾談到：「……至於能吸引消費者去百貨公司的主要動機以促銷活動最具有魅力，其次為計畫購買及閒逛。而在促銷活動中最能讓顧客心動的，依序為打折、贈品與來店禮。」本研究的結果，發現較不一樣之原因包括自在舒適的購物環境及豐富商品內容，這應是較合理之解釋：光是靠有特惠活動或折扣優惠來吸引顧客似非經營者常態。）

在百貨公司您對什麼商品類別最感興趣：首要為符合自己品味的流行服飾區，第 2 重要因素為富特色的餐飲食品、具品味的 3C／圖書文具等專門業種、機能佳的生活超市。而完整的美妝保養品區落到最後順位，似乎點出某種改變傳統經驗的訊息。

逛一家百貨公司的時機最重要因素為與家人同逛。第 2 重要因素為與朋友同逛。

(二) 專櫃

鞋子專區

B1 在鞋區賣場的分類中，個人選購喜好或便利性	群體意願或感覺程度
1. 以工作鞋／休閒鞋／名品鞋／宴會鞋／居家鞋區分	0.60
2. 以品牌區分	0.40

B2 請問什麼原因您會至百貨公司買鞋？	
1. 工作場合需要	0.22
2. 參加正式場合（例如：婚宴）	0.20
3. 流行吸引	0.21
4. 休閒穿著要舒適	0.30
5. 居家穿著	0.07

B3 請問您對不同功能鞋子可接受的價格？	1,500 以下	1,500~3,000	3,000~5,000	5,000~8,000	8,000 以上
1. 工作場合需要	0.49	0.37	0.10	0.03	0.01-
2. 參加正式場合（例如：婚宴）	0.25	0.41	0.19	0.04	0.01
3. 流行鞋款	0.46	0.35	0.12	0.02	0.01
4. 休閒穿著要舒適	0.49	0.35	0.09	0.01	0.01
5. 居家穿著	0.72	0.21	0.06	0.01	0.00

由 B1~B3 分析可知以下結果：

鞋區賣場的分類中，依工作鞋／休閒鞋／名品鞋／宴會鞋／居家鞋區分優於以品牌區分。

會至百貨公司買鞋著重於休閒穿著要舒適。

對不同功能鞋子可接受的價格：工作場合需要主要為 1,500，參加正式場合為 1,500~3,000，流行鞋款為 1,500 以下，休閒穿著要舒適為 1,500 以下，居家穿著為 1,500 以下。

女性內衣專區（男性不需回答）

C1 請問您對於女性於內衣區可接受的價格？	600以下	600~1,500	1,500~2,500	2,500~4,000	4,000以上
1. 胸罩	0.60	0.25	0.08	0.07	0.01
2. 內褲	0.45	0.26	0.16	0.09	0.03
3. 襯衫	0.20	0.24	0.28	0.19	0.08
4. 機能性／調整型束衣褲	0.44	0.22	0.11	0.06	0.01
5. 衛生衣	0.38	0.28	0.17	0.04	0.01
6. 睡衣	0.66	0.08	0.04	0.06	0.02
7. 配件（襪子）	0.21	0.25	0.20	0.15	0.17

C2 在女性內衣賣場分類中，個人選購喜好或便利性	群體意願或感覺程度
1. 風格款式（浪漫、素面、蕾絲）	0.21
2. 機能性（托高、集中、運動、按摩）	0.25
3. 罩杯款式（全罩、2/3 罩、1/2 罩）	0.20
4. 顏色	0.15
5. 品牌	0.18

由 C1~C2 分析可知以下結果：

1. 女性於內衣區最可接受的價格分別為：

　　(1) 胸罩 600 以下

　　(2) 內褲 600 以下

　　(3) 襯衫 1,500~2,500

　　(4) 機能性／調整型束衣褲 600 以下

　　(5) 衛生衣 600 以下

　　(6) 睡衣 600 以下

　　(7) 配件（襪子）600~1,500

2. 在女性內衣賣場分類中，個人選購喜好或便利性：機能性（托高、集中、運動、按摩）最受歡迎。

家用／家電專區

D1 在家用／家電賣場的分類中，個人選購喜好或便利性	群體意願或感覺程度
1. 以大家電／小家電／寢具／家用品／香氛／雜貨區分	0.52
2. 以客廳／臥室／浴室／廚房／餐廳區分	0.48

D2 您會在百貨公司購買的家電？	品牌	價格	產品多樣化	促銷回饋多	環保節能	有專業選購及維修服務
1. 影音電器（音響 TV、攝影機等）	0.31	0.27	0.10	0.14	0.03	0.16
2. 電腦及周邊設備（iPod 等）	0.29	0.28	0.09	0.14	0.05	0.15
3. 通訊電器（手機、電話等）	0.25	0.25	0.11	0.15	0.06	0.18
4. 生活電器（冷暖氣、空氣清淨機等）	0.23	0.23	0.12	0.13	0.12	0.18
5. 健康電器（按摩器、血壓計等）	0.22	0.25	0.12	0.15	0.06	0.19
6. 廚房電器（電鍋、淨水器、冰箱等）	0.20	0.21	0.10	0.20	0.13	0.16

由 D1~D2 分析可知以下結果：

1. 家用／家電賣場分類中，個人選購喜好或便利性以商品或房間功能區分並無顯著差異。

2. 您會在百貨公司購買的家電：

(1) 影音電器（音響 TV、攝影機等）：品牌

(2) 電腦及周邊設備（iPod 等）：品牌、價格

(3) 通訊電器（手機、電話等）：品牌、價格

(4) 生活電器（冷暖氣、空氣清淨機等）：品牌、價格

(5) 健康電器（按摩器、血壓計等）：價格、品牌

(6) 廚房電器（電鍋、淨水器、冰箱等）：價格、品牌

而環保節能是消費者最不重視的。

餐廳小吃專區

E1 請問您認為不同餐廳類型吸引您前去用餐的原因？	知名度高的品牌	用餐環境	價位合理	品項選擇豐富
1. 港式飲茶	0.16	0.30	0.33	0.21
2. 中式料理	0.15	0.32	0.35	0.18
3. 越泰／緬印式料理	0.18	0.27	0.34	0.21
4. 美歐餐廳	0.19	0.35	0.29	0.17
5. 日韓料理	0.20	0.31	0.32	0.17
6. 自助式多國料理	0.15	0.29	0.30	0.26

由 E1 分析可知以下結果：

顧客認為不同餐廳類型吸引顧客前去用餐的原因：用餐環境、價位合理。這在 6 類型餐廳的結果都是一樣。而知名度高的品牌在吸引顧客前去用餐的原因關係不大。

Food Market 專區

F1 請問什麼原因，您會至百貨公司的超市購物？	群體意願或感覺程度
1. 食品豐富齊全，一次購足	0.20
2. 新鮮安心的生鮮食品	0.17
3. 有驚喜促銷活動	0.18
4. 舒適的購物環境	0.17
5. 至百貨購物順道採購食品	0.17

F2 您會在百貨公司購買的食品及考量？	品牌	價格	產品多樣化	促銷活動多
1. 中式點心（奶油酥餅／桂圓糕等）	0.22	0.35	0.24	0.19
2. 西式點心（起司蛋糕／巧克力／布丁等）	0.22	0.29	0.29	0.21
3. 日韓式點心（麻糬／和菓子等）	0.23	0.27	0.25	0.25
4. 台式茶點滷味（煙燻滷味／豆干等）	0.23	0.27	0.27	0.22
5. 茶葉咖啡菸酒（烏龍茶／普洱等）	0.26	0.27	0.23	0.24
6. 營養美容南北貨（燕窩／人蔘／珍珠粉等）	0.27	0.28	0.19	0.26

由 F1~F2 分析可知以下結果：

顧客會至百貨公司的超市購物的原因，5 大選項包含：1. 食品豐富齊全，一次購足，2. 新鮮安心的生鮮食品，3. 有驚喜促銷活動，4. 舒適的購物環境，5. 至百貨購物順道採購食品，群體意願或感覺程度隸屬度函數並無顯著差異。

在百貨公司購買的食品及考量

1. 中式點心（奶油酥餅／桂圓糕等）：以價格為最大考量，促銷活動考量最小。

2. 西式點心（起士蛋糕／巧克力／布丁等）：以價格、產品多樣化為主要考量。

3. 日韓式點心（麻糬／和菓子等）：品牌、價格、產品多樣化、促銷活動多之考量程度類似。

4. 台式茶點滷味（煙燻滷味／豆干等）：品牌、價格、產品多樣化、促銷活動多之考量程度類似。

5. 茶葉咖啡菸酒（烏龍茶／普洱等）：品牌、價格、產品多樣化、促銷活動多之考量程度類似。

6. 營養美容南北貨（燕窩／人蔘／珍珠粉等）：以價格為最大考量，產品多樣化考量最小。

百貨商場吸引消費者區域及原因（可複選）

表 4.17 為百貨商場吸引消費者區域之原因最高得票。

表 4.17　商場最吸引消費者區域之原因最高得票

	1.流行女裝區	2.美妝保養品區	3.生活超市	4.家用家電區	5.3C圖書文具等專門業種	6.餐廳	7.內衣區	8.男裝區	9.童裝區	10.牛仔區	11.運動用品區	12.男鞋區	13.女鞋區	14.包包區	15.國際精品區
A 百貨公司	1	2	2			1		1			2	2	1	1	1
B 百貨公司				2			2		2	2					
C 百貨公司															

表 4.17　商場最吸引消費者區域之原因最高得票（續）

	1.流行女裝區	2.美妝保養品區	3.生活超市	4.家用家電區	5.3C圖書文具等專門業種	6.餐廳	7.內衣區	8.男裝區	9.童裝區	10.牛仔區	11.運動用品區	12.男鞋區	13.女鞋區	14.包包區	15.國際精品區
D 百貨公司					2										
E 百貨公司															
F 百貨公司					2										
原因 1. 商品符合品味，2. 品牌齊全，3. 服務親切，4. 區域裝潢風格，5. 逛街動線順暢															

吸引消費者區域及原因

　　六家百貨公司中，消費者投票最高中的百貨公司為 A 百貨公司，有 10 項奪魁（流行女裝區、美妝保養品區、生活超市、餐廳、男裝區、運動用品區、男鞋區、女鞋區、包包區、國際精品區）；次為 B 百貨公司，有 4 項奪魁（家用家電區、內衣區、童裝區、牛仔區），奪魁的原因大都是「1. 商品符合品味」或「2. 品牌齊全」。D 百貨公司與 F 百貨公司在 3C 圖書文具等專門業種奪魁的原因是「2. 品牌齊全」。

　　比較吸引消費者區域及原因，可發現總得票數之排行則為：1.A 百貨公司 (973)，2.B 百貨公司 (810)，3.D 百貨公司 (684)，4.F 百貨公司 (530)，5.C 百貨公司 (479)，6.E 百貨公司 (408)。

　　若從個別百貨公司的橫斷面來比較：

1. A 百貨公司在家用家電區相對其他商品區沒那麼強。

2. B 百貨公司在家用家電區方面相對其他商品區較佳。

3. C 百貨公司在生活超市方面相對其他商品區較受歡迎，內衣區、國際精品區、包包區相對弱。

4. D 百貨公司在餐廳方面較受歡迎，牛仔區相對弱。

5. E 百貨公司在美妝保養品區方面相對其他商品區較佳，流行女裝區、男鞋區、女鞋區、生活超市、男裝區、運動用品區、餐廳相對弱。

6. F 百貨公司在 3C 圖書文具等專門業種方面較受歡迎，美妝保養品區、國際精品區相對弱。

　　爲了更清楚比較百貨公司在各商區得票總數（不分原因爲 1. 商品符合品味，2. 品牌齊全，3. 服務親切，4. 區域裝潢風格，5. 逛街動線順暢），我們將各商區得票總數列表 4.18 如下：

表 4.18　各商區得票總數

	1.流行女裝區	2.美妝保養品區	3.生活超市	4.家用家電區	5.3C圖書文具等專門業種	6.餐廳	7.內衣區	8.男裝區	9.童裝區	10.牛仔區	11.運動用品區	12.男鞋區	13.女鞋區	14.包包區	15.國際精品區
A百貨	91	74	84	56	53	96	58	59	36	57	70	40	70	53	76
B百貨	64	73	54	64	45	61	65	40	39	51	55	49	54	55	41
C百貨	44	23	63	35	39	38	17	46	18	23	40	24	30	19	20
D百貨	39	36	55	42	56	105	24	41	37	32	50	36	35	49	47
E百貨	20	38	21	23	26	28	25	25	24	34	36	20	27	37	24
F百貨	36	22	53	40	71	48	25	24	20	20	45	43	38	25	20

　　本項調查結果內容以來店意願爲主，以票選方式進行計票，尚無考慮進行滿意度指標分析與整體滿意度比較。但是他山之石可以攻錯，藉著消費者對目前高雄區域市場主要百貨公司觀感，可得到一些經營管理很好的實務反應與比較參考，以供未來經營發展的決策。

交叉分析研究與討論

　　至於消費群品味與趨勢（主打商品特性，市場區隔）則考慮經由交叉分析，可採用模糊類別資料之卡方 χ^2 齊一性檢定。

　　若從選項隸屬度來考慮，類別資料的單位是可再分割的。例如當我們被問到對公司某項新措施的滿意度時，可能是 0.7 滿意、0.3 非常滿意的模糊

樣本。此時傳統 χ^2 檢定便無法處理此類類別資料問題。為了解決此問題，因此我們提出模糊類別資料之卡方 χ^2 檢定過程如下：

離散型模糊母體均數齊一性檢定

1. 樣本：設 Ω 為一論域，令 $\{L_j; j = 1, ..., k\}$ 為布於論域 Ω 上的 k 個語言變數，$\{a_1, a_2, ..., a_m\}$ 與 $\{b_1, b_2, ..., b_n\}$ 來自兩不同模糊母群體 A, B 之兩組模糊隨機樣本。且對每個隨機樣本對應語言變數 L_j 均有一標準化之隸屬度 mA_{ij}，mB_{ij}。$MA_j = \sum\limits_{i=1}^{m} mA_{ij}$，$MB_j = \sum\limits_{i=1}^{n} mB_{ij}$，為樣本對語言變數 L_j 之隸屬度總和。

2. 事先假設：$H_0 : F\mu_A = {}_F F\mu_B$，$A$，$B$ 兩母體有相同之分配比率。

$$F\mu_A = \frac{\frac{MA_1}{m}}{L_1} + \frac{\frac{MA_2}{m}}{L_2} + ... + \frac{\frac{MA_k}{m}}{L_k} \text{ vs. } F\mu_B = \frac{\frac{MB_1}{n}}{L_1} + \frac{\frac{MB_2}{n}}{L_2} + ... + \frac{\frac{MB_k}{n}}{L_k}$$

3. 統計量：$\chi^2 = \sum\limits_{i=A,B} \sum\limits_{j=1}^{k} \dfrac{([Mi_j] - e_{ij})^2}{e_{ij}}$（$e_{ij}$ 為期望次數，為了符合軟體計算 χ^2 檢定要求，我們表格之各細胞隸屬度總和用 4 捨 5 入以取得整數值。對於樣本數大於 25 個之模糊樣本其結果對決策影響並不大）。

4. 決策法則：在 α 顯著水準下，若 $\chi^2 > \chi^2_\alpha(k-1)$，則拒絕 H_0。

　　交叉分析項目：對不同性別、不同年齡層、不同學歷、不同職業、不同月收入或月消費支出分別對：b 鞋子專區（買鞋原因）、c 女性內衣專區（內衣分類）、d 家用 / 家電專區（賣場分類）、e 餐廳小吃專區（日韓料理）、f Food Market 專區（購物原因），以模糊 fuzzy 卡方檢定進行顯著性差異分析 $(\alpha = 0.1)$。表 4.19 為模糊 fuzzy 卡方檢定進行顯著性差異分析結果。

表 4.19　以模糊 fuzzy 卡方檢定進行顯著性差異分析

	鞋子專區（買鞋原因）	女性內衣專區（內衣分類）	家用 / 家電專區（賣場分類）	餐廳小吃專區（日韓料理）	Food Market 專區（購物原因）
性別	顯著差異	*	無顯著差異	無顯著差異	顯著差異
年齡層	無顯著差異	無顯著差異	無顯著差異	無顯著差異	無顯著差異

表 4.19　以模糊 fuzzy 卡方檢定進行顯著性差異分析（續）

	鞋子專區（買鞋原因）	女性內衣專區（內衣分類）	家用／家電專區（賣場分類）	餐廳小吃專區（日韓料理）	Food Market 專區（購物原因）
職業	無顯著差異	無顯著差異	無顯著差異	無顯著差異	無顯著差異
月消費支出	無顯著差異	無顯著差異	顯著差異	顯著差異	無顯著差異

　　為了讓讀者進一步了解受訪者背景與各區之顯著性差異，我們將有顯著差異之檢定及較重要之項目，做一列表說明：

問題 1

齊一性檢定		1	2	3	4	5	
H_0：性別對什麼原因會至百貨公司買鞋動機無差異	女	79.2 (24.3%)	71.2 (21.8%)	62.4 (19.1%)	92.5 (28.3%)	21.2 (6.49%)	$\chi^2 = 9.32$ > 7.78 $= \chi^2_{01}(4)$ 拒絕 H_0
	男	45.5 (27.1%)	22.7 (13.5%)	31.0 (18.5%)	63.0 (37.5%)	5.7 (3.4%)	

R 語言語法

```
> # 以模糊 fuzzy 卡方檢定進行顯著性差異分析
> # 問題 1
> # 輸入女性在五個項目的隸屬度
> female <- c(79.2, 71.2, 62.4, 92.5, 21.2)
> # 輸入男性在五個項目的隸屬度
> male <- c(45.5, 22.7, 31.0, 63.0, 5.7)
>
> # 合併不同性別的隸屬度資料
> fuzzy_sample <- matrix(c(female, male), nrow = 2, ncol = 5, byrow = TRUE)
> View(fuzzy_sample)
>
> # 針對問題 1 進行模糊 fuzzy 卡方檢定
> chisq.test(fuzzy_sample)

        Pearson's Chi-squared test

data:  fuzzy_sample
```

```
X-squared = 9.3237, df = 4, p-value = 0.0535

>
> #其他問題語法與上述相同，惟隸屬度數值不同，故不再贅述
```

問題 2

齊一性檢定		1	2	3	4	5	$\chi^2 = 3.49$
H_0：年齡層對女性內衣賣場分類中無差異	18-25	17.4	9.5	7.0	13.0	12.2	< 18.5
	26-35	24.3	14.3	15.4	14.9	25.2	$= \chi^2_{01}(12)$
	36-45	25.7	13.4	15.2	16.1	20.7	接受 H_0
	46-55	14.7	10.6	7.2	11.5	14.2	

問題 3

齊一性檢定		1	2	$\chi^2 = 0.96$
H_0：年齡層在家用／家電賣場的分類中無差異	18-25	44.5	46.5	< 6.25
	26-35	73.6	63.4	$= \chi^2_{01}(3)$
	36-45	62.1	52.3	接受 H_0
	46-55	43.1	42.9	

問題 4

齊一性檢定		1	2	$\chi^2 = 7.19$
H_0：月消費支出在家用／家電賣場的分類中無差異	2 萬 -	97.8(52.2%)	88.6(47.4%)	> 6.35
	2-4 萬	98.9(45.8%)	117.1(54.2%)	$= \chi^2_{01}(3)$
	4-7 萬	45.2(64%)	25.8(35.8%)	拒絕 H_0
	7 萬 +	10.9(41.9%)	15.1(58.1%)	

問題 5

齊一性檢定		1	2	3	4	$\chi^2 = 14.89$
H_0：月消費支出在什麼原因會至百貨公司餐廳小吃（日韓料理）無差異	2 萬 -	26.3(16.9%)	54.6(35.1%)	51.5(33.15)	23.3(15%)	> 14.68
	2-4 萬	43.3(22.8%)	83.5(44%)	40.9(21.5%)	22.2(11.7%)	$= \chi^2_{01}(9)$
	4-7 萬	10.1(16.8%)	18.1(30.2%)	23.3(38.8%)	8.5(14.2%)	拒絕 H_0
	7 萬 +	6.8(27.1%)	6.0(24%)	9.2(36.7%)	3.1(12.4%)	

問題 6

齊一性檢定		1	2	3	4	5	$\chi^2 = 8.2$
H_0：性別對至百貨公司的超市購物動機無差異	女	85.2 (34%)	72 (20.5%)	75.2 (21.4%)	50.5 (14.4%)	68.0 (19.4%)	> 7.78 $= \chi^2_{01}(4)$ 拒絕 H_0
	男	31.1 (28.9%)	31.2 (20.7%)	29.3 (19.5%)	37.2 (24.7%)	21.6 (14.4%)	

問題 7

齊一性檢定		1	2	3	4	5	$\chi^2 = 0.41$
H_0：年齡層對會至百貨公司超市動機無差異	18-25	16.4	18.8	21.1	22.1	16.9	< 18.5 $= \chi^2_{01}(12)$ 接受 H_0
	26-35	28.6	30.8	27.7	29.2	22.1	
	36-45	25.8	23.0	24.8	23.2	20.1	
	46-55	19.0	16.7	20.3	14.0	16.8	

問題 8

齊一性檢定		1	2	3	4	5	$\chi^2 = 5.3$
H_0：月消費支出對會至百貨公司超市無差異	2萬-	30.8	37.2	42.5	44.3	33.6	< 18.5 $= \chi^2_{01}(12)$ 接受 H_0
	2-4萬	47.4	42.3	42.0	40.8	38.1	
	4-7萬	15.4	18.2	11.8	13.0	12.8	
	7萬+	5.5	4.3	6.2	4.6	4.4	

問題 9

齊一性檢定		1	2	3	4	5	$\chi^2 = 0.74$
H_0：女性職業對至百貨公司超市動機無差異	公教	17.1	20.0	18.1	11.7	19.2	< 13.4 $= \chi^2_{01}(8)$ 接受 H_0
	商	19.2	15.5	14.3	19.0	17.1	
	主婦	8.7	10.6	9.2	10.1	8.3	

附表 4.1　樂觀量表

　　請就符合您的狀況回答。回答時請以分配的方式作答，在每一個陳述句後面，選擇符合您狀況的選項，可以是一種、兩種、三種、四種或五種，再以「1」做分配，填入適合比例分配，請注意，每一題的分配加起來都要是「1」。例如陳述句為「我是健康的」，您若覺得，您有時符合「不同意」，但有時符合「非常同意」，則您可能的填法如下：

	非常不同意	不同意	普通	同意	非常同意
我是健康的		0.3			0.7

樂觀問項	非常不同意	不同意	普通	同意	非常同意
1. 在不確定的時刻，我通常是做最好的打算。					
2. 如果有什麼事情可能對我不利，其結果真的對我不利。					
3. 看事情，我總是看光明的一面。					
4. 對我自己的前途，我總是樂觀的。					
5. 我幾乎從不期望事情如我所願。					
6. 事情發展的結果，從來就沒有符合我的需求。					
7. 我相信否極泰來，塞翁失馬，焉知非福的觀念。					
8. 我極少期望好事會降臨在我身上。					

附表 4.2　台北市長選民投票意向問卷

台北市長選民投票意向問卷

您好，我們正在作有關台北市長選民投票意向為主題的研究，可不可以耽誤您一些時間請您回答以下幾個問題，謝謝！

1. 就 A、B、C 三位台北市長候選人的政治表現來看，現在請您評分，假設評分的標準為 0 至 10，0 分表示很不滿意，10 分表示很滿意，5 分表示普通：

   (1) 請問您會給 A 的政治表現幾分？ _____
   (2) 請問您會給 B 的政治表現幾分？ _____
   (3) 請問您會給 C 的政治表現幾分？ _____

2. 就 A、B、C 三位台北市長候選人各自所建立的政治形象來看

   (1) 請問您會給 A 所建立的政治形象幾分？ _____
   (2) 請問您會給 B 所建立的政治形象幾分？ _____
   (3) 請問您會給 C 所建立的政治形象幾分？ _____

3. 就 A、B、C 三位台北市長候選人各自發表的政見來看

   (1) 請問您會給 A 所發表的政見幾分？ _____
   (2) 請問您會給 B 所發表的政見幾分？ _____
   (3) 請問您會給 C 所發表的政見幾分？ _____

4. 就 A、B、C 三位台北市長候選人各自所屬的黨派，給予您的印象來看

   請問您會給國民黨幾分？ _____ 給民進黨幾分？ _____ 給新黨幾分？ _____

5. 影響您的投票決定的下面四個因素中：

   (1) 候選人的政治表現 (2) 競選所發表的政見 (3) 所建立的政治形象 (4) 所屬黨派。
   請問哪一個因素最重要 _____，第二重要 _____，第三重要 _____，第四重要 _____

6. 如果明天就是台北市長選舉投票日，請問您會不會去投票？

   (1) 會 _____ (2) 不會 _____ (3) 不知道 _____

7. 如果明天就是台北市長選舉投票日，就 A、B、C 三位台北市長候選人，請問您的選票最有可能投給哪位候選人？

   (1)A _____ (2)B _____ (3)C _____ (4) 不知道 _____

個人資料：

請問您是民國哪一年出生？ _____ 性別：男 _____ 、女 _____

請問您的最高學歷是什麼：國小、國中、高中職、專校、大學、碩士、博士。

省籍：請問您的父親是本省客家人 _____ 、本省閩南（河洛）人 _____ 、大陸各省市人 _____ 、原住民 _____ 。

請問您的戶籍是在台北市 _____ 區。

我們的訪問就到此結束，謝謝您接受我們的訪問。

附表 4.3　商圈市場研究計畫調查問卷

　　請就符合您的狀況回答。回答時請以分配的方式作答，在每一個陳述句後面，選擇符合您狀況的選項，可以是一種、兩種、三種、四種或五種。例如陳述句爲「百貨公司會吸引您特別想去的原因爲何？」請您按意願或感覺以「1」做分配的方式作答，意願或感覺程度較高就寫較高係數再以「1」做分配，填入適合比例分配。例如您可能的填法如下：

A1 您會因為什麼原因，而來到左營高鐵商圈？	意願或感覺程度
1. 工作需求	0
2. 家住附近	0.2
3. 轉乘必須（高鐵、台鐵、公車或自用車）	0
4. 赴聚餐邀約	0.1
5. 有好逛的商場	0.7

A2 請問您可接受 不同功能鞋子的價格？	1,500 以下	1,500~3,000	3,000~5,000	5,000~8,000	8,000 以上
1. 工作需要	0.6	0.4			
2. 參加正式場合（例如：婚宴）				0.8	0.2
3. 休閒穿著要舒適		1			
4. 居家穿著	0.8	0.2			
5. 流行			0.7	0.3	

⬡ 來商圈意願與動機

A1 您會因為什麼原因，而來到左營高鐵商圈？	意願或感覺程度
1. 工作需求	
2. 家住附近	
3. 赴聚餐邀約	
4. 有好逛的商場	
5. 交通方便或轉乘必須（高鐵、台鐵、公車或自用車）	

A2 百貨公司會吸引您特別想去的原因？	意願或感覺程度
1. 豐富商品內容	
2. 選擇多樣的餐廳	
3. 多樣的休閒娛樂功能	
4. 多元豐富的藝文活動（展覽、簽唱會、發表會等）或課程	
5. 有特惠活動或折扣優惠	
6. 自在舒適的購物環境	

A3 在百貨公司您對什麼商品類別最感興趣？	意願或感覺程度
1. 符合自己品味的流行服飾區	
2. 完整的美妝保養品區	
3. 機能佳的生活超市	
4. 選擇多元的家用家電區	
5. 具品味的 3C／圖書文具等專門業種	
6. 富特色的餐飲食品	

A4 您去逛一家百貨公司的時機為？	意願或感覺程度
1. 與家人同逛	
2. 與朋友同逛	
3. 單獨前往	
4. 商品需要	

⬢ 鞋子專區

B1 在鞋區賣場的分類中，個人選購喜好或便利性	意願或感覺程度
1. 以工作鞋／休閒鞋／名品鞋／宴會鞋／居家鞋區分	
2. 以品牌區分	

B2 請問什麼原因您會至百貨公司買鞋？	意願或感覺程度
1. 工作場合需要	
2. 參加正式場合（例如：婚宴）	
3. 流行吸引	

B2 請問什麼原因您會至百貨公司買鞋？	意願或感覺程度
4. 休閒穿著要舒適	
5. 居家穿著	

B3 請問您對不同功能鞋子可接受的價格？	1,500 以下	1,500~3,000	3,000~5,000	5,000~8,000	8,000 以上
1. 工作場合需要					
2. 參加正式場合（例如：婚宴）					
3. 流行鞋款					
4. 休閒穿著要舒適					
5. 居家穿著					

女性內衣專區（男性不需回答）

C1 請問您對於女性於內衣區可接受的價格？	600 以下	600~1,500	1,500~2,500	2,500~4,000	4,000 以上
1. 胸罩					
2. 內褲					
3. 襯衫					
4. 機能性 / 調整型束衣褲					
5. 衛生衣					
6. 睡衣					
7. 配件（襪子）					

C2 在女性內衣賣場分類中，個人選購喜好或便利性	意願或感覺程度
1. 風格款式（浪漫、素面、蕾絲）	
2. 機能性（托高、集中、運動、按摩）	
3. 罩杯款式（全罩、2/3 罩、1/2 罩）	
4. 顏色	
5. 品牌	

家用 / 家電專區

D1 在家用 / 家電賣場的分類中，個人選購喜好或便利性	意願或感覺程度
1. 以大家電 / 小家電 / 寢具 / 家用品 / 香氛 / 雜貨區分	
2. 以客廳 / 臥室 / 浴室 / 廚房 / 餐廳區分	

D2 您會在百貨公司購買的家電？	品牌	價格	產品多樣化	促銷回饋多	環保節能	有專業選購及維修服務
1. 影音電器（音響 TV、攝影機等）						
3. 電腦及周邊設備（iPod 等）						
4. 通訊電器（手機、電話等）						
5. 生活電器（冷暖氣、空氣清淨機等）						
6. 健康電器（按摩器、血壓計等）						
7. 廚房電器（電鍋、淨水器、冰箱等）						

餐廳小吃專區

E1 請問您認為不同餐廳類型吸引您前去用餐的原因？	知名度高的品牌	用餐環境	價位合理	品項選擇豐富
1. 港式飲茶	·			
2. 中式料理				
3. 越泰 / 緬印式料理				
4. 美歐餐廳				
5. 日韓料理				
6. 自助式多國料理				

Food Market 專區

F1 請問什麼原因，您會至百貨公司的超市購物？	意願或感覺程度
1. 食品豐富齊全，一次購足	
2. 新鮮安心的生鮮食品	
3. 有驚喜促銷活動	
4. 舒適的購物環境	
5. 至百貨購物順道採購食品	

F2 您會在百貨公司購買的食品及考量？	品牌	價格	產品多樣化	促銷活動多
1. 中式點心（奶油酥餅／桂圓糕等）				
2. 西式點心（起士蛋糕／巧克力／布丁等）				
3. 日韓式點心（麻糬／和菓子等）				
4. 台式茶點滷味（煙燻滷味／豆干等）				
5. 茶葉咖啡菸酒（烏龍茶／普洱等）				
6. 營養美容南北貨（燕窩／人蔘／珍珠粉等）				

⬣ 美麗港都～購物天堂！高雄百貨商場吸引消費者區域及原因（可複選）

	1.流行女裝區	2.美妝保養品區	3.生活超市	4.家用家電區	5.3C圖書文具等專門業種	6.餐廳	7.內衣區	8.男裝區	9.童裝區	10.牛仔區	11.運動用品區	12.男鞋區	13.女鞋區	14.包包區	15.國際精品區
漢神百貨															
新光三越															
大立百貨															
夢時代															
太平洋 SOGO															
大遠百															
原因 1. 商品符合品味 2. 品牌齊全 3. 服務親切 4. 區域裝潢風格 5. 逛街動線順暢															

問題與思考

4.1 試設計一份簡要模糊問卷調查，並詳細說明 (a) 離散模糊數，(b) 連續模糊數其填答方式。

4.2 設區間 $\{[a_i, b_i] \mid a_i, b_i \in R, i = 1, 2, \ldots, 10\}$ 表示 10 位新鮮人可接受的薪資範圍，單位為萬元。$I_1 = [2.5, 3.5]$，$I_2 = [2.5, 3]$，$I_3 = [3.5, 4]$，$I_4 = [2, 3]$，$I_5 = [3, 4]$，$I_6 = [5, 5.5]$，$I_7 = [4, 4.5]$，$I_8 = [3, 3.5]$，$I_9 = [5.5, 6]$，$I_{10} = [2.3, 3]$。

試計算社會新鮮人就業薪資之模糊樣本均數、模糊樣本眾數，與模糊樣本中位數。

4.3 題庫試題難度預估。在編製題庫試題過程中，選取 12 位專家以 $S_1, S_2, \ldots, S_{12}$ 表示，請他們憑藉著專業與經驗，預估某一試題難易隸屬度，利用 $\{L_1, L_2, L_3, L_4, L_5\}$ 分別表示〔極難、難、中等、容易、極容易〕。此 12 位專家對該題難易度預測之隸屬度如下表所示。試計算試題難度之傳統眾數與模糊眾數。

試題難易度預測之隸屬度

專家 ＼ 難度變數	L_1＝極難	L_2＝難	L_3＝中等	L_4＝容易	L_5＝極容易
1	0.5	0.4	0.1		
2			0.4	0.6	
3		0.6	0.4		
4		0.4	0.6		
5	0.4	0.6			
6				0.1	0.9
7			0.4	0.6	
8			0.4	0.6	
9		0.4	0.6		
10			0.1	0.1	0.8
11	0.6	0.4			
12			0.4	0.6	
Total	1.5	2.8	3.4	2.6	1.7

4.4 某公司於近日擬定進行投資計畫，於是聘請 5 位投資顧問專家進行投資
策略分析，5 位專家分別對於投資金額提出建議如下（金額單位：千萬
元），試求模糊樣本中位數。

5 位專家分別對於投資金額提出建議

	A	B	C	D	E
建議投資金額	1~2	4~7	3~8	5~9	16~20
c_i	1.5	5.5	5.5	7	18
l_i	2	3	5	4	4

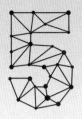

模糊估計

難易指數：☺☺☺（還好）

學習金鑰

✦ 理解離散性模糊母體均數與變異數定義
✦ 理解連續性模糊母體均數與變異數定義
✦ 理解模糊最大隸屬度函數估計法
✦ 理解模糊估計量之評判準則

　　本章嘗試以軟計算方法，配合模糊理論，提出對模糊母體平均數估計方法。同時，針對模糊參數之估計量，我們提出適當可行的評判準則，希望藉此能找出模糊參數的最佳估計量。最後，我們將此最佳估計量應用於模擬資料以及實證資料。

5.1　模糊母體均數

　　假設隨機變數 X 的母體機率密度函數為 $f(x|\theta)$，其中 θ 為未知的參數。為了估計這未知參數，我們從母體中隨機抽取一組樣本，得到觀測值為 x_1, x_2, ..., x_n。利用點估計方法算出一估計式 (estimator)，以 $\hat{\theta}$ 表示。再將觀測值

$x_1, x_2, ..., x_n$ 代入估計式中得到一數值，稱此數值爲參數 θ 的估計值。

　　點估計就是指從母體抽取隨機樣本，經由樣本統計量來估計母體的參數。較常用的估計方法有 (1) 最大概似法 (maximum likelihood method)，(2) 動差法 (moment method)。

定義 5.1　離散型模糊母體均數 (fuzzy mean for discrete type)

　　設 U 爲一論域，令 $L = \{L_1, L_2, ..., L_k\}$ 爲布於論域 U 上的 k 個語言變數，$\{x_i = \dfrac{m_{i1}}{L_1} + \dfrac{m_{i2}}{L_2} + ... + \dfrac{m_{ik}}{L_k}, i = 1, 2, ..., N\}$ 爲一模糊數所集合成的母體。模糊母體均數 (fuzzy population mean for discrete type)，$F\mu$ 定爲：

$$F\mu = \frac{\frac{1}{N}\sum_{i=1}^{N} m_{i1}}{L_1} + \frac{\frac{1}{N}\sum_{i=1}^{N} m_{i2}}{L_2} + ... + \frac{\frac{1}{N}\sum_{i=1}^{N} m_{ik}}{L_k} \tag{5.1}$$

其中 m_{ij} 爲第 i 個模糊數相對於 L_j 之隸屬度。

定義 5.2　連續型模糊母體均數 (fuzzy population mean for continuous type)

　　設 U 爲一論域，令 $\{x_i = [a_i, b_i], i = 1, 2, ..., N\}$ 爲論域 U 裡的模糊區間所構成的母體，則定義連續型模糊母體均數爲：

$$F\mu = [\frac{1}{N}\sum_{i=1}^{N} a_i, \frac{1}{N}\sum_{i=1}^{N} b_i] \tag{5.2}$$

　　對於一組資料 $X_1, X_2, ..., X_n$ 我們想看其分散程度，通常求樣本變異數 $\dfrac{1}{n-1}\sum_{i=1}^{n}(X_i - \overline{X})^2$。但對於模糊樣本，其形式爲多值或是區間，我們該如何分析資料的離散性 (diffusibility)？

　　本研究對離散型模糊樣本，考慮以相對每一語言變數（或類別尺度）計算其變異數。而由於區間本身就具有離散性，長度越長則離散程度越大，因此我們對連續型模糊樣本不僅要考慮中心點離散度，還需考慮區間長度的分散 (spread) 程度。

定義 5.3　離散型模糊變異數 (fuzzy variance for discrete type)

設 U 爲一論域，令 $L = \{L_1, L_2, ..., L_k\}$ 爲布於論域 U 上的 k 個有序變數，而 $\{x_i = \dfrac{m_{i1}}{L_1} + \dfrac{m_{i2}}{L_2} + ... + \dfrac{m_{ik}}{L_k}, i = 1,2,...,N\}$，$\sum\limits_{j=1}^{k} m_{ij} = 1$，爲論域中的母體觀測值，其母體均數 $F\mu = \dfrac{\mu_1}{L_1} + \dfrac{\mu_2}{L_2} + ... + \dfrac{\mu_k}{L_k}$。$\sum\limits_{j=1}^{k} m_{ij} = 1$ 爲自論域中抽出的一組樣本觀測值，其樣本均數爲 $\{x_i = \dfrac{m_{i1}}{L_1} + \dfrac{m_{i2}}{L_2} + ... + \dfrac{m_{ik}}{L_k}, i = 1,2,...,n\}$，則離散型模糊母體變異數 (fuzzy population variance for discrete type) 定義爲：

$$F\sigma^2 = \frac{\dfrac{1}{N}\sum\limits_{i=1}^{N}(m_{i1} - \mu_1)^2}{L_1} + \frac{\dfrac{1}{N}\sum\limits_{i=1}^{N}(m_{i2} - \mu_2)^2}{L_2} + ... + \frac{\dfrac{1}{N}\sum\limits_{i=1}^{N}(m_{ik} - \mu_k)^2}{L_k} \tag{5.3}$$

離散型模糊樣本變異數 (fuzzy sample variance for discrete type) 定義爲：

$$FS^2 = \frac{\dfrac{1}{n-1}\sum\limits_{i=1}^{n}(m_{i1} - \hat{\mu}_1)^2}{L_1} + \frac{\dfrac{1}{n-1}\sum\limits_{i=1}^{n}(m_{i2} - \hat{\mu}_2)^2}{L_2} + ... + \frac{\dfrac{1}{n-1}\sum\limits_{i=1}^{n}(m_{ik} - \hat{\mu}_k)^2}{L_k} \tag{5.4}$$

定義 5.4　連續型模糊變異數 (fuzzy variance for continuous type)

設 U 爲一論域，令 $\{x_i = [a_i, b_i], i = 1, 2, ..., N\}$ 爲論域 U 裡的模糊區間所構成的母體，其母體均數爲 $F\mu = [\mu_l, \mu_u]$；$\{x_i = [a_i, b_i], i = 1, 2, ..., n\}$ 爲自論域 U 裡抽出的一組隨機模糊區間樣本，其樣本均數爲 $F\overline{X} = [\hat{\mu}_l, \hat{\mu}_u]$。令 $c_i = \dfrac{a_i + b_i}{2}$，$l_i = |b_i - a_i|$，$c = \dfrac{\mu_l + \mu_u}{2}$，$l = |\mu_u - \mu_l|$，$\hat{c} = \dfrac{\hat{\mu}_l + \hat{\mu}_u}{2}$，$\hat{l} = |\hat{\mu}_u - \hat{\mu}_l|$。

則連續型模糊母體變異數 (fuzzy population variance for continuous type) 定義爲：

$$F\sigma^2 = <\frac{\sum\limits_{i=1}^{N}(c_i - c)^2}{N}, \frac{\sum\limits_{i=1}^{N}(l_i - l)^2}{N}> \tag{5.5}$$

連續型模糊樣本變異數 (fuzzy sample variance for continuous type) 定義爲：

$$FS^2 = < \frac{\sum_{i=1}^{n}(c_i - \hat{c})^2}{n-1}, \frac{\sum_{i=1}^{n}(l_i - \hat{l})^2}{n-1} > \qquad (5.6)$$

式 (5.5)(5.6) 右邊第一項表示母體區間中心的離散程度，第二項表示母體
（樣本）區間長度的離差程度。

例 5.1　若有 A、B、C 共 3 位受訪者的意見可表示為模糊數之形式如下：

$$X_A = \frac{0}{L_1} + \frac{0}{L_2} + \frac{0.5}{L_3} + \frac{0.5}{L_4} + \frac{0}{L_5}$$

$$X_B = \frac{0}{L_1} + \frac{0.2}{L_2} + \frac{0.8}{L_3} + \frac{0}{L_4} + \frac{0}{L_5}$$

$$X_C = \frac{0}{L_1} + \frac{0}{L_2} + \frac{0.7}{L_3} + \frac{0.3}{L_4} + \frac{0}{L_5}$$

則其模糊樣本變異數為：

$$FS^2 = \frac{\frac{1}{n-1}\sum_{i=1}^{n}(m_{i1} - \hat{\mu}_1)^2}{L_1} + \frac{\frac{1}{n-1}\sum_{i=1}^{n}(m_{i2} - \hat{\mu}_2)^2}{L_2} + ... + \frac{\frac{1}{n-1}\sum_{i=1}^{n}(m_{ik} - \hat{\mu}_k)^2}{L_k}$$

$$= \frac{0}{L_1} + \frac{0.013}{L_2} + \frac{0.023}{L_3} + \frac{0.063}{L_4} + \frac{0}{L_5}$$

　　此模糊樣本變異數所代表的意義為：「很不滿意」的隸屬度為 0，「不
滿意」的隸屬度為 0.01，「無意見」的隸屬度為 0.02，「滿意」的隸屬度為
0.06，「很滿意」的隸屬度為 0。此模糊變異數是一個模糊數，它表現出此
訪問調查中，民眾對於「滿意」的程度歧異性較大，而對於「很不滿意」、
「很滿意」，大家則是很一致地沒有這方面的感受。亦即是說，我們可藉由
模糊變異數相對於各語意變數的隸屬度大小，得知模糊樣本值的一致性。

R 語言語法

```
> # 離散型模糊變異數
> # 輸入 A、B、C 共 3 位受訪者的隸屬度
> XA <- c(0, 0, 0.5, 0.5, 0)
> XB <- c(0, 0.2, 0.8, 0, 0)
> XC <- c(0, 0, 0.7, 0.3, 0)
>
> # 合併不同受訪者的隸屬度資料
> fuzzy_sample <- matrix(c(XA, XB, XC), nrow = 3, ncol = 5, byrow = TRUE)
> View(fuzzy_sample)
>
> # 依據定義 5.3 計算離散型模糊變異數
> # 以 apply() 分別計算論域有序變數的模糊變異數，並宣告為 FS2
> FS2 <- round(apply(fuzzy_sample, 2, var), 3)
> names(FS2) <- paste0("L", seq(1,5))
>
> # 輸入 FS2 即可查看模糊樣本變異數
> FS2
    L1    L2    L3    L4    L5
 0.000 0.013 0.023 0.063 0.000
```

例 5.2 表 5.1 為 5 位商家對店面面寬需求之隸屬度選擇，欲了解此次調查結果的可靠性。

表 5.1 5 位受訪者對店面面寬需求之隸屬度選擇

商家	店面面寬	c	l
A	[2,5]	3.5	3
B	[6,10]	8	4
C	[7,12]	9.5	5
D	[3,4]	3.5	1
E	[17,20]	18.5	3

計算模糊樣本變異數如下：

$$FS^2 = < \frac{\sum\limits_{i=1}^{n}(c_i - \hat{c})^2}{n-1}, \frac{\sum\limits_{i=1}^{n}(l_i - \hat{l})^2}{n-1} > = <37.8, 2.2>$$

R 語言語法

```
> # 連續型模糊變異數
> # 以下列語法逐一輸入受訪者的隸屬度數值，如例題 3.9
> U_a <- c(2, 6, 7, 3, 17) # 宣告論域左端值為 U_a
> U_b <- c(5, 10, 12, 4, 20) # 宣告論域右端值為 U_b
>
> # 依據定義 5.4 計算連續型模糊變異數
> # 先計算 c 與 1，再計算變異數
> F_c <- (U_a + U_b) / 2
> F_1 <- abs(U_b - U_a)
>
> # 以 var() 分別計算 F_c 與 F_1 變異數，並合併宣告為 FS2
> FS2 <- c(round(var(F_c), 2), round(var(F_1), 2))
>
> # 輸入 FS2 即可查看模糊樣本變異數
> FS2
[1] 37.8  2.2
```

5.2 模糊母體均數最佳估計方法

對於模糊母體平均數的估計方法，除了前述的模糊樣本均數外，以下我們提出幾個可能的最佳估計方法並提出可行的估計量評估準則，以比較各估計量之優劣：

模糊最大隸屬度函數估計法

傳統的統計學推論方法中，常藉由求取概似函數的最大值以獲得未知母體參數的最大概似估計量。類似地，在模糊統計分析中，我們嘗試藉由求取隸屬度函數的最大值來獲得模糊母體均數的估計量。

定義 5.5　離散型模糊最大隸屬度估計量

設 U 為一論域，令 $L = \{L_1, L_2, ..., L_k\}$ 為布於論域 U 上的 k 個有序變數，而 $\{x_i = \dfrac{m_{i1}}{L_1} + \dfrac{m_{i2}}{L_2} + ... + \dfrac{m_{ik}}{L_k}, i = 1,2,...,n\}$，$\sum\limits_{j=1}^{k} m_{ij} = 1$ 為自論域中抽出的一組模糊樣本。

$$\text{令 } S_j = \frac{1}{n}\sum_{i=1}^{n} m_{ij} \cdot I_{ij}\text{，其中 } I_{ij} = \begin{cases} 1, \text{若 } m_{ij} = \text{Max}(m_{i1},...,m_{ik}) \\ 0, \text{若 } m_{ij} \neq \text{Max}(m_{i1},...,m_{ik}) \end{cases}$$

則定義離散型模糊母體均數 $F\mu$ 之模糊最大隸屬度估計量 (fuzzy maximum membership estimator, *MM*, for fuzzy mean with discrete type $F\mu$) 為：

$$F\widehat{\mu}_{MM} = \frac{\dfrac{S_1}{\sum S_j}}{L_1} + \frac{\dfrac{S_2}{\sum S_j}}{L_2} + ... + \frac{\dfrac{S_k}{\sum S_j}}{L_k} \tag{5.7}$$

例 5.3　離散型最大隸屬度估計量應用於教學滿意度調查。

針對某學校想了解學生對某老師其教學方式的滿意程度進行調查，若將滿意程度分為：$L_1 =$ 很不滿意、$L_2 =$ 不滿意、$L_3 =$ 普通、$L_4 =$ 滿意、$L_5 =$ 很滿意等五種滿意程度。隨機抽取 6 位學生作調查，每位學生對此老師的滿意程度隸屬度如表 5.2：

表 5.2　6 位受訪學生對某老師教學滿意度之隸屬度選擇

學生	很不滿意 L_1	不滿意 L_2	普通 L_3	滿意 L_4	很滿意 L_5
1	0	0	0	1*	0
2	0	0	0.3	0.7*	0
3	0	0.8*	0.2	0	0
4	0	0	0	0.5*	0.5*
5	0	0	0.4	0.6*	0
6	1*	0	0	0	0

　　將表 5.2 之各學生對滿意度 5 個選項中篩選最大隸屬度者留下，而選項中非最大隸屬度者則給予隸屬度 0，可得表 5.3 如下：

表5.3　6 位受訪學生對某老師教學滿意度之最大隸屬度

學生	很不滿意	不滿意	普通	滿意	很滿意
1	0	0	0	1	0
2	0	0	0	0.7	0
3	0	0.8	0	0	0
4	0	0	0	0.5	0.5
5	0	0	0	0.6	0
6	1	0	0	0	0
S_j	0.17	0.13	0	0.47	0.08
$S_j / \sum S_j$	0.20	0.16	0	0.55	0.09

其中 $S_1 = \dfrac{0+0+0+0+0+1}{6} \cong 0.17$；

$S_2 = \dfrac{0+0+0.8+0+0+0}{6} \cong 0.13$；

$S_3 = \dfrac{0+0+0+0+0+0}{6} = 0$；

$S_4 = \dfrac{1+0.7+0+0.5+0.6+0}{6} \cong 0.47$；

$S_5 = \dfrac{0+0+0+0.5+0+0}{6} \cong 0.08$。

由上表可得模糊母體平均數之模糊最大隸屬度估計量為：

$$F\hat{\mu}_{MM} = \frac{0.17/0.85}{L_1} + \frac{0.13/0.85}{L_2} + \frac{0}{L_3} + \frac{0.47/0.85}{L_4} + \frac{0.08/0.85}{L_5}$$

$$= \frac{0.20}{L_1} + \frac{0.15}{L_2} + \frac{0}{L_3} + \frac{0.55}{L_4} + \frac{0.09}{L_5}$$

　　其代表的涵義為：學生對此教師的滿意程度，很不滿意的隸屬度約有 0.2，不滿意的隸屬度約有 0.16，滿意的隸屬度約有 0.55，很滿意的隸屬度

約有 0.1。由此例也可看出模糊母體平均數之模糊最大隸屬度估計量較不受
離群值影響，例如 X_6，至於散離型模糊樣本的離群值如何定義，則不在本
書的探討範圍。

R 語言語法

```
> # 離散型最大隸屬度估計量應用於教學滿意度調查
> # 使用 read.csv() 讀取表 5.2 中 6 位受訪學生對某老師教學滿意度之隸屬度選擇資料
> fuzzy_sample <- read.csv(file.choose(), header = 1, row.names = 1)
>
> # 先判斷每個樣本的最大值，再製成如 5.3 的表格內容，並宣告成 sample_max
> S_max <- apply(fuzzy_sample, 1, max)
> sample_max <- matrix(0, nrow = length(fuzzy_sample[,1]), ncol = length(fuzzy_
sample[1,]))
> for(i in 1:length(fuzzy_sample[,1])) {
+     sample_max[i, which(fuzzy_sample[i,] == S_max[i])] <- S_max[i] }
>
> # 依據定義 5.5 計算離散型模糊最大隸屬度估計量
> Sj <- apply(sample_max, 2, mean)
> F_Sj <- Sj / sum(Sj)
>
> # 合併上述數值，製成如表 5.3 的分析結果
> fuzzy_table <- rbind(round(sample_max, 2), round(Sj, 2), round(F_Sj, 2))
> rownames(fuzzy_table) <- c(1:length(fuzzy_sample[,1]), "Sj", "F_Sj")
> colnames(fuzzy_table) <- paste0("L", 1:length(fuzzy_sample[1,]))
>
> View(fuzzy_table)
```

定義 5.6　連續型模糊最大隸屬度估計量

設 U 為一論域，令 $\{X_i = [a_i, b_i], i = 1, 2, ..., n\}$ 為自其中抽出的一組模
糊區間樣本，而對應之模糊區間的長度為 $l_i = b_i - a_i$，對應的模糊數中心
為 $CF_i = \dfrac{1}{2}(a_i + b_i)$。對任意的 j，令：

$$M_j = \frac{\sum_{i=1}^{n} I_{[a_i,b_i]}(CF_j)}{n} \tag{5.8}$$

代表 CF_j 相對於 n 個模糊區間數的隸屬度。

若 $M_r = \text{Max}(M_i), i = 1, 2, \cdots, n$，對應於模糊數中心 CF_r，則定義連續型模糊母體平均數 $F\mu = [a, b]$ 的模糊最大隸屬度估計量 (fuzzy maximum membership estimator, *MM*, for fuzzy mean with continuous type $F\mu$) 爲：

$$F\hat{\mu}_{MM} = [\hat{a}_{MM}, \hat{b}_{MM}]$$
$$= [median(CF_r) - \frac{1}{2}median(l_i), median(CF_r) + \frac{1}{2}median(l_i)]$$

其中 $median(CF_r)$ 代表具最大隸屬度的所有 CF_r 的中位數，$median(l_i)$ 代表所有 $l_i, i = 1, 2, \ldots n$ 的中位數。

例 5.4 連續型模糊最大隸屬度估計量應用於等候時間調查

對速食店業者來說，縮短顧客等候時間是非常重要的，不但可提升顧客對服務的滿意度，也可以提升銷售金額。某速食店業者採開放式問卷，隨機抽取 6 位顧客調查他們可忍受的最長等候時間區段，結果如表 5.4：

表 5.4　6 位顧客對等候時間之可忍受時間區段（分鐘）

顧客	下限	上限	CF_i	M_i	l_i
1	4	6	5	0.5*	2
2	7	10	8.5	0.17	3
3	2	5	3.5	0.5*	3
4	2	8	5	0.5*	6
5	1	4	2.5	0.5*	3
6	1	2	1.5	0.33	1
$F\overline{X}$	2.83	5.83			

其中各樣本 X_i 之模糊數中心 CF_i 相對於整體資料的隸屬度 M_i 的計算如下：

$$M_1 = \frac{\sum_{i=1}^{n} I_{[a_i, b_i]}(CF_1)}{n}$$

$$= \frac{I_{[4,6]}(5) + I_{[7,10]}(5) + I_{[2,5]}(5) + I_{[2,8]}(5) + I_{[1,4]}(5) + I_{[1,2]}(5)}{6}$$

$$= \frac{3}{6} = 0.5$$

同理，可得：

$$M_2 = \frac{\sum_{i=1}^{n} I_{[a_i, b_i]}(CF_2)}{n} = \frac{1}{6} = 0.17$$

$$M_3 = \frac{\sum_{i=1}^{n} I_{[a_i, b_i]}(CF_3)}{n} = \frac{3}{6} = 0.5$$

$$M_4 = \frac{\sum_{i=1}^{n} I_{[a_i, b_i]}(CF_4)}{n} = \frac{3}{6} = 0.5$$

$$M_5 = \frac{\sum_{i=1}^{n} I_{[a_i, b_i]}(CF_5)}{n} = \frac{3}{6} = 0.5$$

$$M_6 = \frac{\sum_{i=1}^{n} I_{[a_i, b_i]}(CF_6)}{n} = \frac{2}{6} = 0.33$$

M_i 中最大隸屬度為 $0.5 = M_1 = M_3 = M_4 = M_5$，而

$$median(CF_r) = median(CF_1, CF_3, CF_4, CF_5) = median(5, 3.5, 5, 2.5) = 4.25$$

$$median(l_i) = median(2, 3, 3, 6, 3, 1) = 3$$

故 $F\mu$ 之模糊最大隸屬度估計量為：

$$\widehat{F\mu}_{MM} = [4.25 - \frac{3}{2}, 4.25 + \frac{3}{2}] = [2.75, 5.75]$$

　　此估計量代表的涵義為，顧客們可忍受的最長等候時間區段中位數在 2.75~5.75 分鐘之間，故若該店店長觀察顧客等候時間超過這個區間，可能就得採取適當的策略以縮短顧客等候時間，進而提升顧客滿意度及營業銷售金額。同樣地，連續型模糊樣本平均數也容易受到樣本中離群值的影響（例

如：$x_2 = [7,10]$ 範圍與大部分樣本幾乎沒有交集；$x_4 = [2,8]$ 雖然涵蓋了可能的樣本平均數區間，但所取的區間又太長），而採連續型模糊最大隸屬度估計量來估計 $F\mu$，一樣也可以避免受到樣本中離群值的影響。

R 語言語法

```
> # 連續型模糊最大隸屬度估計量應用於等候時間調查
> # 以下列語法逐一輸入 6 位顧客的隸屬度數值，如表 5.4
> U_a <- c(4, 7, 2, 2, 1, 1) # 宣告論域左端值爲 U_a
> U_b <- c(6, 10, 5, 8, 4, 2) # 宣告論域右端值爲 U_b
>
> # 依據定義 5.6 計算模糊數中心 CF
> CF <- (U_a + U_b) / 2
>
> # 計算 CF 相對於整體資料的隸屬度 Mi
> # 運用迴圈 for() 與 if() 逐一判斷 CF 位於模糊區間數 n
> # 再計算 6 位顧客的 Mi
> CF_n <- c()
> for(i in 1:length(U_a)) {
+     n <- 0
+     for(j in 1:length(U_a)) {
+         if(CF[i] >= U_a[j] && CF[i] <= U_b[j]) { n <- n + 1 } }
+     CF_n <- c(CF_n, n) }
> Mi <- CF_n / length(U_a)
>
> # 先找出 Mi 中的最大值
> # 判斷 CF 中哪幾筆的 Mi 爲最大值
> # 以 median() 計算中位數
> CF_med <- median(CF[which(Mi == max(Mi))])
>
> # 計算區間的中位數
> li <- abs(U_b - U_a)
> li_med <- median(li)
>
> # 依據定義 5.6 計算模糊最大隸屬度估計量
> (F_u <- c(CF_med - li_med/2, CF_med + li_med/2))
```

```
[1] 2.75 5.75
>
> # 合併上述數值，製成如表 5.4 的分析結果
> fuzzy_table <- cbind(U_a, U_b, round(CF, 2), round(Mi, 2), round(li, 2))
> rownames(fuzzy_table) <- c(1:length(U_a))
> colnames(fuzzy_table) <- c("下限", "上限", "CF", "M", "1")
```

5.3 模糊估計量之評判準則

不偏估計量 (unbiased estimator) 為評估一個統計量是否合適與準確的重要準則。本節考慮以模糊不偏估計量來評估模糊估計值的效率。在評估前，我們須先給模糊期望值一些較完善之定義。

定義 5.7 離散型母體之模糊期望值

令 $X = \dfrac{X_1}{L_1} + \dfrac{X_2}{L_2} + ... + \dfrac{X_k}{L_k}$，為母體中的一模糊隨機變數，其中 X_i 為相對於 L_i 之隨機變數，$0 \le E(X_i) \le 1$，且 $\sum_{i=1}^{k} E(X_i) = 1$。則離散型母體之模糊期望值定義為 $FE(X) = \dfrac{EX_1}{L_1} + \dfrac{EX_2}{L_2} + ... + \dfrac{EX_k}{L_k}$。

定義 5.8 連續型母體之模糊期望值

令 $X = [X_l, X_u]$，為母體中的一模糊隨機變數，其中 X_l、X_u 為相對於區間左右端點之隨機變數，$E(X_l) \le E(X_u)$。則連續型母體之模糊期望值定義為 $FE(X) = [EX_l, EX_u]$。

定義 5.9 離散型母體參數之模糊不偏估計量

令 $F\hat{\theta} = \dfrac{\hat{\theta}_1}{L_1} + \dfrac{\hat{\theta}_2}{L_2} + ... + \dfrac{\hat{\theta}_k}{L_k}$ 為一離散型模糊母體參數 $F\theta = \dfrac{m_1}{L_1} + \dfrac{m_2}{L_2} + ... + \dfrac{m_k}{L_k}$ 之估計量，若 $E(F\hat{\theta}) = F(\theta)$，則稱 $F\hat{\theta}$ 為離散型模糊母體參數 $F\theta$ 的一個模糊不偏估計量。

定義 5.10　連續型母體參數之模糊不偏估計量

令 $F\widehat{\theta} = [\widehat{\theta}_l, \widehat{\theta}_u]$ 爲一連續型模糊母體參數 $F\theta = [l, u]$ 之估計量，若 $E(F\widehat{\theta}) = F(\theta)$，則稱 $F\widehat{\theta}$ 爲連續型模糊母體參數 $F\theta$ 的一個模糊不偏估計量。

性質 5.1　設 $F\mu = \dfrac{m_1}{L_1} + \dfrac{m_2}{L_2} + ... + \dfrac{m_k}{L_k}$ 爲一離散型模糊母體均數，則 $F\overline{X}$ 爲 $F\mu$ 之模糊不偏估計量，而 $F\widehat{\mu}_{MM}$ 則爲 $F\mu$ 之模糊有偏估計量。

證明：若 $\{X_i = \dfrac{m_{i1}}{L_1} + \dfrac{m_{i2}}{L_2} + ... + \dfrac{m_{ik}}{L_k}, i = 1, 2, ..., n\}$ 爲自具模糊母體均數 $F\mu$ 中所抽取的一組隨機樣本，則

$$E(X_i) = \frac{E(m_{i1})}{L_1} + \frac{E(m_{i2})}{L_2} + ... + \frac{E(m_{ik})}{L_k} = \frac{m_1}{L_1} + \frac{m_2}{L_2} + ... + \frac{m_k}{L_k}$$

又

$$F\overline{X} = \frac{\dfrac{1}{n}\sum_{i=1}^{n}m_{i1}}{L_1} + \frac{\dfrac{1}{n}\sum_{i=1}^{n}m_{i2}}{L_2} + ... + \frac{\dfrac{1}{n}\sum_{i=1}^{n}m_{ik}}{L_k}$$

故
$$E(F\overline{X}) = \frac{E(\dfrac{1}{n}\sum_{i=1}^{n}m_{i1})}{L_1} + \frac{E(\dfrac{1}{n}\sum_{i=1}^{n}m_{i2})}{L_2} + ... + \frac{E(\dfrac{1}{n}\sum_{i=1}^{n}m_{ik})}{L_k}$$

$$= \frac{\dfrac{1}{n}\sum_{i=1}^{n}E(m_{i1})}{L_1} + \frac{\dfrac{1}{n}\sum_{i=1}^{n}E(m_{i2})}{L_2} + ... + \frac{\dfrac{1}{n}\sum_{i=1}^{n}E(m_{ik})}{L_k}$$

$$= \frac{m_1}{L_1} + \frac{m_2}{L_2} + ... + \frac{m_k}{L_k}$$

$$= F\mu$$

證得 $F\overline{X}$ 爲 $F\mu$ 之模糊不偏估計量。

性質 5.2　設一連續型模糊母體平均數爲 $F\mu = [l, u]$，則 $F\overline{X}$ 爲 $F\mu$ 之模糊不偏估計量，而 $F\widehat{\mu}_{MM}$ 則爲 $F\mu$ 之模糊有偏估計量。

證明：若 $\{X_i = [X_{il}, X_{iu}], i = 1, 2, ... n\}$ 爲自具模糊母體均數 $F\mu$ 中的一組模糊

隨機變數，則 $E(X_i) = [E(X_{il}), E(X_{iu})] = [l,u]$。

又

$$F\overline{X} = [\frac{1}{n}\sum_{i=1}^{n} X_{il}, \frac{1}{n}\sum_{i=1}^{n} X_{iu}]$$

故

$$E(F\overline{X}) = [E(\frac{1}{n}\sum_{i=1}^{n} X_{il}), E(\frac{1}{n}\sum_{i=1}^{n} X_{iu})]$$

$$= [\frac{1}{n}\sum_{i=1}^{n} E(X_{il}), \frac{1}{n}\sum_{i=1}^{n} E(X_{iu})] = [\frac{1}{n}\sum_{i=1}^{n} l, \frac{1}{n}\sum_{i=1}^{n} u] = [l,u]$$

證得 $F\overline{X}$ 為 $F\mu$ 之模糊不偏估計量。

定義 5.11　離散型相對有效 (efficient) 估計量

令 $F\hat{\theta} = \frac{\hat{m}_1}{L_1} + \frac{\hat{m}_2}{L_2} + ... + \frac{\hat{m}_k}{L_k}$，$F\hat{\hat{\theta}} = \frac{\hat{\hat{m}}_1}{L_1} + \frac{\hat{\hat{m}}_2}{L_2} + ... + \frac{\hat{\hat{m}}_k}{L_k}$ 為兩個離散型模糊

母體參數 $F\theta = \frac{m_1}{L_1} + \frac{m_2}{L_2} + ... + \frac{m_k}{L_k}$ 之估計量。若

$$d_1(F\hat{\theta}, F\theta) \leq d_1(F\hat{\hat{\theta}}, F\theta)$$

其中 $d_1(A,B) = \frac{1}{\sqrt{n}}\sqrt{\sum_{i=1}^{n}(\mu_A(x_i) - \mu_B(x_i))^2}$　（n= 論域因子集個數）。則稱 $F\hat{\theta}$

為相對於 $F\hat{\hat{\theta}}$ 之一有效估計量（$F\hat{\theta}$ is more efficient than $F\hat{\hat{\theta}}$）。

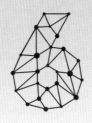

模糊假設檢定

學習金鑰

✦ 理解並運用模糊母體均數檢定方法

✦ 理解並計算模糊類別資料檢定方法

✦ 撰寫 R 語言進行各種檢定方法

　　古典的統計檢定必須陳列明確的假設。比方當我們想檢定兩母體平均數是否有差異時，虛無假設是「兩個平均數相等」。然而，有時我們想要知道的只是兩平均值是否非常逼近，此時傳統的檢定方法並不適用於這種包含不確定性的假設檢定。因此本章提出基於模糊樣本之統計檢定方法，針對模糊均數相等、模糊屬於與卡方齊一性檢定作一詳細探討。

6.1　距離與決策準則

　　在社會科學的分析研究上，特別是當我們欲利用統計參數分析強調統計檢定應用於決策時，在傳統的統計分析中，均數檢定僅是限於單一數值的統計量，無法表現出人類思維及主觀意識的多變性，因此，為了要將人類思維

做更合理且精確的描述，發展模糊均數檢定是迫切需要的。

Casals et. al. (1986, 1989) 曾以模糊事件表徵的模式爲基礎來討論統計假設檢定；Saade & Schwarzlander (1990) 針對混合資料 (hybrid data) 提出模糊假設檢定；Miyamoto (1990, p.240) 也曾論及模糊假設檢定。但他們對模糊假設檢定方法的構思不但基於資料的隨機不確定性，也包含了資料中的非隨機不確定性。而「兩母體平均數幾乎相等」的假設檢定，只討論包含於假設中的非隨機不確定性，這樣的不確定性不但與資料本身無關，且無法假設於資料上。因此 Casals et al. (1986, 1989)、Saade & Schwarzlander(1990)，甚或貝氏近似所提供的架構尚無法處理上述的假設檢定。本章將 Neyman & Pearson 設立的古典假設檢定與決策模式擴展，提出了上述模糊假設的模糊統計檢定，而用此方法檢定所得的推斷結論也是模糊（數）的。

模糊母體均數統計檢定是一新的研究主題。首先我們考慮將離散型與連續型模糊數反模糊化。然後根據檢定法則，在模糊檢定水準 α 下，進行單尾或雙尾之模糊母體均數檢定。這裡的模糊檢定水準 α，有別於傳統之檢定水準 α，乃依模糊母體之特性，以更穩健性 (robustic) 之數值考量拒絕區域 F_α。

定義 6.1　模糊區間集合的距離

設 A 爲具有隸屬度函數 $\mu_A(x) = f(x)$，支撐 $[a_l, a_u]$ 之模糊區間集合；B 爲具有隸屬度函數 $\mu_B(y) = g(y)$，支撐 $[b_l, b_u]$ 之模糊區間集合。我們定義三種距離。

$$d_1(A,B) = \inf\{|a-b| : a \in A, b \in B\}$$
$$d_2(A,B) = \sup\{|a-b| : a \in A, b \in B\}$$
$$d_3(A,B) = \inf\{|a_l - b_l|, |a_u - b_u|\}$$

定義 6.2　模糊等於

設 A 爲具有隸屬度函數 $\mu_A(x) = f(x)$，支撐 $[a_l, a_u]$ 之模糊區間集合；B 爲具有隸屬度函數 $\mu_B(y) = g(y)$，支撐 $[b_l, b_u]$ 之模糊區間集合。若 $[a_l, a_u] = [b_l, b_u]$，則稱 A 模糊等於 B。寫成 $A =_F B$。無上界區間與無下界區間也雷同。

定義 6.3　模糊屬於

設 A 為具有隸屬度函數 $\mu_A(x) = f(x)$，支撐 $[a_l, a_u]$ 之模糊區間集合；B 為具有隸屬度函數 $\mu_B(y) = g(y)$，支撐 $[b_l, b_u]$ 之模糊區間集合。若 $[a_l, a_u] \subset [b_l, b_u]$，則稱 A 模糊屬於 B。寫成 $A \in {}_F B$。無上界區間與無下界區間也雷同。

6.2　模糊母體均數檢定

令 $F\mu$ 為模糊樣本母體均數，我們欲檢定在模糊檢定水準 α 下，是否接受 $H_0 : F\mu = F\mu_0$ 之假設，其中 $F\mu_0$ 為模糊母體均數。

離散型模糊母體均數檢定方法

1. 樣本：設 Ω 為一論域，令 $\{L_j, j = 1, ..., k\}$ 為布於論域 Ω 上的 k 個語言變數，$\{x_i, i = 1, ..., n\}$ 為一組模糊隨機樣本，且對每個樣本 x_i 對應語言變數 L_j 有一標準化之隸屬度 m_{ij}。令 $L_{\max} - L_{\min}$ 表示相對於語言變數之全距（以 5 等第為例，即為 5-1 = 4）。

2. 統計假設：$H_0 : F\mu = F\mu_0$ vs. $H_1 : F\mu \neq F\mu_0$。

3. 統計量：求此組模糊樣本 $\{x_i, i = 1, ..., n\}$ 之模糊樣本均數 $F\overline{X}$。計算樣本均數與母體均數的反模糊化值 $\overline{X}_F$ 與 μ_0。

4. 決策：在模糊檢定水準 α 下，若 $|\overline{X}_F - \mu_0| > \alpha(L_{\max} - L_{\min})$，則拒絕 H_0。

Note：對於左尾檢定 $H_0 : \mu \leq \mu_0$ vs. $H_1 : \mu > \mu_0$ 在模糊檢定水準 α 下，決策法則為：若 $\overline{X}_F - \mu_0 > \alpha(L_{\max} - L_{\min})$，則拒絕 H_0。右尾檢定亦同。

關於連續型模糊樣本，為了使符號一致，我們直接說 $F\mu$ 等於某區間，而不一定將它反模糊化。

連續型模糊母體均數檢定方法

1. 樣本：設 Ω 為一具有模糊均數 $[a,b]$ 之論域，令 $\{x_i = [x_{li}, x_{ui}], i = 1, ..., n\}$ 為一組模糊區間隨機樣本。

2. 統計假設：$H_0 : F\mu = {}_F[a, b]$ vs. $H_1 : F\mu \neq {}_F[a,b]$。

3. 統計量：計算 $F\overline{X} = [\overline{x}_l, \overline{x}_u]$。

4. 決策準則：在模糊檢定水準 α 下，計算 $k = \alpha(b - a)$，若 $|\overline{x}_l - a| > k$

或 $|\bar{x}_u - b| > k$，則拒絕 H_0。

進行區間相等的檢定時，有時會遇到統計量落於事先假設的區間內的情況，但是可能由於區間相對過小，得到拒絕等於之結論。因此我們必須考慮模糊屬於檢定，以符合實際需要。

有界樣本的模糊屬於檢定

1. 統計假設：$H_0 : F\mu \in_F F\mu_0$ vs. $H_1 : F\mu \notin_F F\mu_0$。

2. 統計量：隨機抽取一組模糊樣本 $\{x_i, i = 1, ..., n\}$，計算 $F\overline{X} = [\bar{x}_l, \bar{x}_u]$。

3. 決策：在模糊檢定水準 α 下，計算 $k = \alpha(b - a)$，若 $\bar{x}_l < a - k$ 或 $\bar{x}_u > b + k$ 時，拒絕 H_0。

無下界樣本 (sample with no lower bound) 的模糊屬於檢定

1. 統計假設：$H_0 : F\mu \in_F (-\infty, b]$ vs. $H_1 : F\mu \notin_F (-\infty, b]$。

2. 統計量：隨機抽樣一組模糊樣本 $\{x_i, i = 1, ..., n\}$，計算 $F\overline{X} = (-\infty, \bar{x}_u]$。

3. 決策：在模糊檢定水準 α 下，令 $k = \alpha b$，若 $x_u > b + k$ 時，拒絕 H_0。

無上界樣本 (sample with no upper bound) 的模糊屬於檢定

1. 統計假設：$H_0 : F\mu \in_F [a, \infty)$ vs. $H_1 : F\mu \notin_F [a, \infty)$。

2. 統計量：隨機抽樣一組模糊樣本 $\{x_i, i = 1, ..., n\}$，計算 $F\overline{X} = [\bar{x}_l, \infty)$。

3. 決策：在模糊檢定水準 α 下，令 $k = \alpha a$，當 $x_l < a - k$ 時拒絕 H_0。

例 6.1 某農場主人想引進新品種的雞，作為炸雞用途。只要大部分的人試吃後的平均評價在普通以上，他就引進大量繁殖。於是他隨機找了 5 位顧客試吃，然後依語言變數給予隸屬度，得下表 6.1。

表 6.1 農場主人想引進新品種雞的滿意隸屬度函數

試吃者	1＝很不滿意	2＝不滿意	3＝普通	4＝滿意	5＝很滿意
A	0	0	0	0.3	0.7
B	0	0	0	0	1
C	0	0.4	0.6	0	0
D	0	0	0	0.8	0.2
E	0.1	0.9	0	0	0

我們將此問題化成假設檢定 $H_0 : \mu_f \leq 3$ vs. $H_1 : \mu_f > 3$。

經計算後可得 $\overline{X}_f = 3.68$。在模糊檢定水準 $\alpha = 0.1$ 下，$k = 0.1 \cdot (5 - 1) = 0.4$。

因為 $\overline{X}_f - \mu_f = 0.68 > 0.4$，故拒絕 H_0，因此他決定引進該新品種的雞。

R 語言語法

```
> #離散型模糊母體均數檢定方法
> #使用 read.csv() 讀取表 6.1 農場主人想引進新品種雞的滿意隸屬度函數資料
> fuzzy_sample <- read.csv(file.choose(), header = 1, row.names = 1)
>
> #定義語言變數 Lj
> Lj <- c(1:length(fuzzy_sample[1,]))
>
> #計算模糊樣本均數 FX
> F_Wi <- function(x) { x*Lj }
> F_W <- t(apply(fuzzy_sample, 1, F_Wi))
> FX <- mean(apply(F_W, 1, sum))
>
> #進行統計檢定
> u0 <- 3
> k <- 0.1 * (max(Lj) - min(Lj))
> ifelse(abs(FX - u0) > k, "reject H0", "accept H0")
[1] "reject H0"
>
> #亦可撰寫統計檢定自訂函數 Fuzzy_test()
> Fuzzy_test <- function(fuzzy_sample, Lj, u0, alpha)
+ {
+     F_Wi <- function(x) { x*Lj }
+     F_W <- t(apply(fuzzy_sample, 1, F_Wi))
+     FX <- mean(apply(F_W, 1, sum))
+     k <- alpha * (max(Lj) - min(Lj))
+     result <- ifelse(abs(FX - u0) > k, "reject H0", "accept H0")
+     return(result)
+ }
>
> #檢定值分別設為 3 與 3.5，alpha 為 .05，語法如下：
```

```
> Fuzzy_test(fuzzy_sample, Lj, 3, 0.05)
[1] "reject H0"
> Fuzzy_test(fuzzy_sample, Lj, 3.5, 0.05)
[1] "accept H0"
```

例 6.2 某人想開服裝店分店,準備只賣 12 種款式衣服。因為是區域性,故他只找住在想要開店的地點附近的人士進行市場調查。他分別就 12 種款式衣服,隨機各找 10 人,給予 1 至 5 等第的滿意度隸屬度評分。他決定整體平均分數若大於 2.5 則開店,否則放棄開店。經過統計後得 $\overline{A}_f = 3$,$\overline{B}_f = 2$,$\overline{C}_f = 3.1$,$\overline{D}_f = 2.5$,$\overline{E}_f = 2.6$,$\overline{F}_f = 4$,$\overline{G}_f = 1.2$,$\overline{H}_f = 2$,$\overline{I}_f = 1.8$,$\overline{J}_f = 2.9$,求出:

$$\overline{X}_f = \frac{1}{10}(3 + 2 + 3.1 + 2.5 + 2.6 + 4 + 1.2 + 2 + 1.8 + 2.9) = 2.51$$

在模糊檢定水準 $\alpha = 0.1$ 下,$k = 0.1 \cdot 4 = 0.4$。因 $2.51 - 2.5 = 0.01$,而 $0.01 < 0.4$,因此他決定不開店。

R 語言語法

```
> # 連續型模糊母體均數檢定方法
> # 依序輸入 10 位受訪者的隸屬度評分
> fuzzy_sample <- c(3, 2, 3.1, 2.5, 2.6, 4, 1.2, 2, 1.8, 2.9)
>
> # 定義語言變數 Lj
> Lj <- c(1:5)
>
> # 撰寫統計檢定自訂函數 Fuzzy_test()
> Fuzzy_test <- function(fuzzy_sample, Lj, u0, alpha)
+ {
+     FX <- mean(fuzzy_sample)
+     k <- alpha * (max(Lj) - min(Lj))
+     result <- ifelse(abs(FX - u0) > k, "reject H0", "accept H0")
+     return(result)
+ }
```

```
>
> #檢定不同情況的語法如下：
> Fuzzy_test(fuzzy_sample, Lj, 2, 0.05)
[1] "reject H0"
> Fuzzy_test(fuzzy_sample, Lj, 2.5, 0.05)
[1] "accept H0"
> Fuzzy_test(fuzzy_sample, Lj, 2.5, 0.1)
[1] "accept H0"
```

例 6.3　　人力資源部提出現今 20 歲至 26 歲的年輕人要求平均待遇爲 2 萬至 4 萬元。主計單位想要檢定此報告是否屬實，於是隨機找 6 位 20 至 26 歲的年輕人調查得到他們要求的待遇分別爲：

$$[3,4]，[1.8,2]，[2,3]，[4,6]，[2,2.5]，[2.5,3]$$

統計假設：$H_0 : F\mu =_F [2,4]$ vs. $H_1 : F\mu \neq_F [2,4]$。

將 1.8 看成 $[1.8,1.8]$，根據模糊樣本均數定義可得：

$$F\overline{X} = [\ \overline{x}_l\ ,\ \overline{x}_u\ ] = [\ \frac{3+1.8+2+4+2+2.5}{6}\ ,\ \frac{4+2+3+6+2.5+3}{6}\ ] = [2.55, 3.42]$$

在模糊檢定水準 $\alpha = 0.1$ 下，計算 $k = 0.1 \cdot (4 - 2) = 0.2$。因爲 2.55 > 2 ± 0.2，3.42 < 4 ± 0.2，故接受人力資源部提出年輕人要求平均待遇爲 2 萬至 4 萬元的說法。而 $[2.55,3.42]$ 確實落於 $[2,4]$ 區間，$F\mu \in_F [2,4]$，也就是說 20 歲至 26 歲的年輕人要求平均待遇區間屬於 2 萬至 4 萬元區間。

R 語言語法

```
> #有界樣本的模糊屬於檢定
> #以下列語法逐一輸入 6 位年輕人的隸屬度數值
> U_a <- c(3, 1.8, 2, 4, 2, 2.5) #宣告論域左端值爲 U_a
> U_b <- c(4, 2, 3, 6, 2.5, 3) #宣告論域右端值爲 U_b
>
> #定義檢定值 Fu
> Fu <- c(2, 4)
>
> #撰寫統計檢定自訂函數 Fuzzy_test()
```

```
> Fuzzy_test <- function(U_a, U_b, Fu, alpha)
+ {
+     FX_a <- mean(U_a)
+     FX_b <- mean(U_b)
+     k <- alpha * (Fu[2] - Fu[1])
+     result <- ifelse((FX_a < (Fu[1]-k) || FX_b > (Fu[2]+k)), "reject H0", "accept
H0")
+     return(result)
+ }
>
> # 檢定平均待遇為 2 萬至 4 萬元，如例 6.3
> Fuzzy_test(U_a, U_b, Fu, 0.1)
[1] "accept H0"
>
> # 檢定平均待遇為 3 萬至 5 萬元，並且 alpha 為 .05 的語法如下：
> Fu <- c(3, 5)
> Fuzzy_test(U_a, U_b, Fu, 0.05)
[1] "reject H0"
```

例 6.4 一間公司想讓員工有舒適的工作環境以增加工作效率，只要員工覺得有點熱，空調就啟動。主管認為 29℃ 以上就覺得熱，他不知道是否大家都這麼認為。於是他隨機找 5 位員工來調查，得到 5 個資料：

28℃ 以上，26℃ 以上，30℃ 以上，27℃ 以上，26℃ 以上；亦即：$[28, \infty)$，$[26, \infty)$，$[30, \infty)$，$[27, \infty)$，$[26, \infty)$。

統計假設：$H_0 : \mu =_F [29, \infty)$ vs. $H_1 : \mu \neq_F [29, \infty)$。

計算得 $F\overline{X} = [\overline{x}_l, \overline{x}_u] = [27.4, \infty)$。

在模糊檢定水準 $\alpha = 0.05$ 下，計算 $k = 0.05 \cdot 29 = 1.45$。因 $27.4 < 29 - 1.45$，拒絕接受該主管的想法。若可改成 28℃ 就開啟空調，則 $27.4 > 28 - 1.4$，可較易被大家接受。

R 語言語法

```
> # 無上下界樣本模糊屬於檢定
> # 以下列語法逐一輸入 5 位員工的隸屬度數值
> # 因為無上界樣本資料，故僅輸入左端值即可
> FX_upper <- c(28, 26, 30, 27, 26)
>
> # 撰寫統計檢定自訂函數 Fuzzy_test()
> Fuzzy_test <- function(FX_upper, Fu, alpha)
+ {
+     FX <- mean(FX_upper)
+     k <- alpha * Fu
+     result <- ifelse(FX < (Fu-k), "reject H0", "accept H0")
+     return(result)
+ }
>
> # 分別檢定 29 度與 28 度的結果
> Fu <- 29
> Fuzzy_test(FX_upper, Fu, 0.05)
[1] "reject H0"
> Fu <- 28
> Fuzzy_test(FX_upper, Fu, 0.05)
[1] "accept H0"
>
>
> # 無下界樣本舉例
> # 假設一天上網時間為幾小時以內
> FX_lower <- c(1.5, 2, 1, 0.8, 1.2)
>
> # 撰寫統計檢定自訂函數 Fuzzy_test()
> Fuzzy_test <- function(FX_lower, Fu, alpha)
+ {
+     FX <- mean(FX_lower)
+     k <- alpha * Fu
+     result <- ifelse(FX > (Fu+k), "reject H0", "accept H0")
+     return(result)
+ }
```

```
>
> # 分別檢定 1 小時與 1.5 小時的結果
> Fu <- 1
> Fuzzy_test(FX_lower, Fu, 0.05)
[1] "reject H0"
> Fu <- 1.5
> Fuzzy_test(FX_lower, Fu, 0.05)
[1] "accept H0"
```

6.3 模糊類別資料之卡方 χ^2 齊一性檢定

卡方齊一性檢定用來決定兩個或兩個以上的母體中,各類別的比例是否齊一之統計檢定方法。我們使用的卡方齊一性檢定統計量為:

$$\chi^2 = \sum_{i=A,B} \sum_{j=1}^{c} \frac{(n_{ij} - e_{ij})^2}{e_{ij}}$$

其中 n_{ij} 表示第 i 組樣本,第 j 類別的觀察次數,e_{ij} 表示在 H_0 下,第 i 組樣本,第 j 類別的期望次數。當 n 夠大時,卡方齊一性檢定統計量 χ^2 會漸進於自由度為 $(c-1)$ 之 χ^2 分配。因此在顯著水準 α 下,可查得 χ^2 分配之臨界值 $\chi^2_\alpha(c-1)$,若檢定統計量 χ^2 值大於 $\chi^2_\alpha(c-1)$,則拒絕 H_0。

若從選項隸屬度來考慮,類別資料的單位是可再分割的。例如當我們被問到對政府某項施政滿意度時,可能是 0.6 滿意、0.4 非常滿意的模糊樣本。此時傳統 χ^2 檢定便無法處理此類類別資料問題。為了解決此問題,因此我們提出模糊類別資料之卡方 χ^2 檢定過程如下:

離散型模糊母體均數齊一性檢定

1. 樣本:設 Ω 為一論域,令 $\{L_j, j = 1, ..., k\}$ 為布於論域 Ω 上的 k 個語言變數,$\{a_1, a_2, ..., a_m\}$ 與 $\{b_1, b_2, ..., b_n\}$ 來自兩不同模糊母群體 A、B 之兩組模糊隨機樣本。且對每個隨機樣本對應語言變數 L_j 均有一標準化之隸屬度 mA_{ij},mB_{ij}。$MA_j = \sum_{i=1}^{m} mA_{ij}$,$MB_j = \sum_{i=1}^{n} mB_{ij}$,為樣本對語言變數 L_j 之隸屬度總和。

2. 事先假設：$H_0 : F\mu_A =_F F\mu_B$，A、B 兩母體有相同之分配比率。

$$F\mu_A = \frac{\frac{MA_1}{m}}{L_1} + \frac{\frac{MA_2}{m}}{L_2} + ... + \frac{\frac{MA_k}{m}}{L_k} \text{ vs. } F\mu_B = \frac{\frac{MB_1}{n}}{L_1} + \frac{\frac{MB_2}{n}}{L_2} + ... + \frac{\frac{MB_k}{n}}{L_k}$$

3. 統計量：$\chi^2 = \sum\limits_{i=A,B} \sum\limits_{j=1}^{k} \frac{([Mi_j] - e_{ij})^2}{e_{ij}}$（$Mi_j = \dfrac{-b \pm \sqrt{b^2 - 4ac}}{2a}$，$e_{ij}$ 為期望次數，

為了符合軟體計算 χ^2 檢定要求，表格之各細胞隸屬度總和用 4 捨 5 入以取得整數值。對於樣本數大於 25 個之模糊樣本其結果對決策影響並不大）。

4. 決策法則：在 α 顯著水準下，若 $\chi^2 > \chi_\alpha^2(k-1)$，則拒絕 H_0。

區間型模糊母體均數齊一性檢定

1. 樣本：設 Ω 為一論域，令 $\{L_j, j = 1, ..., k\}$ 為布於論域 Ω 上的 k 個語言變數，$\{a_1, a_2, ..., a_m\}$ 與 $\{b_1, b_2, ..., b_n\}$ 來自兩不同模糊母群體 A、B 之兩組模糊區間隨機樣本。且對每個隨機樣本對應語言變數 L_j 均有一標準化之隸屬度 mA_{ij}、mB_{ij}。$MA_j = \sum\limits_{i=1}^{m} mA_{ij}$，$MB_j = \sum\limits_{i=1}^{n} mB_{ij}$，為樣本對語言變數 L_j 之隸屬度總和。

2. 事先假設：$H_0 : F\mu_A =_F F\mu_B$；A、B 兩母體有相同之分配比率。

3. 統計量：$\chi^2 = \sum\limits_{i=A,B} \sum\limits_{j=1}^{k} \frac{([Mi_j] - e_{ij})^2}{e_{ij}}$。（$e_j$ 為期望次數，為了符合軟體計算 χ^2 檢定要求，表格之各細胞隸屬度總和用 4 捨 5 入以取得整數值。）

4. 決策法則：在 α 顯著水準下，若 $\chi^2 > \chi_\alpha^2(k-1)$，則拒絕 H_0。

例 6.5　某政黨競選總部在某縣長選舉期間分析選情，想了解選民的性別對政黨陣營的支持度比率是否相同，於是委託選舉研究中心探討選民的性別對政黨的支持度比率是否有差異，進行兩種問卷調查：1. 傳統勾選一項，2. 模糊隸屬度選項。結果如下表 6.2：

表 6.2　選民的性別對政黨陣營的支持度

類別	政黨的支持度			χ^2 齊一性檢定	政黨的模糊支持度			χ^2 齊一性檢定
	泛綠	泛藍	其他	$\chi^2 = 13.43 > 5.99$	泛綠	泛藍	其他	$\chi^2 = 2.51 < 5.99$
男性	220	280	100	$= \chi^2_{0.05}(2)$	256.3	229.4	114.2	$= \chi^2_{0.05}(2)$
女性	180	140	80		151.7	161.2	87.1	

統計假設：H_0：選民的性別對政黨的支持度比率相同，H_1：選民的性別對政黨的支持度比率不相同。

　　在 $\alpha = 0.05$ 顯著水準下，可以看出選民性別對政黨的支持度比率結果之差異。若應用傳統回答法，則 χ^2 齊一性檢定結果為拒絕 H_0。而若用模糊隸屬度回答，則 χ^2 齊一性檢定結果為接受 H_0。可以觀察出來，用累加模糊隸屬度回答過程中，將隱性隸屬度考慮進去，會造成總隸屬度值與僅投一票方法之差異。

R 語言語法

```
> #離散型模糊母體均數齊一性檢定
> #政黨的支持度
> #分別輸入男性與女性的支持度
> male <- c(220, 280, 100)
> female <- c(180, 140, 80)
>
> #合併不同性別的隸屬度資料，並進行統計檢定
> fuzzy_sample <- matrix(c(male, female), nrow = 2, byrow = TRUE)
> chisq.test(fuzzy_sample)


        Pearson's Chi-squared test

data:  fuzzy_sample
X-squared = 13.426, df = 2, p-value = 0.001215


>
> #政黨的模糊支持度
> #分別輸入男性與女性的支持度
```

```
> male <- c(256.3, 229.4, 114.2)
> female <- c(151.7, 161.2, 87.1)
>
> # 合併不同性別的隸屬度資料，並進行統計檢定
> fuzzy_sample <- matrix(c(male, female), nrow = 2, byrow = TRUE)
> chisq.test(fuzzy_sample)

        Pearson's Chi-squared test

data:  fuzzy_sample
X-squared = 2.5091, df = 2, p-value = 0.2852
```

例 6.6 某大賣場想比較 X、Y 兩大社區哪一區的每月生活費支出較高，以便訂定不同生鮮市場促銷策略。他們在兩大社區各隨機找 50 戶調查。填表過程允許客戶以隸屬度函數代替傳統只能勾選一項。例如客戶可填：3 萬~5 萬爲 0.7，5 萬~8 萬爲 0.3 等。再將每戶加總後，得到表 6.3 之情報資料。

表 6.3　X、Y 兩社區每戶每月生活費支出

	3 萬以下	3 萬~5 萬	5 萬~8 萬	8 萬~12 萬	12 萬以上
X 社區	2.8	10.3	19.7	14.2	5.0
Y 社區	7.1	21.6	20.9	6.8	2.6

統計假設 H_0：X、Y 兩大社區每月支出比率一致，H_1：Y 社區每月生活費支出較 X 社區高。

經計算得到 $\chi^2 = 8.43 > \chi^2_{0.05}(4) = 7.78$，因此在 $\alpha = 0.1$ 顯著水準下，我們拒絕 H_0：X、Y 兩大社區每月支出比率一致。我們傾向說 Y 社區每月生活費支出較 X 社區高。

R 語言語法

```
> # 區間型模糊母體均數齊一性檢定
> # 分別輸入 X、Y 兩大社區的隸屬度
> U_X <- c(2.8, 10.3, 19.7, 14.2, 5.0)
```

```
> U_Y <- c(7.1, 21.6, 20.9, 6.8, 2.6)
>
> #合併不同性別的隸屬度資料，並進行統計檢定
> fuzzy_sample <- matrix(c(round(U_X), round(U_Y)), nrow = 2, byrow = TRUE)
> chisq.test(fuzzy_sample)

        Pearson's Chi-squared test


data:  fuzzy_sample
X-squared = 8.4293, df = 4, p-value = 0.07706
```

模糊聚類分析

難易指數：☺☺（難）

學習金鑰

✦ 了解模糊聚類法的意義
✦ 運用模糊分類演算法
✦ 了解模糊權重與相對權重
✦ 運用 R 語言撰寫模糊聚類分析語法

　　傳統的統計分類方法乃根據一個適當的統計量，將母體分成若干個族群。但有時由於考慮的變數因子太多，以及基於二分法的邏輯思維，分類效果往往不理想。另外，對論域各因子的權數比重，在傳統的分類方法裡，亦未提及。因此如何應用模糊分類方法，及如何決定權數比重，以期得到更完善的分類效果，便是本章研究的重點。

　　本章首先介紹模糊分類演算法，接著考慮依隸屬度的觀念定義模糊權重及模糊相對權重，藉因子特性的加重計算，改進傳統聚類方法。並特別強調對於評價因素為多變量時，加入模糊權重的分配與給定，使分類結果更為合理化，提高分類效率與結果。

當統計資料為類別型態時，通常以聚類分析方式處理。聚類分析考慮群體中具有相似特性的族群，將其歸併在一起。在多變量分析與圖形識別 (pattern recognition) 上，扮演了一個重要的角色。聚類分析的應用，在很多領域中如財金經濟、生物科技、醫學診斷、地質天文、教育心理、商業、管理等，均相當地受到重視。

近年來模糊群落分析被廣泛地應用在各學科領域。例如：利用模糊群落分析對學生在解答物理問題的想像力上作多因子的評價。在統計推論上採用模糊分割的理念及可能性理論。對水質作分析，以觀測生物上的大腸桿菌，但因其未加入權重因素，以致調整的次數過大，浪費較多的時間在反覆的計算上。亦有學者提出模糊權重相加法則及其註解，但對於權重的如何決定仍未說明，或者仍然延用過去主觀經驗的定義方式。

7.1　模糊聚類法

給定一組資料 X，聚類分析的目的是找出數個聚類中心，將 X 分成數個適合的聚類。在傳統聚類分析中，這些聚類中心被要求形成 X 的分割，並且使得在相同分割區塊內的資料相關性較強，不同分割區塊的資料之間相關性較弱。

聚類中心依排序情形可分為三種：(1) 有序聚類中心 (ordered cluster centroid)：聚類中心的散布呈遞增或遞減之排序狀態。(2) 部分排序聚類中心 (partial ordered cluster centroid)：聚類中心的散布只基於某些因素而呈排序情形。(3) 加權排序聚類中心 (weighted ordered cluster centroid)：聚類中心加入權重的因素，使其散布情形依因素與權重排序的狀態。

傳統上我們常用 k 平均法 (k-means) 進行資料分類，其分類步驟為：(1) 設聚類個數 c，並計算各群之聚類中心。(2) 計算每一樣本到各中心之距離，並將各樣本分配到與其最近的聚類。(3) 重新計算新聚類中心 v_i。(4) 重複步驟 (2) 和 (3)，直到各群沒有重新分配樣本的情形為止。在模糊聚類分析中有兩個基本方法，其中之一依據模糊 c 分類，被稱為模糊 c 平均分類法。另一方法，乃根據模糊等價關係計算，稱為模糊等價關係聚類分類法 (clustering method based upon fuzzy equivalence relation)。底下將介紹這兩種方法，並用例子作說明。

模糊分類法中之模糊 c 平均法，除了須事先指定聚類數 c，另外訂定一個實數 m 和一個代表停止準則的微小正數 ε。與傳統分類法最大的不同在於隸屬度函數與特徵函數的差別。很明顯地，隸屬度函數的值域為介於 0 到 1 之間的所有實數。模糊聚類的意義為：給一組資料 $X = \{x_1, x_2, ..., x_n\}$，將其分類成一組模糊子集 $P = \{P_1, P_2, ..., P_c\}$，且滿足下列條件：

$$\sum_{i=1}^{c} P_i(x_j) = 1，對所有 j \in N，且 0 < P_i(x_j) < 1$$

例 7.1 令一組資料集 $X = \{x_1, x_2, x_3, x_4\}$，若 $P = \{P_1, P_2\}$ 為 X 的一分割，其隸屬情形如下表：

X 的元素	x_1	x_2	x_3	x_4
屬於 P_1 的隸屬度	0.2	0.9	0.6	0
屬於 P_2 的隸屬度	0.8	0.1	0.4	1

即 $P_1 = 0.2I_{x_1} + 0.9I_{x_2} + 0.6I_{x_3} + 0I_{x_4}$，$P_2 = 0.8I_{x_1} + 0.1I_{x_2} + 0.4I_{x_3} + 1I_{x_4}$。這裡的 $P = \{P_1, P_2\}$ 就是一個模糊 2 分類。

給一組資料的集合 $X = \{x_1, x_2, ..., x_n\}$，一般來說 x_k 是一向量。模糊聚類分析的目標是找出一組有 c 個聚類中心 $v_1, v_2, ..., v_c$ 的模糊分類 $P = \{P_1, P_2, ..., P_c\}$，這些聚類中心要盡可能清楚表示樣本分布情況。我們需要一些規則來表達此一概念，也就是結果能使同一聚類中的元素有較強的關聯，且不同聚類中的元素關聯性較弱的規則需考慮。因此定義一個模糊 c 分割矩陣 $M_{fc} = \{P \mid \mu_{ij}\}$，$\mu_{ij}$ 表示樣本 j 屬於 i 聚類的隸屬度，且滿足式 (7.1)、(7.2) 及 (7.3)。

$$\mu_{ij} \in [0,1]; \, i = 1, ..., c; j = 1, ..., n \tag{7.1}$$

$$\sum_{i=1}^{c} \mu_{ij} = 1 \, ; j = 1, ..., n \tag{7.2}$$

$$0 < \sum_{j=1}^{n} \mu_{ij} < n \tag{7.3}$$

則模糊聚類之目標函數為：

$$J_{fc}(P,\mathbf{v})=\sum_{j=1}^{n}\sum_{i=1}^{c}(\mu_{ij})^{m}\left\|x_{j}-v_{i}\right\|^{2} \tag{7.4}$$

其中 $1 \le m < \infty$ 為模糊指數，此加權參數控制著分類過程的模糊性。$\|\cdot\|$ 是在空間中的內積，$\left\|x_{j}-v_{i}\right\|^{2}$ 是 x_{j} 與 v_{i} 的歐幾里得距離。

在 (7.1)、(7.2) 及 (7.3) 的條件下，對 (7.4) 式求取最小，可得 μ_{ij} 及 v_{i} 為：

$$v_{i}=\frac{\sum_{j=1}^{n}(\mu_{ij})^{m}x_{j}}{\sum_{j=1}^{n}(\mu_{ij})^{m}} , i = 1, 2, ..., c \tag{7.5}$$

$$\mu_{ij}=\frac{(1/\left\|x_{j}-v_{i}\right\|^{2})^{1/(m-1)}}{\sum_{i=1}^{c}(1/\left\|x_{j}-v_{i}\right\|^{2})^{1/(m-1)}} , i = 1, 2, ..., c; j = 1, ..., n \tag{7.6}$$

觀察由 (7.5) 式計算出的 v_{i}，它可被視為模糊分類 P_{i} 的聚類中心，因為它是 P_{i} 中資料的加權平均，而權數是 x_{j} 在模糊集合 P_{i} 中隸屬度的 m 次方。

目標函數用來測度模糊聚類中，聚類中心與元素距離加權後的和。所以，較小的 $J_{m}(P)$ 值對應較佳的模糊分類。模糊 c 平均分類法的目標是找出一組模糊分類 P 擁有最小的 $J_{m}(P)$；聚類問題轉成了最佳化的問題。

模糊 c 平均分類演算法

步驟 1：選擇 c 個起始聚類中心，起始模糊分類 $P^{(0)}$，m 及誤差值 ε。

步驟 2：由式 (7.5) 計算 $P^{(t)}$ 的 c 個聚類中心 $\mathbf{v}^{(t)} = \{v_{1}^{(t)}, v_{2}^{(t)}, \cdots, v_{c}^{(t)}\}$。

步驟 3：由 $\mathbf{v}^{(t)} = \{v_{1}^{(t)}, v_{2}^{(t)}, \cdots, v_{c}^{(t)}\}$ 與式 (7.6) 計算新的模糊分類 $P^{(t+1)} = \{P_{1}^{(t+1)}, P_{2}^{(t+1)}, \cdots, P_{c}^{(t+1)}\}$。

步驟 4：比較 $P^{(t)}$ 與 $P^{(t+1)}$。若 $\|P^{(t)} - P^{(t+1)}\| < \varepsilon$，演算就停止。否則令 $t = t+1$，回到步驟 2。

在步驟 4 中，$\|P^{(t)} - P^{(t+1)}\|$ 為 $P^{(t)}$ 與 $P^{(t+1)}$ 的距離。例如可令 $\|P^{(t)} - P^{(t+1)}\| = \max_{i=1,...c, j=1,...n} |\mu_{ij}^{(t+1)} - \mu_{ij}^{(t)}|$。

此演算法中，m 的選取可根據問題的需要來考量。當 m 越接近 1，則分類結果越趨近於傳統分類法；當 m 趨近無限大，則 $J_{wfc}^{(t)}$ 函數值將趨近於零，分類結果越模糊。也就是所有的聚類中心傾向於資料集 X 的中心。雖然文獻上較少探討應該如何選取 m 較為合適，但根據經驗上的最佳選擇是介於範圍 1.25 到 5 之間最為適當。目前並無理論指出如何選取最佳的 m 值，但對所有的 m，此演算法會收斂。

例 7.2　金龍少棒隊教練為了準備遠東盃比賽的攻防戰略，考慮將 15 位小選手的體能狀況 x_{j1} 與打擊率 x_{j2}，作一評估。底下為 15 位小選手的最近一次測驗資料集合 X（如下表）：

J	1	2	3	4	5	6	7	8	9	10	11	12	13	14	15
x_{j1}	.0	.0	.0	.1	.1	.1	.2	.3	.4	.5	.5	.5	.6	.6	.6
x_{j2}	.0	.2	.4	.1	.2	.3	.2	.2	.2	.1	.2	.3	.0	.2	.4

　　假設我們要找 $c = 2$ 的模糊分類，並且設 $m = 1.25$，$\varepsilon = 0.01$ 與 $\|\cdot\|$ 是歐幾里得距離。起始給定模糊分類 $P^{(0)} = \{P_1, P_2\}$。

$$P_1 = .854I_{x_1} + .854I_{x_2} + \cdots + .854I_{x_{15}}$$
$$P_2 = .146I_{x_1} + .146I_{x_2} + \cdots + .146I_{x_{15}}$$

演算法最後在 $t = 6$ 時停止，我們得到如下 $P^{(6)}$：

j	1	2	3	4	5	6	7	8	9	10	11	12	13	14	15
x_{j1}	.99	1	.99	1	1	1	.99	.47	.01	0	0	0	.01	0	.01
x_{j2}	.01	0	.01	0	0	0	.01	.53	.99	1	1	1	.99	1	.99

與二個聚類中心 $v_1 = (.09, .2)$ 與 $v_2 = (.51, .2)$。

R 語言語法

```
> # 模糊 c 平均分類演算法
> # 使用 read.csv() 讀取例 7.2 小選手的測驗資料
```

```
> fuzzy_sample <- read.csv(file.choose(), header = 1, row.names = 1)
>
> # 須先安裝 e1071 套件再載入該套件
> install.packages("e1071")
> library(e1071)
> # 以 cmeans() 計算模糊 c 平均分類
> cmeans(fuzzy_sample, centers = 2)
Fuzzy c-means clustering with 2 clusters

Cluster centers:
          x1         x2
1 0.08547684 0.1999991
2 0.51452114 0.2000009


Memberships:
             1            2
1   0.865622774 0.134377226
2   0.973142422 0.026857578
3   0.865620727 0.134379273
4   0.946829769 0.053170231
5   0.998773984 0.001226016
6   0.946827891 0.053172109
7   0.882937702 0.117062298
8   0.499995286 0.500004714
9   0.117057318 0.882942682
10  0.053171351 0.946828649
11  0.001225663 0.998774337
12  0.053169481 0.946830519
13  0.134379326 0.865620674
14  0.026858610 0.973141390
15  0.134377285 0.865622715


Closest hard clustering:
 1  2  3  4  5  6  7  8  9 10 11 12 13 14 15
 1  1  1  1  1  1  1  1  2  2  2  2  2  2  2
```

```
Available components:
[1] "centers"     "size"         "cluster"     "membership" "iter"
[6] "withinerror" "call"
```

模糊等價關係聚類分類法

在使用模糊 c 平均分類法時，必須給定聚類中心的數目。當聚類問題並沒有給定這一數目時，這是一個很不利的條件。在這種情況下，自然地，聚類中心的數目應由資料的結構反應出。依據模糊關係的分類法正是以這樣的方法運作。

每個模糊關係對每一個分割都可以導出明確的分類。模糊聚類問題可視為辨識適當的資料模糊關係。雖然這通常無法直接做出，但我們應用合適的距離函數，就很容易決定模糊適合關係。

如同前面所做，給一組資料集 $X = \{x_j \mid x_j \in R^p, j = 1,...,n\}$。令在 X 上的模糊適合性關係 R，以 Minkowski 分類上適當的距離函數如下的公式：

$$R(x_i, x_k) = 1 - \delta(\sum_{l=1}^{p} |x_{il} - x_{kl}|^q)^{\frac{1}{q}} \tag{7.7}$$

其中 δ 為一常數使 $R(x_i, x_k)$ 介於 0 與 1 之間。明顯地，δ 是 X 中最大距離的倒數。

一般說來，(7.7) 式所定義的模糊適合性關係，不一定是模糊等價關係。因此我們通常必須決定 R 的遞移封閉關係，這可用較簡單的演算法完成；然而 R 是適合性關係，我們可利用下面的定理去發展更有效率的演算法。

定理 7.1　令 R 為有限宇集 $X(|X| = n)$ 上的模糊適合性關係。則 R 的最大 – 最小的遞移閉集合是關係 $R^{(n-1)}$。

這定理提供了計算遞移封閉的方法，$R_T = R^{(n-1)}$，也就是經由計算關係矩陣的數列：

$$R^{(2)} = R \cdot R$$

$$R^{(4)} = R^{(2)} \cdot R^{(2)}$$

$$\vdots$$

$$R^{(2^k)} = R^{(2^{k-1})} \cdot R^{(2^{k-1})}$$

直到沒有新的關係矩陣被算出,或 $2^k \geq n-1$。這演算法在計算上比一般的演算法更有效率,但只適用模糊反身關係而已。

例 7.3 給一組資料集合 X 如下:

j	1	2	3	4	5
x_{j1}	0	1	2	3	4
x_{j2}	0	1	3	1	0

在此例中,為了看出參數 q 的影響力,在分析資料時取 $q = 1,2$。

(1) $q = 1$ 時,這時的距離函數為 Hamming 距離。最大的距離是 5(x_1 與 x_3 的 Hamming 距離),取 $\delta = 1/5 = 0.2$。由式 (7.7),得到:

$$R = \begin{bmatrix} 1 & .6 & 0 & .2 & .2 \\ .6 & 1 & .4 & .6 & .2 \\ 0 & .4 & 1 & .4 & 0 \\ .2 & .6 & .4 & 1 & .6 \\ .2 & .2 & 0 & .6 & 1 \end{bmatrix}$$

遞移閉集為:

$$R_T = \begin{bmatrix} 1 & .6 & .4 & .6 & .6 \\ .6 & 1 & .4 & .6 & .6 \\ .4 & .4 & 1 & .4 & .4 \\ .6 & .6 & .4 & 1 & .6 \\ .6 & .6 & .4 & .6 & 1 \end{bmatrix}$$

由此關係式,可找出不同 α 分割的分類如下:

$$\alpha \in [0, 0.4] : \{\{x_1, x_2, x_3, x_4, x_5\}\}$$
$$\alpha \in (0.4, 0.6] : \{\{x_1, x_2, x_4, x_5\}, \{x_3\}\}$$
$$\alpha \in (0.6, 1] : \{\{x_1\}, \{x_2\}, \{x_3\}, \{x_4\}, \{x_5\}\}$$

(2) $q = 2$ 時，這時的距離函數為歐幾里得距離。我們的第一步是要決定，在 X 中，最大的歐幾里得距離是 4（x_1 與 x_5 兩點的距離），故取 $\delta = 1/4 = 0.25$。接著計算 R 的隸屬度，例如 $R(x_1, x_3) = 1 - 0.25(2^2 + 3^2)^{0.5} = 0.1$，故得到矩陣：

$$R = \begin{bmatrix} 1 & .65 & .1 & .21 & 0 \\ .65 & 1 & .44 & .5 & .21 \\ .1 & .44 & 1 & .44 & .1 \\ .21 & .5 & .44 & 1 & .65 \\ 0 & .21 & .1 & .65 & 1 \end{bmatrix}$$

這關係矩陣不是最大最小遞移；它的遞移封閉為：

$$R_T = \begin{bmatrix} 1 & .65 & .44 & .5 & .5 \\ .65 & 1 & .44 & .5 & .5 \\ .44 & .44 & 1 & .44 & .44 \\ .5 & .5 & .44 & 1 & .65 \\ .5 & .5 & .44 & .65 & 1 \end{bmatrix}$$

當對應不同的 α 分割時，這關係矩陣導出 4 種不同的分類如下：

$$\alpha \in [0, 0.44] : \{\{x_1, x_2, x_3, x_4, x_5\}\}$$
$$\alpha \in (0.44, 0.5] : \{\{x_1, x_2, x_4, x_5\}, \{x_3\}\}$$
$$\alpha \in (0.5, 0.65] : \{\{x_1, x_2\}, \{x_3\}, \{x_4, x_5\}\}$$
$$\alpha \in (0.65, 1] : \{\{x_1\}, \{x_2\}, \{x_3\}, \{x_4\}, \{x_5\}\}$$

下面的例子 (Tamura et ai, 1971) 是有額外條件的模糊等價關係分類法。

例 7.4 假設我們有 16 幅來自 3 個家庭的肖像，以 1 到 $16(N_{16})$ 來登記。若已知每個家庭包含 4 到 7 個成員。我們的目標是依據這些條件分類肖像。首

先，要決定每對肖像的相似程度。蒐集一群人並由某些方法做出個人的判斷，這是可以主觀地完成。設相似程度已經得到了，那麼它們可以被視爲在 N_{16} 上的模糊適合關係 R 的隸屬度，見下表 7.1。因爲這矩陣是對稱，所以僅將下三角矩陣寫出來。

在這個例子中，有一個有趣的特徵：父母與孩子的相似性是被預期存在的，可是父親與母親之間並沒有相似性。然而經由 R 轉換成它自己的遞移封閉 R_T，就可以建立父親與母親的相似性。應用定理 7.1 的演算法，可得到 $R_T = R^{(8)}$，R 與 R_T 就是表 7.1(a) 和 (b)。

表 7.1　例 7.4 的模糊關係

(a)N_{16} 家庭的模糊適合關係矩陣 R

	1	2	3	4	5	6	7	8	9	10	11	12	13	14	15	16
1	1															
2	0	1														
3	0	0	1													
4	0	0	.4	1												
5	0	.8	0	0	1											
6	.5	0	.2	.2	0	1										
7	0	.8	0	0	.4	0	1									
8	.4	.2	.2	.5	0	.8	0	1								
9	0	.4	0	.8	.4	.2	.4	0	1							
10	0	0	.2	.2	0	0	.2	0	.2	1						
11	0	.5	.2	.2	0	0	.8	0	.4	.2	1					
12	0	0	.2	.8	0	0	0	0	.4	.8	0	1				
13	.8	0	.2	.4	0	.4	0	.4	.0	0	0	0	1			
14	0	.8	0	.2	.4	0	.8	0	.2	.2	.6	0	0	1		
15	0	0	.4	.8	0	.2	0	0	.2	0	0	.2	.2	0	1	
16	.6	0	0	.2	.2	.8	0	.4	0	0	0	0	.4	.2	0	1

(b)N_{16} 家庭的模糊適合關係矩陣 R 的遞移閉集 R_T

	1	2	3	4	5	6	7	8	9	10	11	12	13	14	15	16
1	1															
2	.4	1														
3	.4	.4	1													
4	.5	.4	.4	1												
5	.4	.8	.4	.4	1											
6	.6	.4	.4	.5	.4	1										
7	.4	.8	.4	.4	.8	.4	1									
8	.6	.4	.4	.5	.4	.8	.4	1								
9	.5	.4	.4	.8	.4	.5	.4	.5	1							
10	.5	.4	.4	.8	.4	.5	.4	.5	.8	1						
11	.4	.8	.4	.4	.8	.4.	.8	.4	.4	.4	1					
12	.5	.4	.4	.8	.4	.5	.4	.5	.8	.8	.4	1				
13	.8	.4	.4	.5	.4	.6	.4	.6	.5	.5	.4	.5	1			
14	.4	.8	.4	.4	.8	.4	.8	.4	.4	.4	.8	.4	.4	1		
15	.5	.4	.4	.8	.4	.5	.4	.5	.8	.8	.4	.8	.5	.4	1	
16	.6	.4	.4	.5	.4	.8	.4	.8	.5	.5	.4	.5	.6	.4	.5	1

　　圖 7.1 是 R_T 的樹狀圖。我們發現沒有一組分類完全滿足限制條件：3 個家庭，每一家庭 4 到 7 人。滿足最多限制條件的分類是對應 $\alpha = 0.8$ 時的 $^{0.8}R_T$ = {{13}, {1,6,8,16},{2,3,5,7,11,14},{4,9,10,12,15}}。

　　在這分類中，無法被滿足的條件是肖像 13 無法被歸類至任一家庭。原因是肖像 13 是被收養或前次婚姻所留下的小孩肖像。

　　Tamura et al. (1971) 在他們的報告中提到：他們做了將 60 個家庭分成 20 群、每群 3 個家庭的實驗；結果，77% 可正確地分類、13% 分類錯誤、12% 無法分類。這令人印象深刻，因為在此都是十分模糊的資訊與主觀的判斷。

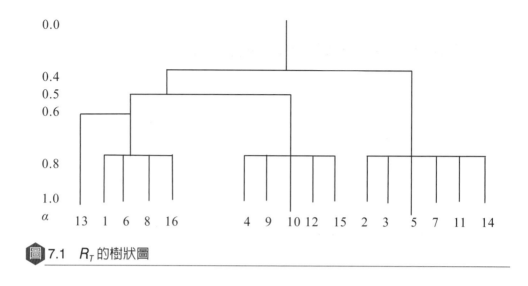

圖 7.1 R_T 的樹狀圖

7.2 模糊權重分析與判定程序

　　很明顯地，樣本由某因素考慮時，屬於某一類；而由另一因素考慮時，則可能屬於另一類。可見權重之決定，及如何決定會影響到分類結果，因此，作多變量分類前我們必須要先對權重作一合理之估計。傳統分類方法常把各因子以相同權重看待，但實際上，論域因子的權重應該不同，因為樣本的特徵因素未必同等重要。就像人們品茶時，特別重視茶的水色、香味或口感因素，而決定選擇何種茶葉。又如我們選購衣服時，先考慮衣服的價格、舒適度、顏色等等。可知不同的因子有著不同的權重，而對於各因子重視的程度，又因人而異，不易評估。若以相同權重看待各因子，或者以主觀的個人意識作判斷去定義因子權重，易產生不適當的分類結果。

　　如何決定各因子的權數？本文考慮以模糊統計法來估計之。所謂模糊統計法就是將所有因子以模糊問卷的形式依重要程度蒐集資訊，並採用統計方法轉換得到權重值。在社會調查中，人們常常被訪問而去陳述並預測他們未來的行為意圖。

　　一般說來，透過對專家的訪問或統計上的抽樣調查，通常可以獲得不錯的預測效果。模糊統計法不同於以往的社會調查，在於傳統的問卷總是使用某些固定的回答模式測度喜好程度，並以整數所衍生的名義尺度記錄此評量與行爲結果間的統計相關性。然而，在人類的思維與行爲中，幾乎都是反應事物模糊性的概念，所表現出來的自然語言也都是模糊語言。因此，對社會調查而言，模糊模式較適合於評估人類模糊思維的可能性 (possibility) 及可行性 (feasibility)。

在說明模糊權重分析的運算之前，我們先對偏好序列、模糊權重及模糊相對權重的基本定義作介紹。

定義 7.1　偏好序列 (utility sequence)

　　假設偏好序列爲 $r = \{r_1, r_2, ..., r_f\}$，則定義 $r_1 < r_2 < ... < r_f$ 爲偏好遞增序列 (utility increasing sequence)；反之，$r_1 > r_2 > ... > r_f$ 爲偏好遞減序列 (utility decreasing sequence)。

定義 7.2　模糊權重 (fuzzy weight, FW)

　　假設論域集合 $S = \{S_1, S_2, ..., S_k\}$，偏好序列 $r = \{r_1, r_2, ..., r_f\}$，且 S_i 在 r_f 的隸屬度爲 $\mu_{S,f}$。則論域因子的模糊權重 $FW = (FW_{S_1}, ..., FW_{S_k})$ 定義爲：

$$\sum_{l=1}^{f} \mu_{S,l} / r_l = \mu_{S,1}/r_1 + \mu_{S,2}/r_2 + ... + \mu_{S,f}/r_f \; ; \; i = 1, ..., c. \tag{7.8}$$

以下我們舉一簡單例子說明偏好序列及模糊權重中隸屬度函數所代表的意義。

例 7.5　假設評鑑台北市區房屋價格的論域爲 $S = \{S_1, S_2, S_3, S_4\} = \{$ 地點、格局大小、建材、周邊設施 $\}$，偏好序列爲 $r = \{r_1, r_2, ..., r_5\} = \{$ 很不重要、不重要、普通、重要、很重要 $\}$。因爲 $r_1 < r_2 < ... < r_5$，故偏好序列 r 爲偏好遞增序列。

　　根據定義 2.2，若評房屋價格時衡量地點因素是「10% 的很不重要」和「37% 的不重要」，而衡量格局大小因素時是「20% 的重要」和「80% 的很重要」等等。以隸屬度函數表示，則爲 $\mu_{S,1} = 0.1$、$\mu_{S,2} = 0.37$、$\mu_{S,4} = 0.2$ 和 $\mu_{S,5} = 0.8$。

在模糊集合中，隸屬度的範圍從 0 到 1。每個語言變項，例如形狀，代表一個可能性分布，而且關於分布的評定結果往往因人而異。所以將這些受訪者的回答加以平均，以得到論域因子 S 在偏好序列 r 的隸屬度 μ_S 較合理的分布。

模糊權重表示著各因子的自我權重分布，但模糊權重分析的主要目的是求得因子所代表的權重值各是多少，亦即相對的權重。從這個基礎上，進一步地定義模糊相對權重，以供我們在作模糊權重分析時使用。

定義 7.3　模糊相對權重 *(fuzzy relative weight, FRW)*

假設論域集合 $S = \{S_1, S_2, ..., S_k\}$，偏好序列 $r = \{r_1, r_2, ..., r_f\}$，且 S_i 在 r_j 的隸屬度函數為 $\mu_{S,j}$。則模糊相對權重 $FRW = (FRW_{S_1}, ..., FRW_{S_c})$ 為由模糊權重 FW 採 m 等第評分標準法轉換所得。若 $r_1 < r_2 < ... < r_f$，則

$$FRW_{S_i} = \frac{\sum_{l=1}^{f} l \cdot \mu_{S_l}}{\sum_{i=1}^{k} \sum_{l=1}^{f} l \cdot \mu_{S_l}} , \quad i = 1, ..., k \tag{7.9}$$

反之，若 $r_1 > r_2 > ... > r_f$ 時，則

$$FRW_{S_i} = \frac{\sum_{l=1}^{f} (n-l+1) j \cdot \mu_{S_l}}{\sum_{i=1}^{k} \sum_{l=1}^{f} (n-l+1) \cdot \mu_{S_l}} , \quad i = 1, ..., k \tag{7.10}$$

為了清楚理解 FRW 從 FW 經由 f 等第評分標準法轉換而來的過程，以下舉例說明它們的關係。

例 7.6　假設人們在選購衣服時，考慮是否購買的因素有衣服的樣式、質料、大小、顏色和價格，且衡量的重要性各為不重要、普通和重要，則根據模糊權重的定義，得 $k = 7$ 與 $f = 3$。也就是說，論域集合為 $S = \{S_1, S_2, S_3, S_4, S_5\} = \{$ 樣式，質料，大小，顏色，價格 $\}$，而偏好序列為 $r = \{r_1, r_2, r_3\} = \{$ 不重要，普通，重要 $\}$。因為 $f = 3$，故根據定義 7.3 利用 3 等第評分標準法去

求得樣式、質料、大小、顏色和價格的模糊相對權重。

　　為了求論域因子的模糊相對權重，首先設計一個模糊評鑑表 (fuzzy evaluation table) 的問卷形式如下：

表 7.2　模糊評鑑表 A 在偏好序列 U 的一般隸屬度 μ_A

S ╲ r	r_1	r_2	$\cdots$	r_f
S_1	$\mu_{S_1 1}$	$\mu_{S_1 2}$	$\cdots$	$\mu_{S_1 f}$
S_2	$\mu_{S_2 1}$	$\mu_{S_1 2}$		$\mu_{S_2 f}$
$\vdots$	$\vdots$	$\vdots$	$\ddots$	$\vdots$
S_k	$\mu_{S_k 1}$	$\mu_{S_k 2}$	$\cdots$	$\mu_{S_k f}$

假設 $r_1 < r_2 < ... < r_f$，以此問卷訪問專家對論域集合在各偏好序列下的隸屬程度。這些專家評分平均後的各因子之偏好度，即為模糊權重集。根據定義 7.2 知，論域之各因子的模糊權重分別為：

$$FW_{S_1} = \sum_{l=1}^{f} \mu_{S_1 l} \big/ r_l = \mu_{S_1 1} \big/ r_1 + \mu_{S_1 2} \big/ r_2 + \ ... \ + \mu_{S_1 f} \big/ r_f$$

$$FW_{S_2} = \sum_{l=1}^{f} \mu_{S_2 l} \big/ r_l = \mu_{S_2 1} \big/ r_1 + \mu_{S_2 2} \big/ r_2 + \ ... \ + \mu_{S_2 f} \big/ r_f$$

$$\vdots$$

$$FW_{S_k} = \sum_{l=1}^{f} \mu_{S_k l} \big/ r_l = \mu_{S_k 1} \big/ r_1 + \mu_{S_k 2} \big/ r_2 + \ ... \ + \mu_{S_k f} \big/ r_f$$

再利用 m 等第評分標準法，分別計算論域中各因子的模糊相對權重 FRW。所謂 m 等第評分標準法，就是將 m 個偏好序列 r 視為 f 個等第，對此 f 個偏好序列取數量化。亦即，給定 r_1 為一分，給定 r_2 為二分，如此繼續到給定 r_f 為 f 分。根據所得的隸屬度乘上其相對應的分數，分別求出它們相對的模糊權重分布，則為各因子的模糊相對權重。故以定義 7.3 的表示法，各因子的模糊相對權重 FRW 分別為：

$$FRW_{S_1} = \frac{\sum_{l=1}^{f} l \cdot \mu_{S_1 l}}{\sum_{i=1}^{k} \sum_{l=1}^{f} l \cdot \mu_{S_i l}}$$

$$FRW_{S_2} = \frac{\sum_{l=1}^{f} l \cdot \mu_{S_2 l}}{\sum_{i=1}^{k} \sum_{l=1}^{f} l \cdot \mu_{S_2 l}}$$

$$\vdots$$

$$FRW_{S_k} = \frac{\sum_{l=1}^{f} l \cdot \mu_{S_k l}}{\sum_{i=1}^{k} \sum_{l=1}^{f} l \cdot \mu_{S_k l}}$$

以上介紹的方法，爲作多變量分類時考慮各因子的模糊相對權數法。舉一個關於茶葉方面的例子，以解釋使用模糊權重分析法決定評茶因子的權重集。

例 7.7 考慮以模糊評鑑表訪問品茶專家在評定茶葉品質好壞時，衡量茶葉所採用的評價因素之重要程度。假設訪問數位茶葉專家對模糊評鑑表評分，經過統計平均後的資料如下：

表 7.3 平均後之偏好度

偏好序列 評鑑項目	很不重要	不重要	普通	重要	很重要
形狀	0.10	0.35	0.50	0.55	0.65
色澤	0.30	0.50	0.60	0.20	0.10
水色	0.20	0.45	0.80	0.50	0.30
香味	0	0.10	0.40	0.80	0.92

故根據定義 7.2，我們得到此四因子的模糊權重分別爲：

$FW_{形狀} = 0.1/$ 很不重要 $+ 0.35/$ 不重要 $+ 0.5/$ 普通 $+ 0.55/$ 重要 $+ 0.65/$ 很重要

$FW_{色澤} = 0.3/$ 很不重要 $+ 0.5/$ 不重要 $+ 0.6/$ 普通 $+ 0.2/$ 重要 $+ 0.1/$ 很重要

$FW_{水色} = 0.2/$ 很不重要 $+ 0.45/$ 不重要 $+ 0.8/$ 普通 $+ 0.5/$ 重要 $+ 0.3/$ 很重要

$FW_{香味} = 0.1/$ 不重要 $+ 0.4/$ 普通 $+ 0.8/$ 重要 $+ 0.92/$ 很重要

再利用 5 等第評分標準法，給定「很重要」爲 5 分，「重要」爲 4 分，「普通」爲 3 分，「不重要」爲 2 分，而「很不重要」則給定爲 1 分。根據

表 7.3 上的隸屬度分別乘以其相對於偏好序列給定的數量，根據定義 7.3 公式，分別計算出各因子的模糊相對權重，亦即：

$$\sum_{l=1}^{5} l \cdot \mu_{\text{形狀},l} = 1 \times (0.10) + 2 \times (0.35) + 3 \times (0.50) + 4 \times (0.55) + 5 \times (0.65) = 8.55$$

$$\sum_{l=1}^{5} l \cdot \mu_{\text{色澤},l} = 1 \times (0.30) + 2 \times (0.50) + 3 \times (0.60) + 4 \times (0.20) + 5 \times (0.10) = 4.4$$

$$\sum_{l=1}^{5} l \cdot \mu_{\text{水色},l} = 1 \times (0.20) + 2 \times (0.45) + 3 \times (0.80) + 4 \times (0.50) + 5 \times (0.30) = 7$$

$$\sum_{l=1}^{5} l \cdot \mu_{\text{香味},l} = 1 \times (0) + 2 \times (0.10) + 3 \times (0.40) + 4 \times (0.80) + 5 \times (0.92) = 9.2$$

因為 $\sum_{i=1}^{k} \sum_{l=1}^{f} l \times \mu_{S,l} = 8.55 + 4.4 + 7 + 9.2 = 29.15$，故此四項目的模糊相對權重分別為：

$$FRW_{\text{形狀}} = \frac{8.55}{29.15} = 0.29$$

$$FRW_{\text{色澤}} = \frac{4.4}{29.15} = 0.15$$

$$FRW_{\text{水色}} = \frac{7}{29.15} = 0.24$$

$$FRW_{\text{香味}} = \frac{9.2}{29.15} = 0.32$$

故得「形狀」因子的權重為 0.29，「色澤」因子的權重為 0.15，「水色」因子的權重為 0.24 和「香味」因子的權重為 0.32。

7.3 加權模糊分類

所謂加權模糊聚類分析法，即加權模糊 c 平均分類法 (weighted fuzzy c mean clustering method, WFCM)。設有 n 個樣本 $x_1, x_2, ..., x_n$，每個樣本有 f 種特性指標，以 x_{jl} 表示第 j 個樣本第 l 個指標之觀測值；以 $\bar{x}_l$ 和 $\hat{\sigma}_l$ 表示第 l 個特性指標的樣本平均值和樣本標準差。要特別強調的是，如果評鑑項目的單位不同，為了除去評判依據的差異，必須先對原始資料作標準化處理。我們考慮以：

$$x^*_{jl} = \frac{x_{jl} - \overline{x}_l}{\hat{\sigma}_l} \; ; j = 1, 2, ..., n; l = 1, 2, ..., f \tag{7.11}$$

作爲標準化後之觀測值資料；反之，如果評鑑項目的單位相同，爲了避免原始資料的移轉或變形，則不須另作此項處理，以保留最初資料的訊息。

　　令 $P = \{P_i, i = 1, 2, ..., c\}$ 爲論域 X 上的一個模糊分割。根據模糊集的理念，每一樣本點可以有屬於一個以上群集的隸屬度。所以定義第 j 個資料點屬於第 i 群的隸屬度爲 $\mu_{ij} = \mu_{P_i}(x_j) \in [0,1]$ 且滿足以下兩個限制式：

$$\sum_{i=1}^{c} \mu_{ij} = 1, \; j = 1,2,...,n \tag{7.12}$$

$$0 < \sum_{j=1}^{n} \mu_{ij} < n \tag{7.13}$$

對 c 群分類和 n 個資料點定義一個加權模糊 c 分割空間，M_{wfc} 爲：

$$M_{wfc} = \{P \mid \mu_{ij} \in [0,1], \sum_{i=1}^{c} \mu_{ij} = 1, 0 < \sum_{j=1}^{n} \mu_{ij} < n\} \tag{7.14}$$

故對於任何的 $P \in M_{wfc}$，一個加權模糊分割矩陣 P。

　　本節所介紹的加權模糊聚類分析法是以最小誤差平方標準爲基礎的聚類演算法。假設代表各樣本的統計特性指標因子之模糊相對權重爲 $FRW = (FRW_1, FRW_2, ..., FRW_f)$，則加權模糊分割矩陣 P 的聚類準則爲：

$$J_{wfc}(P,v) = \sum_{j=1}^{n} \sum_{i=1}^{c} (\mu_{ij})^m (d_{ij})^2 \tag{7.15}$$

其中 $d_{ij} = d(x_j \cdot FRW - v_i) = \left[\sum_{l=1}^{f} (x_{jl}^{(t)} FRW_l - v_i^{(t)})^2\right]^{1/2}$，第 i 個聚類中心到第 j 個資料點的歐幾里得距離，μ_{ij} 爲第 j 個資料點屬於第 i 群的隸屬度，v_i 是第 i 個聚類中心，FRW_l 爲第 l 個評價因素的模糊相對權重值。如果考慮個別時期的分類，只要對第 t 期聚類準則條件下求 μ_{ij} 及 v_i 使滿足

$$最小化 J_{wfc}^{(t)}(P,v^{(t)}) = \sum_{j}^{n} \sum_{i=1}^{c} (\mu_{ij})^m (d_{ij}^{(t)})^2 \tag{7.16}$$

$$限制於 \sum_{i=1}^{c} \mu_{ij} = 1, 0 < \sum_{j=1}^{n} \mu_{ij} < n \tag{7.17}$$

利用拉格朗氏乘數法 (Lagrange multiplier method)，將 (7.16) 式分別對 μ_{ij} 及 v_i 偏微分後，得第 j 個樣本對第 i 組聚類中心的隸屬度

$$u_{ik} = \left[\sum_{i=1}^{c} \left\{ \frac{\sum_{j=1}^{m} \left(x_{kj}^{(t)} FRW_l - v_{ij}^{(t)} \right)^2}{\sum_{l=1}^{f} \left(x_{kj}^{(t)} FRW_l v_{lj}^{(t)} \right)^2} \right\}^{\frac{1}{m-1}} \right]^{-1} \tag{7.18}$$

及第 i 群組的聚類中心

$$v_i^{(t)} = \frac{FRW_l \sum_{j=1}^{n} (\mu_{ij})^m x_{jl}^{(t)}}{\sum_{j=1}^{n} (\mu_{ij})^m} \tag{7.19}$$

上式解並不能保證為全面的最理想解。但我們要求在事前指定的精確水準範圍內，所求得的最佳有效解。

模糊統計分類評定的步驟如下：

步驟 1：定義欲分類樣本其評鑑項目之模糊相對權重 FRW。

步驟 2：選擇 c 個起始聚類中心，起始模糊分類 $P^{(0)}$，m 及誤差值 ε。

步驟 3：由式 (7.19) 計算 $P^{(t)}$ 的 c 個聚類中心 $v^{(t)} = \{v_1^{(t)}, v_2^{(t)}, \cdots, v_c^{(t)}\}$。

步驟 4：對第 t 步驟，更新分割矩陣 $P^{(t)} = (\mu_{ij}^{(t)})$，計算新的模糊分類 $P^{(t+1)} = \{P_1^{(t+1)}, P_2^{(t+1)}, \cdots, P_c^{(t+1)}\}$

步驟 5：比較 $P^{(t)}$ 與 $P^{(t+1)}$。若 $\left\| P^{(t)} - P^{(t+1)} \right\| < \varepsilon$，演算就停止。否則令 $t = t + 1$，回到步驟 2。

步驟 6（硬分類）：對樣本點至各聚類中心的隸屬度中選取最大值，即為該點隸屬於該聚類。

評論：聚類分析是相當實用的統計技術，雖然學者們已提出不少方法，但是對以下幾點考量，未來仍有研究的空間：

(1) 權重的重要性：一般的分類法忽視了各因子間重要程度的不同，如此勢必影響到分類的結果，造成不當的推論。而權重的考量及決定權值更需要詳加探討，這也是本章採用加權模糊分類法的原因。

(2) 隸屬度的分配：傳統的分類法，把所有事物看作具有清楚、不含糊的界限，將每一個辨識對象嚴格地劃分爲屬於某類。認爲元素 x 不是屬於 A 集合，就是不屬於 A 集合，即特徵函數的觀念。但在實際生活中，對某些樣本來說並不具有嚴格的屬性，它們可能位於兩種聚類之間，這時採用模糊分類可能會獲得更好的結果。換句話說，對應於人腦的思維所發展出來的自然語言，並不是非*此即彼*而是*亦此亦彼*的觀念。

(3) 時間因素的考量：一般說來，人們在時間 t 的分類結果與時間 $t + 1$ 的分類結果不一定相同，如此也將造成不同時期分類的不一致。一般的分類法，並無考慮時間因素，或對於不同時期的評分多取其平均法；若考慮將時間的權重因素加入作聚類分析，使資料形成動態的模式，更能充分地表現整體的分類結果。

7.4 茶葉等級分類實例

茶葉的種類繁多，不同消費群及環境所要求的品質或喜好的程度不同，以致茶葉的價值難以評量。通常，茶葉品質評定方式，乃依據人的感覺官能及其經驗爲主，在最短時間內判斷各種茶葉的外觀和湯質。而茶葉的品質受到品種、栽培管理、氣候環境及製茶技術等因素所影響，加上每個評茶人員主觀喜好、表達方式不同，造成了評分標準的差異，相對地增加茶葉分類的困難度。

對茶葉品質進行分析與鑑定不僅是爲了分級或比賽，對於品種改良、栽培、製茶與儲存方法等都有很大的影響。茶的好壞，有賴於正確的茶葉分級制度。所以品質的鑑定與分類是一件非常重要的工作。本節將以台灣 69 個茶葉資料，應用不同的分類方法進行分析，並比較不同分類方法在應用上之差異性。

我們以台灣省茶業改良場品種園栽植之白毛猴等 69 個茶樹品種，分別對其春、夏、秋三季及全年製茶品質進行茶葉官能品質評鑑，探討茶葉品種間的品質差異。

評分

茶葉優良與否乃是模糊概念，其分級方式通常是根據外觀與湯質。茶葉的外觀分爲形狀和色澤二項目，而湯質可分爲水色及香味二項目。所以我們選擇評判茶葉品質的四個評鑑項目爲形狀、色澤、水色及香味。

一般標準評茶步驟如下：隨機秤取茶樣 3 克，倒入審茶杯中，注入沸水 142 毫升，加蓋靜置 5 至 6 分鐘，倒出茶湯於茶碗中，再分別依形狀、色澤、水色及香味等四項目成績評審。

本研究邀請 10 位評茶專家對每種茶葉進行茶葉品質的鑑定。將形狀、色澤、水色及香味四方面直接評分。採取 25 分制，滿分爲 100 分。並將每評分員對某一茶葉、某一項目的評分進行算術平均，進而以評定加權總分數的高低作爲決定茶葉品級的標準。

因爲形狀、色澤、水色及香味此四項目均以分作爲評鑑的單位，因此評判依據的差異性不大，故不需作標準化處理。設第 K 個評分員對某一茶葉、某一因素的評分爲 $x_{ij(k)}$ $(i = 1, 2, ..., 69; j = 1, 2, 3, 4)$，那麼 10 個評分員對某一茶葉的某一項目評分平均值爲：

$$\bar{x}_{ij} = \frac{1}{10}\sum_{k=1}^{10} x_{ij(k)} \ , \ i = 1, 2, ..., 69; j = 1, 2, ..., 4$$

最後，得到 69 種茶葉依春、夏、秋三季及全年的最終評分數據。因篇幅關係，我們僅列春季及全年的數據。

因子加權

即對四個因素在評價茶葉時的重要性給予賦權。茶葉原有一股香味，而即使是同樣的茶，但因其品級不同，風味也會大有差別，且中國人又比其他國家的人民更重視茶葉的香味，所以很顯然地「香味」的權數較其他因素的權數來得大。另外，茶葉的品質又因其採收季節的不同而有所差異；一般說來，春茶在相同的茶葉中是較優良的茶葉。所以，在進行茶質鑑定及分析時，應該加入權重的考慮，以期反應眞正分類結果。

因此請 10 位評茶專家利用模糊問卷法，對茶葉的評鑑項目及季節進行重要程度的評定，得到表 7.4 及表 7.5 之平均後模糊評鑑表。

當決定形狀、色澤、水色及香味等評鑑項目和春茶、夏茶及秋茶等季節的模糊權重後，再求出其模糊相對權重值。可得到評鑑項目（形狀，色澤，水色，香味）的模糊相對權重爲 $W = (w_1, w_2, w_3, w_4) = (0.23, 0.19, 0.25, 0.33)$，

與季節（春季，夏季，秋季）的模糊相對權重 $S = (s_1, s_2, s_3) = (0.37, 0.31,$ 0.32)。

表 7.4 製茶品質評鑑項目隸屬度之比較

評鑑項目	很不重要	不重要	普通	重要	很重要
形狀	0.50	0.60	0.30	0.50	0.20
色澤	0.30	0.40	0.47	0.60	0.30
水色	0.60	0.57	0.40	0.30	0.10
香味	1.0	0.80	0.50	0.20	0.07

表 7.5 製茶品質季節性評鑑隸屬度之比較

評鑑項目	很不重要	不重要	普通	重要	很重要
春茶	0.80	0.50	0.50	0.37	0.10
夏茶	0.30	0.60	0.80	0.50	0.40
秋茶	0.40	0.50	0.57	0.60	0.30

分類結果分析與比較

　　根據茶葉專家的建議，茶葉的分類多傾向於分成五類。即由最好到最差分別為第一級到第五級。我們用以下 4 種方法，分別將 69 種茶樹品種製茶品質按春茶、夏茶、秋茶及全年，依不同時期分成 7 群。

1. 傳統分類法：利用聚類分析中之 K 平均法對 69 個製茶品質分類。

2. 類神經網路分類法：利用神經網路中逆傳導訓練法對茶葉作分類，先以傳統分類結果的五組聚類中心去作網路學習二萬次或 $\varepsilon < 0.01$，再將 69 個茶葉進入神經網路作分類。

3. 模糊分類法：利用模糊 c 平均法作茶葉分類。為了使分類結果較為保守，故訂定加權指數 $m = 2$ 且取 $\varepsilon_L = 10^{-6} > 0$ 為停止疊代標準。

4. 加權模糊分類法：模糊權重的重要訊息對分類影響甚大，故加入茶葉評鑑項目及季節的模糊相對權重。以加權指數 $m = 2$ 且取 $\varepsilon_L = 10^{-6} > 0$ 為停止疊代標準及模糊問卷所得之權重，對 69 個品種製茶品質進行分類。

　　從分類結果來看，茶葉等級以春茶為佳，秋茶次之，夏茶最次。此結果
與傳統茶葉相似。而在茶葉等級評定方面，則有些不同。茲將季節間茶葉品
質分類結果分析如下：

春茶品質評定

1. 白毛猴、黑毛猴及貴仔坑白毛猴，由於形狀自然捲曲，色澤墨綠，滋味甘
   醇，因此不論任何分類法，其品質歸類於第一級。

2. 經模糊分類後，台灣四大品種中青心烏龍及青心大冇歸類於第一級，大葉
   烏龍及硬枝紅心歸類於第三級；而經加權模糊分類後，香味品質有平均表
   現之大葉烏龍種則歸類提高至第二級。

3. 模糊分類隸屬第二級之紅心烏龍、福州種、鐵觀音、橫這大葉、桂花種、
   牛埔種、黑面早種、青心早種、漢口種、平水種、大吉嶺種等 11 個品
   種，經模糊加權分類後則提升至第一級。

4. 大葉烏系之林口大葉烏種及文山大葉烏種，不論模糊加權與否，仍歸類於
   第三級，顯示形狀、色澤等評鑑項目平均表現。

5. 適製紅茶之阿薩姆、山茶、Kyang、Shan 及 Manipuri 等五個品種，經模
   糊分類後歸屬於第五級，由於香氣低、苦澀味重，經模糊加權分類後仍屬
   第五級。

夏茶品質評定

1. 春茶不論任何分類法均歸屬第一級之白毛猴、黑毛猴及貴仔坑白毛猴，由
   於夏茶製茶品質較為接近，經模糊加權分類後與春茶屬第三級之大南灣白
   毛猴融合為第一級。

2. 春茶依模糊加權分類後隸屬於第一級之平水種、大吉嶺種，第二級之基隆
   金龜、大葉烏龍、小葉竹葉、伸蔓種，第三級之牛屎烏、鹽川種、黃柑、
   枝蘭種、竹葉種、白種、宇治種，與第四級之蒔茶、白心武夷、基隆白
   種、黃茶，因其夏茶之評鑑項目表現平均，故不論模糊加權與否均歸類於
   第四級。

3. 皋盧種形狀粗鬆、水色暗黃、滋味苦澀，而與阿薩姆、Kyang 等適製紅茶
   品種融合為一群，歸類於第五級。

秋茶品質評定

1. 傳統分類法將烏龍系之青心烏龍、紅心烏龍、白心烏龍與大葉烏龍歸類為

第二級，經模糊分類後青心烏龍、紅心烏龍與白心烏龍提升至第一級，大葉烏龍歸類至第三級；而加權模糊分類後則青心烏龍、紅心烏龍與大葉烏龍種歸類為第三級，白心烏龍提升至第一級。

2. 形狀、色澤及香味等項目評分相同之文山大葉烏及林口大葉烏品種不論任何分類法均融合為同群，顯示秋茶品質評定相近歸類為同等級茶。

3. 形狀及香味評分相同之橫這大葉、青心早種、湖南種、金龜種、貓耳種、基隆白種、小葉竹葉及白種，依傳統分類、神經網路及模糊分類法均同屬第四級，而經加權模糊後則提升至第二級，顯示香味有較突出之表現。

4. 福州種、桃仁種、柑仔種、三叉枝蘭、水仙、桂花種、柑仔種（黃心）、埔心種、黃枝種及大湖尾種，因品質接近而不論任何分類法均歸屬第三級。

全年茶種品質評定

1. 白毛猴系之白毛猴及大南灣白毛猴種，因其製茶品質優良，全年皆屬第一級。

2. 青心大冇、青心烏龍、硬枝紅心及大葉烏龍等台灣四大品種，全年製茶品質經加權模糊後青心大冇與青心烏龍種歸屬第一級，硬枝紅心與大葉烏龍種歸屬第三級。

3. 竹葉系之小葉竹葉及竹葉種，其全年製茶品質同屬第四級外，適製包種茶之春秋季節其製茶品質有差異，而文山大葉烏及林口大葉烏種依傳統分類法或神經網路分類法均歸類為第三級，而經模糊分類後則歸類至第二級。

7.5　結論

　　社會科學的問題研究極其複雜且多樣化，傳統的分類方法並無法滿足各種不同的論調。而傳統的分類法大都屬硬分類，即分類對象完全屬於某群集。這是其不合常理之處。又因為分類對象所考慮的論域因子集，有邊界不清、權重模糊的性質，故有採用模糊加權分類法之必要。

　　本章我們比較了傳統分類與模糊分類的技術，並發展一套新的模糊分類方法，即加權的模糊 c 分類法。更進一步將它應用在茶葉的分級上，以模糊統計法來估計分類論域中各因子的模糊權重及模糊相對權重，藉由對茶葉品質評定應用做不同分類法的分析比較。經由分群結果可知，就茶葉品質評定而言，以加權模糊分類法的結果最為符合實際情況之分類。如何將隸屬度概念，將模糊分類方法應用於一般實務分類評鑑中，更進一步地以模糊統計方法作為資料挖掘的依據，是很有發展前景之研究領域。

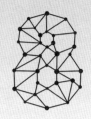

模糊迴歸模式及應用

難易指數：☺☺（難）

學習金鑰

✦ 了解模糊迴歸定義與參數估計
✦ 熟悉三角形隸屬函數的計算與運用
✦ 運用 R 語言撰寫模糊迴歸分析語法

　　傳統的統計迴歸模式假設觀察值的不確定性來自於隨機現象，模糊迴歸則考慮不確定性來自於多重隸屬現象。

　　模糊迴歸採用樣本模糊數 $(\mathbf{x}_i, Y_i)$ 來對模糊迴歸參數進行估計，其中 Y_i 為觀測模糊數。本章將討論模糊參數 A 的二種估計方式：(1) 為線性規劃法，此法將求出適當的區間，來將觀測模糊數 Y_i 的分布範圍全部覆蓋住；(2) 最小平方法，此法以統計誤差分布的觀點，找出模糊數 Y_i 的集中趨勢區間。迴歸模式常用來建構經濟和財務的模型，而此種模型經常帶有模糊的特質，例如景氣循環，不規則趨勢等。最後針對台灣景氣指標進行實證分析研究。

8.1 模糊迴歸簡介

我們常使用迴歸來描述自變數 X 和因變數 Y 之間的因果關係。迴歸參數的估計是迴歸分析的主要研究課題。傳統迴歸分析均假設觀察值由實際因變數影響加上隨機誤差而產生的。也就是說，因變數是一種帶有不確定性的隨機變數。不過在很多的實務應用上，往往無法滿足這樣的假設。例如有些因變數 Y 的觀察值並不是以單一數值的形式存在，而是帶有多重隸屬的特性。這些觀察值雖然帶有不確定性，但這種不確定的特性是來自於多成隸屬現象，而非隨機現象。

以 2005 年 8 月新台幣對美元的匯率為例，統計數字為新台幣／美元 = 32.5。但這數據只是單一時間點的數值資料，它並不能完全準確地反應出在 2005 年 8 月整個時間區間下新台幣對美元匯率的變動狀況。是故新台幣對美元的匯率這個數字的本身就具有不確定性與模糊性。在這些情況下，如果利用假性的「精確值」，可能誤導模型的建構，也可能擴大預測結果和實際狀態之間的誤差。因此，具有模糊性的數值資料，在計量方法的演算過程中，是否符合人類的邏輯推論與歸納的原則，值得吾人深思。

近年來，一般也認為在人文社會科學的測度理念裡，模糊統計和模糊相關性的使用可說是數值模式的推廣。模糊統計和模糊相關性日漸受到重視，這應是複雜的人文社會現象無法以傳統統計模型解釋的發展。傳統的數字資料有需求過度及過度解釋的危險，如果應用模糊的數值資料，較能避免這樣的危險發生。因此，具有模糊性的數值資料，在計量方法的演算過程中，是否符合人類邏輯推論與歸納的原則？尤其是在人文社會科學領域的研究中，必須慎重地考慮數值模糊的特性運用在預測過程中。

為了改變並釐清傳統對統計資料的「隨機」觀點，以另一種角度來看待不確定性的問題，我們考慮用模糊觀點來取代隨機觀點。而若由模糊觀點套用迴歸分析來處理模糊資料問題，就稱為模糊迴歸分析。模糊迴歸分析最早是由 Tanaka, Uejima & Asai(1980) 提出。一般模糊迴歸能夠處理的樣本形式有兩種：一種是實數值樣本 $(\mathbf{x}_i, y_i)$，其中 $\mathbf{x}_i$ 為實數向量，y_i 為觀測到的實數值；一種是模糊數樣本 $(\mathbf{x}_i, Y_i)$，其中 Y_i 非屬實數的形式，而是觀測到的模糊數。之所以可採用實數值樣本 $(\mathbf{x}_i, y_i)$ 來推論模糊迴歸模式，這是因為使用者相信觀測值$(\mathbf{x}_i, y_i)$內含有強烈的隸屬度資訊。

不過這樣的說法亦較欠缺說服力，因為隸屬度是分布在區間上的，而樣本$(\mathbf{x}_i, y_i)$則是以實數值的形式存在，在實數值上能否隱含正確的隸屬度資訊是值得商榷的。要得到正確的估計結果，最好是蒐集具有代表性的隸屬函數樣本，所謂具有代表性的隸屬函數樣本應該是以模糊數的形式存在。所以我們較支持用樣本模糊數$(\mathbf{x}_i, Y_i)$來推論模糊迴歸模式，本章將討論樣本為模糊數的情況。

8.2　模糊迴歸建構

線性模糊迴歸常表示成：

$$Y(\mathbf{x}_i) = A_0 + A_1 x_{1i} + A_2 x_{2i} + ... + A_p x_{pi} \tag{8.1}$$

其中$\mathbf{x}_i = (1, x_{1i}, x_{2i}, ..., x_{pi})'$為自變數向量，$Y(\mathbf{x}_i)$為模糊因變數，$A_m$, $m = 1, 2, ..., p$為模糊參數。一般是假設模糊參數A_m具有三角形隸屬度函數。因此，模糊因變數$Y(\mathbf{x}_i)$的隸屬度函數也屬三角形式。

對式 (8.1) 中的模糊參數A_m進行估計時，一般是先假設A_m的隸屬函數為三角形式。A_m的隸屬函數表達如下：

$$\mu_{A_m}(t) = \max\left\{1 - \frac{|t - c_m|}{s_m}, 0\right\}, \quad -\infty < t < \infty \tag{8.2}$$

其中c_m為三角形的中點；s_m是三角形的分布半徑。而c_m、s_m和隸屬函數$\mu_{A_m}(t)$的關係如圖 8.1 所示：

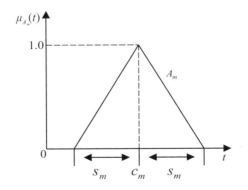

圖 8.1　c_m、s_m在$\mu_{A_m}(t)$中的位置與分布

為了表示方便起見，我們可令模糊參數 $A_m = \langle c_m, s_m \rangle$ ，則式 (8.2) 的模糊迴歸可改寫成：

$$Y(\mathbf{x}_i) = \langle c_0, s_0 \rangle + \langle c_1, s_1 \rangle x_{1i} + \langle c_2, s_2 \rangle x_{1i} + ... + \langle c_p, s_p \rangle x_{pi} \qquad (8.3)$$

因此模糊因變數 $Y(\mathbf{x}_i)$ 的隸屬函數也屬三角形式，可表示成：

$$\mu_{Y(\mathbf{x}_i)}(t) = \max\left\{ 1 - \left| t - \sum_{m=0}^{p} c_m x_{mi} \right| \middle/ \sum_{m=0}^{p} s_m |x_{mi}|, \ 0 \right\}, \ -\infty < t < \infty \qquad (8.4)$$

至於式 (8.4) 的證明細節可參照 Tanaka, Uejima & Asai(1982)。

在上述的模糊迴歸中，模糊參數 A_m 是未知的，這是需要我們估計的部分。但先前已假設 A_m 的隸屬函數為三角型態。因此，只要能夠估計出三角形的中點 c_m 和半徑 s_m，便可獲得 A_m 隸屬函數的估計值。

8.3 模糊迴歸的參數估計

想要推論模糊迴歸模式（即估計模糊迴歸參數），估計方法有二種，一種是利用線性規劃的技巧，來尋求一組能將實數值樣本 $(\mathbf{x}_i, y_i)$ 或模糊數樣本 $(\mathbf{x}_i, Y_i)$ 全部包括住的區間，再將三角形隸屬函數套用在此區間上，如此便求得一組模糊迴歸估計式，此法最常被使用。

另一種估計方法則是採用最小平方的原則，先將樣本整理成上邊界點與下邊界點二部分，各自利用上邊界點與下邊界點求出二條最小平方直線，以這二條直線作為三角形隸屬函數的邊界。對此法更詳盡的討論請參閱吳柏林、曾能芳 (1996)。比起線性規劃估計法，最小平方法較能符合誤差隨機分布的精神，此法也是本章討論的重點。

一、線性規劃法

令觀測到的模糊樣本為 $(\mathbf{x}_i, Y_i)$，其中 $\mathbf{x}_i$ 為模糊自變數向量，Y_i 為觀測到的樣本模糊數，樣本模糊數 Y_i 的隸屬函數也屬三角形式，可表達成：

$$\mu_{Y_i}(t) = \max\left\{ 1 - \frac{|t - y_i|}{r_i}, \ 0 \right\}, -\infty < t < \infty \qquad (8.5)$$

其中 y_i 為三角形隸屬度函數的中點，r_i 則是三角形隸屬度函數的分布半徑，可令 $Y_i = \langle y_i, r_i \rangle$。我們得利用 y_i，r_i 對式 (8.3) 未知的中點 c_m 和半徑 s_m 進行估計。在進行估計之前，一般是先定義模糊樣本 Y_i 和模糊因變數 $Y(\mathbf{x}_i)$ 之間的配置衡量值，如下：

定義 8.1

令 $(\mathbf{x}_i, Y_i)$ 為一組模糊樣本，$Y(\mathbf{x}_i)$ 為模糊因變數。若 $[Y_i]^h$、$[Y(\mathbf{x}_i)]^h$ 分別為 Y_i、$Y(\mathbf{x}_i)$ 的 h 截集 (h-cut)，即：

$$[Y_i]^h = \{t \mid \mu_{Y_i}(t) \geq h\}$$
$$[Y(\mathbf{x}_i)]^h = \{t \mid \mu_{Y(\mathbf{x}_i)}(t) \geq h\}$$

則在第 i 個樣本之下，能使得 $[Y_i]^h \subset [Y(\mathbf{x}_i)]^h$ 成立的最大 h 值稱為第 i 個樣本配置衡量值，以 h_i 表示。

樣本配置衡量值是用來衡量樣本值與估計值之間配置程度的重要參考指標。若樣本配置衡量值 h_i 越大，代表樣本 Y_i 和模糊因變數 $Y(\mathbf{x}_i)$ 之間契合（配置）得越好。Y_i、$Y(\mathbf{x}_i)$ 和 h_i 的關係如圖 8.2 所示：

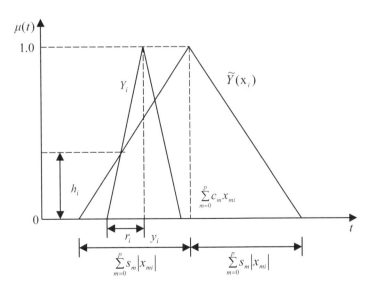

圖 8.2　Y_i、$Y(\mathbf{x}_i)$ 和 h_i 的對應圖

性質 8.1

在定義 8.1 條件下，配置衡量值 h_i 可改寫成：

$$h_i = 1 - \frac{\left| y_i - \sum_{m=0}^{p} c_m x_{mi} \right|}{\sum_{m=0}^{p} s_m |x_{mi}| - r_i}, \ \forall i \in N \tag{8.6}$$

在估計 c_m、s_m 之時，我們常會限制所有的 h_i 得大於某特定值 H，即：

$$h_i \geq H, \ \forall i \in N \tag{8.7}$$

其中 H 由使用者自行設定。藉此可保證樣本 Y_i 和模糊因變數 $\tilde{Y}(\mathbf{x}_i)$ 之間的契合程度皆能保持在水準 H 之上。由式 (8.7) 可推演出兩條限制式：

$$y_i \geq \sum_{m=0}^{p} c_m x_{mi} - (1-H) \sum_{m=0}^{p} s_m |x_{mi}| + (1-H) r_i \tag{8.8}$$

$$y_i \leq \sum_{m=0}^{p} c_m x_{mi} + (1-H) \sum_{m=0}^{p} s_m |x_{mi}| - (1-H) r_i \tag{8.9}$$

再者，我們希望估計得到的模糊因變數 $\tilde{Y}(\mathbf{x}_i)$ 其三角形隸屬函數的半徑（如圖 8.2 所示）越小越好，如此隸屬度的資訊才能更集中。因此，將所有 $\mathbf{x}_i$ 之下的三角形隸屬函數的半徑加總，作爲模糊參數估計的目標函數，其定義如下：

定義 8.2

模糊迴歸參數目標函數 (objective function) O_f

$$O_f = \sum_{i=1}^{n} \sum_{m=0}^{p} s_m |x_{mi}| \tag{8.10}$$

其中 $\sum_{m=0}^{p} s_m |x_{mi}|$ 爲 $Y(\mathbf{x}_i)$ 之隸屬函數的半徑，$\sum_{i=1}^{n} \sum_{m=0}^{p} s_m |x_{mi}|$ 則是所有 $\mathbf{x}_i$ 之下代表 $Y(\mathbf{x}_i)$ 之隸屬函數半徑的總和。

在符合式 (8.8)、(8.9) 的條件下，我們希望找到可使 O_f 爲極小的 c_m，

s_m。一般是採用線性規劃來解出 c_m，s_m，如此便尋得模糊參數 $A_m = \langle c_m, s_m \rangle$ 的估計式。

二、最小平方法

以上曾作出「$h_i \geq H$　$\forall i$」的限制，這是因為研究者相信：樣本 Y_i 會呈現出相當的代表性，其與模糊因變數 $Y(\mathbf{x}_i)$ 之間的類似（契合）程度至少要大於某個數值 (H)，所以在此假設每組樣本 Y_i 和模糊因變數 $Y(\mathbf{x}_i)$ 之間的配置衡量值 h_i 均要大於 H。也由於定義了 h_i，使得 Y_i 的 h 截集 $[Y_i]^h$ 必定會為 $Y(\mathbf{x}_i)$ 的 h 截集 $[Y(\mathbf{x}_i)]^h$ 所包含，因此，模糊迴歸的估計其實是在求取一組能將全部樣本概括住的分布區間，並將此估計區間設計成 $Y(\mathbf{x}_i)$ 隸屬度的散布範圍。

線性規劃法的認知是：具有代表性的樣本其 h 截集一定得落在 $Y(\mathbf{x}_i)$ 的 h 截集之內。一旦採用這項觀點，便表示 $[Y_i]^h$ 僅能落在 $[Y(\mathbf{x}_i)]^h$ 的內部（因為 $[Y_i]^h \subset [Y(\mathbf{x}_i)]^h$）。一旦出現離群值 (outlier)，則會得一組範圍甚寬的區間，如此一來，區間的參考價值並不大。為了讓估計過程具備穩健性，可以採用最小平方法，此法的認知為：具有代表性的樣本 Y_i 其 h 截集 $[Y_i]^h$ 應該要盡量接近模糊因變數 $Y(\mathbf{x}_i)$ 的 h 截集 $[Y(\mathbf{x}_i)]^h$，即 $[Y_i]^h \approx [Y(\mathbf{x}_i)]^h$。如此一來，$[Y_i]^h$ 不一定要座落在 $[Y(\mathbf{x}_i)]^h$ 之內，其中應容許「$[Y_i]^h \not\subset [Y(\mathbf{x}_i)]^h$」的情況發生。

根據最小平方法的觀點，使用 h_i 來估計模糊參數比較冒險，得重新解釋樣本 Y_i 所蘊含的意義。之前曾設立樣本模糊數 $Y_i = \langle y_i, r_i \rangle$ 屬三角型隸屬函數，所以樣本 Y_i 的隸屬度是分布在區間 $[y_i - r_i, y_i + r_i]$ 上，其中 $y_{Li} = y_i - r_i$ 為左端點，$y_{Ri} = y_i + r_i$ 為右端點。樣本 Y_i 的左右端點不太可能與 $Y(\mathbf{x}_i)$ 的左右邊界完全契合，這是由於測量誤差導致樣本和 $Y(\mathbf{x}_i)$ 之間有所差池，不過，兩者之間仍有緊密的關係。我們認為樣本的左右端點 y_{Li}、y_{Ri} 隸屬於 $Y(\mathbf{x}_i)$ 的程度有一定的水準，設立此水準為 H，因此假設 y_{Li}、y_{Ri} 隸屬於 $Y(\mathbf{x}_i)$ 的隸屬度會盡量地接近 H，其間的關係如下所列示：

$$\mu_{Y_{(\mathbf{x}_i)}}(y_i - r_i) \approx H \tag{8.11}$$

$$\mu_{Y_{(\mathbf{x}_i)}}(y_i + r_i) \approx H \tag{8.12}$$

所謂盡量接近 H，是可以容許隸屬度大於 H 或小於 H，不似線性規劃法要求大於 H。

　　根據以上對樣本的解釋以及式 (8.11)、(8.12) 的限制條件，運用最小平方法，可得到一套較符合統計觀點的估計程序。以所有樣本的左端點 $\{(\mathbf{x}_i, y_{Li}) \mid i = 1,2,...,n\}$ 配置一迴歸直線，稱之爲左端直線估計式：

$$y_L(\mathbf{x}_i) = \hat{L}_0 + \sum_{m=1}^{p} \hat{L}_m x_{mi}, \ i = 1,2,...,n \tag{8.13}$$

其中 L_m 爲迴歸係數，再以所有的右端點 $\{(\mathbf{x}_i, y_{Ri}) \mid i = 1,2,...,n\}$ 配置右端直線估計式：

$$y_R(\mathbf{x}_i) = \hat{R}_0 + \sum_{m=1}^{p} \hat{R}_m x_{mi}, \ i = 1,2,...,n \tag{8.14}$$

之前已假設樣本的左右端點隸屬於 $\widetilde{Y}(\mathbf{x}_i)$ 的隸屬度會盡量地接近 H，所以，我們以這兩條函式來估計 $\widetilde{Y}(\mathbf{x}_i)$ 之 H 截集 (H-cut) 的左右邊界，即：

$$[\widetilde{Y}(\mathbf{x}_i)]^H = \left[\hat{L}_0 + \sum_{m=1}^{p} \hat{L}_m x_{mi}, \ \hat{R}_0 + \sum_{m=1}^{p} \hat{R}_m x_{mi} \right] \tag{8.15}$$

如此可導出 $\widetilde{Y}(\mathbf{x}_i)$ 的隸屬函數爲：

$$\mu_{\widetilde{Y}(\mathbf{x}_i)}(t) = \max\left\{ 1 - \left| t - \sum_{m=0}^{p} (\frac{\hat{R}_m + \hat{L}_m}{2}) x_{mi} \right| \middle/ \sum_{m=0}^{p} (\frac{\hat{R}_m - \hat{L}_m}{2(1-H)}) |x_{mi}|, \ 0 \right\} \tag{8.16}$$

其中 $x_{i0} = 1$。而且模糊參數 A_m 的隸屬函數爲：

$$\mu_{A_m}(t) = \max\{ 1 - \frac{\left| t - (\frac{\hat{R}_m + \hat{L}_m}{2}) \right|}{(\frac{\hat{R}_m - \hat{L}_m}{2(1-H)})}, \ 0 \} \tag{8.17}$$

即

$$A_m = \left\langle \frac{\hat{R}_m + \hat{L}_m}{2} \; ; \; \frac{\hat{R}_m - \hat{L}_m}{2(1-H)} \right\rangle \qquad (8.18)$$

其中 $\dfrac{\hat{R}_m + \hat{L}_m}{2}$ 是三角形底邊中點，$\dfrac{\hat{R}_m - \hat{L}_m}{2(1-H)}$ 是分布半徑。如此便得到一組估計的模糊迴歸模式：

$$\widetilde{Y}(\mathbf{x}_i) = \left\langle \frac{\hat{R}_0 + \hat{L}_0}{2}, \frac{\hat{R}_0 - \hat{L}_0}{2(1-H)} \right\rangle + \left\langle \frac{\hat{R}_1 + \hat{L}_1}{2}, \frac{\hat{R}_1 - \hat{L}_1}{2(1-H)} \right\rangle x_{1i} + \left\langle \frac{\hat{R}_2 + \hat{L}_2}{2}, \frac{\hat{R}_2 - \hat{L}_2}{2(1-H)} \right\rangle x_{2i}$$

$$+ \ldots\ldots + \left\langle \frac{\hat{R}_p + \hat{L}_p}{2}, \frac{\hat{R}_p - \hat{L}_p}{2(1-H)} \right\rangle x_{pi} \qquad (8.19)$$

值得注意的是，當樣本值為對稱型態時，左右迴歸函數式其配適結果是一樣的，只有常數項不同。此時我們可以考慮用個別對應項之權值除以常數項的分布半徑作為個別對應項之分布半徑。即分布半徑：

$$s_m = \frac{c_m}{s_0}, \quad m = 1, 2, \cdots, p \qquad (8.20)$$

而利用最小平方法找出模糊迴歸估計式，演算程序比線性規劃簡化。

在式 (8.7) 中，線性規劃方法是將 H 看作樣本與母體的配置衡量值。但最小平方法所設的 H，是指樣本端點 y_{Li}，y_{Ri} 隸屬於因變數 $Y(\mathbf{x}_i)$ 的程度。顯然，其端點隸屬於 $Y(\mathbf{x}_i)$ 的程度本就不應太高。若 H 設得越大，表示樣本的端點與因變數的端點差距越大，樣本和母體的隸屬函數反而契合得越差。其實樣本和母體的契合程度還得由實際情況來判斷。一般而言，H 盡可能不要設得過大。因為過大的 H 值將導致 $Y(\mathbf{x}_i)$ 之隸屬函數的分布範圍 (support) 過於寬廣，有違一自然經驗法則。

其實線性規劃程序對樣本的觀念是很保守的，它規定樣本必須落在設定的範圍之內。而最小平方法的解釋方式已將樣本的設限放寬，這種前提很適合套用在抽樣態度較開放的程序上，不過，此等抽樣程序將造就較大的樣本離異性，出現離群值的可能性也跟著大增。受到離群值的影響，以最小平方法求得的估計式將會產生嚴重的偏頗，以致無法精確估算出模糊參數 $A_m =$

$\langle c_m, s_m \rangle$。也就是說，最小平方法的估計程序不夠穩健，易受離群值的影響，此為最小平方法的缺點。

8.4 模糊迴歸模式估計

設 $\{(x_1, y_1), (x_2, y_2), ..., (x_n, y_n)\}$ 為一組樣本，$x_i \geq 0$，$i = 1, 2, ...$。依 x_i、y_i 性質的不同，分成下列三種情形：x_i、y_i 均屬於實數、x_i 屬於實數，而 y_i 屬於區間型模糊數及 x_i、y_i 均屬於區間型模糊數。以下將敘述如何求得前兩種情形的迴歸方程式及模糊迴歸參數。

一、x_i、y_i 均屬於實數

此情形為一般傳統的線性迴歸模式。另由 x_i 所預測的 $\hat{y}_i = \alpha + \beta x_i$，$\alpha, \beta \in R$，利用最小平方估計法，可以估算出使觀測值 (y_i) 及預測值 $(\hat{y}_i)$ 的差平方和最小的係數，即式子 $\sum_{i=1}^{n} (y_i - \hat{y}_i)^2 = \sum_{i=1}^{n} [y_i - (\alpha + \beta x_i)]^2$ 有最小值的係數 α、β。

二、x_i 屬於實數，y_i 屬於區間型模糊數

設一組模糊樣本 $\{(x_1, y_1), (x_2, y_2), ..., (x_n, y_n)\}$，$x_i \in R$，$y_i$ 為區間型模糊數，$i = 1, 2, ..., n$。

此樣本屬於模糊資料，可以建構迴歸模式如下：

將 y_i 表示成 $y_i = [y_{ci}; y_{ri}]$，$i = 1, 2, ..., n$，其中 y_{ci}、y_{ri} 分別表示 y_i 所代表的區間型模糊數的區間中心及半徑。

將樣本資料 y_i 的中心點 y_{ci} 取出，與 x_i 形成 n 個點的集合 $\{(x_1, y_{c1}), (x_2, y_{c2}), ..., (x_n, y_{cn})\}$。利用最小平方估計法找出一條描述 x_i 以及中心 y_{ci} 關係的迴歸直線如下：

$$Y_c = \alpha + \beta X \tag{8.21}$$

$$\Rightarrow \beta = \frac{\sum_{i=1}^{n}(x_i - \bar{x})(y_i - \bar{y})}{\sum_{i=1}^{n}(x_i - \bar{x})^2} \; ; \; \alpha = \bar{y} - \beta \bar{x}$$

其中 $\qquad \bar{x} = \dfrac{1}{n}\sum\limits_{i=1}^{n} x_i \, , \, \bar{y} = \dfrac{1}{n}\sum\limits_{i=1}^{n} y_{ci}$

α、β 為此迴歸直線參數的估計值。

再將樣本資料 y_i 的半徑 y_{ri} 取出，與 x_i 形成 n 個點的集合 $\{(x_1, y_{r1}), (x_2, y_{r2}), ..., (x_n, y_{rn})\}$。利用最小平方估計法找出一條描述 x_i 以及半徑 y_{ri} 關係的迴歸直線如下：

$$Y_r = \alpha + \beta X \tag{8.22}$$

$$\Rightarrow \beta = \frac{\sum\limits_{i=1}^{n}(x_i - \bar{x})(y_i - \bar{y})}{\sum\limits_{i=1}^{n}(x_i - \bar{x})^2} \; ; \; \alpha = \bar{y} - \beta\bar{x}$$

其中 $\qquad \bar{x} = \dfrac{1}{n}\sum\limits_{i=1}^{n} x_i \, , \, \bar{y} = \dfrac{1}{n}\sum\limits_{i=1}^{n} y_{ri}$

α、β 為此迴歸直線參數的估計值。

如何應用模糊建構於有效之消費者行為與市場趨勢模式？一組配對資料 $\{(x_1, y_1), (x_2, y_2), ..., (x_n, y_n)\}$，其中 $x_i = [x_{ci}; x_{ri}]$，$y_i = [y_{ci}; y_{ri}]$ 為區間型模糊數，分別代表區間型模糊數的區間中心及半徑，本研究利用最小平方估計法找出一條描述 x_{ci} 以及中心 y_{ci} 關係的迴歸直線如下，提出以下模式建構線性區間迴歸模式：

$$\begin{cases} y_c = ax_c + b + \varepsilon_{t+1} & \varepsilon_{t+1} \sim WN(0, \sigma_\varepsilon^2) \\ y_l = ax_l + b + \delta_{t+1} & \delta_{t+1} \sim WN(0, \sigma_\delta^2) \end{cases}$$

三、x_i 屬於區間型模糊數，y_i 屬於區間型模糊數

設一組模糊樣本 $\{(x_1, y_1), (x_2, y_2), ..., (x_n, y_n)\}$，$x_1$ 為區間型模糊數，y_i 為區間型模糊數，$i = 1, 2, ..., n$。此樣本屬於模糊資料，可以建構迴歸模式如下：

將 x_i 表示成 $x_i = [x_{ci}; x_{ri}]$，$i = 1, 2, ..., n$，其中 x_{ci}、x_{ri} 分別表示 x_i 所代表的區間型模糊數的區間中心及半徑。將 y_i 表示成 $y_i = [y_{ci}; y_{ri}]$，$i = 1, 2, ..., n$，其中 y_{ci}、y_{ri} 分別表示 y_i 所代表的區間型模糊數的區間中心及半徑。

將樣本資料 x_i 的中心點 x_{ci} 以及 y_i 的中心點 y_{ci} 取出，x_{ci} 與 y_{ci} 形成 n 個

點的集合 $\{(x_{c1}, y_{c1}), (x_{c2}, y_{c2}), ..., (x_{cn}, y_{cn})\}$。利用最小平方估計法找出一條描述中心 x_{ci} 以及 y_{ci} 關係的迴歸直線如下:

$$Y_c = \alpha + \beta X_c \qquad (8.23)$$

$$\Rightarrow \beta = \frac{\sum_{i=1}^{n}(x_i - \overline{x})(y_i - \overline{y})}{\sum_{i=1}^{n}(x_i - \overline{x})^2} \ ; \ \alpha = \overline{y} - \beta\overline{x}$$

其中
$$\overline{x} = \frac{1}{n}\sum_{i=1}^{n}x_{ci} \ , \ \overline{y} = \frac{1}{n}\sum_{i=1}^{n}y_{ci}$$

α、β 為此迴歸直線參數的估計值。

再將樣本資料 x_i 的半徑 x_{ri} 以及 y_i 的半徑 y_{ri} 取出,形成 n 個點的集合 $\{(x_{r1}, y_{r1}), (x_{r2}, y_{r2}), ..., (x_{rn}, y_{rn})\}$。利用最小平方估計法找出一條描述 x_{ri} 以及半徑 y_{ri} 關係的迴歸直線如下:

$$Y_r = \alpha + \beta X_r \qquad (8.24)$$

$$\Rightarrow \beta = \frac{\sum_{i=1}^{n}(x_i - \overline{x})(y_i - \overline{y})}{\sum_{i=1}^{n}(x_i - \overline{x})^2} \ ; \ \alpha = \overline{y} - \beta\overline{x}$$

其中
$$\overline{x} = \frac{1}{n}\sum_{i=1}^{n}x_i \ , \ \overline{y} = \frac{1}{n}\sum_{i=1}^{n}y_{ri}$$

α、β 為此迴歸直線參數的估計值。

8.5 景氣對策信號實例

在蒐集資料時,由於時間的遲延,有時僅能蒐集到單一時間點的數值資料。例如:一個月公布一次的景氣動向指標,一季公布一次的國內生產毛額 (GDP) 等。利用此等方式蒐集到的資料,其表達出的資訊看似真實,實際上它僅表達出某一範圍區間的特定位置。它並沒有清楚地記錄下整個範圍的變動狀況,譬如說:景氣動向雖是一個月僅記錄一次,其實在一個月三十天當中,景氣動向每天都在變化。

這類型的資料是先累積整個範圍下的變動,再加以處理,最後以單一數值的面貌呈現。我們以為此資料並非具有單一數值的意義，它實際所表達的應是某一範圍區間的數值分布狀況。也就是說，該資料具有模糊的特性。在此情況下，如果利用單一時間點的資料來建構模型，則無法呈現該經濟行為的真實面貌，也可能擴大預測結果和實際狀態間的誤差，在實證研究過程中，應予以慎重考慮。有鑑於此，本節將嘗試以模糊迴歸分析，說明台灣景氣對策信號和各項金融面，實質面指標之間的因果關係，並運用最小平方法來估計模糊迴歸參數。

為了加強國家經濟建設的推動，分析國內外經濟動向，由國家發展委員會每月報導台灣之景氣對策信號（亦稱景氣燈號），係以類似交通號誌方式的五種不同信號燈代表景氣狀況的一種指標，「紅燈」表示景氣過熱，「黃紅燈」表示景氣微熱，「綠燈」表示景氣穩定，「黃藍燈」表示景氣欠佳，「藍燈」表示景氣衰退。

景氣對策信號是具有模糊特性的資料，我們選用模糊迴歸來建構此經濟模型。我們挑選貨幣總計數 M1B(X_1)、股價指數 (X_2)、工業生產指數 (X_3) 三項指標作為自變數，景氣對策燈號則是模糊因變數 (Y)。本文資料係從 2016 年 1 月蒐集至 2020 年 12 月，以月為單位，共計 60 筆。

景氣對策信號本是由多項指標依特定公式所組成，上述三項指標與景氣對策信號間的關係似乎已確立，何必再研究這三項指標和景氣對策信號間的關係呢？我們建構此迴歸模式的目的，是重新想以模糊的觀點，呈現出各項景氣指標的另一種面貌。景氣對策信號的表示法不光只是紅、黃紅、綠、黃藍、藍五種而已，它應表示成受自變數影響的模糊集合，如此才能清楚呈現景氣對策信號的涵義。再者，不將所有指標全部列為自變數，是想以更精簡的方式來表達指標間的因果關係，這才符合迴歸模式的精神。

本研究利用最小平方估計法找出一條描述 x_{ci} 以及中心 y_{ci} 關係的迴歸直線如下，提出以下模式建構線性區間迴歸模式：

$$\begin{cases} y_c = a_1 x_{1c} + a_2 x_{2c} + a_3 x_{3c} + b + \varepsilon_{t+1} & \varepsilon_{t+1} \sim WN(0, \sigma_\varepsilon^2) \\ y_l = a_1 x_{1l} + a_2 x_{2l} + a_3 x_{3l} + b + \delta_{t+1} & \delta_{t+1} \sim WN(0, \sigma_\delta^2) \end{cases}$$

其中 x_{i1} 為貨幣總計數 M1B(/1,000,000)，x_{i2} 為股價指數 (/1,000)，x_{i3} 為工業生產指數 (/10)。對於 60 筆資料，我們將景氣對策信號視為樣本模糊數 Y_i，

並依以下燈號與景氣分數的對應關係：

燈號	景氣分數範圍
紅	38 – 45
黃紅	32 – 37
綠	23 – 31
黃藍	17 – 22
藍	9 – 16

將樣本燈號化成分數區間，如此便得到各筆資料的中心點 y_{ic} 與半徑 y_{il}。我們曾經提過，樣本的端點隸屬於 $Y(\mathbf{x}_i)$ 的程度值 H 應由實際情況來判斷。在景氣信號的實例當中，樣本與母體的契合程度到底達到多少？即 H 值應該設成多少，才能符合實際狀況？根據以往的經驗，H 通常介於 0.1 至 0.5 間。本例中，我們取一個保守值 $H = 0.3$ 為準；也就是說，希望樣本的左右端點隸屬於 $Y(\mathbf{x}_i)$ 的隸屬度會盡量地接近 0.3。再運用最小平方法，由模糊資料得到模糊迴歸模式為：

$$\begin{cases} Y_c = 12.024 - 2.108X_{1c} + 3.820X_{2c} + 0.715X_{3c} & R^2 = 31.08\% \\ Y_l = 6.349 - 0.398X_{1l} + 0.526X_{2l} - 0.020X_{3l} & R^2 = 6.67\% \end{cases}$$

由模糊線性直線迴歸模式得到，景氣對策信號中心點 (Y_C) 與貨幣總計數 M1B(X_{1c})、股價指數 (X_{2c})、工業生產指數 (X_{3c}) 中心點的 $R^2 = 31.08\%$，而景氣對策信號半徑 (PR) 與貨幣總計數 M1B(X_{1l})、股價指數 (X_{2l})、工業生產指數 (X_{3l}) 半徑 (Y_l) 的 $R^2 = 6.67\%$。我們以此模糊函數來表示景氣對策信號 $(Y(\mathbf{x}_i))$ 和貨幣總計數 M1B(x_1)、股價指數 (x_2)、工業生產指數 (x_3) 之間的因果關係。

有了以上的模糊迴歸函數後，未來對景氣對策信號的表示方法便不再侷限於紅、黃紅、綠、黃藍、藍這五種顏色，也就是說，我們看待景氣對策信號時，不再僅有「顏色」的觀念而已。舉例說明，2020 年 10 月的貨幣總計數 M1B(x_1) 為 21.061，股價指數 (x_2) 為 12.818，工業生產指數年增率 (x_3) 為 12.129，當時的景氣對策信號原以綠燈表示。若將三項自變數指標代入上式，可得到當期景氣對策信號 $(Y(\mathbf{x}_i))$ 的隸屬函數：
$\mu_{\tilde{Y}(\mathbf{x}_i)}(t) = \max\{1 - |t - 25.268|/4.451, 0\}$。並將其列示於圖 8.3。

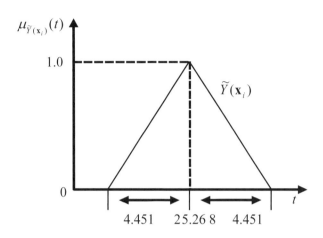

8.3　2020 年 10 月台灣景氣對策信號之隸屬函數

　　其中 t 代表景氣分數，不過它是每個時段皆存在的景氣分數，而非國家
發展委員會所定義每個月計算一次的景氣分數。我們重新用此隸屬函數來代
表 2020 年 10 月的景氣對策信號。如此一來，便脫離了單純的燈號表示法，
此隸屬函數更能充分地表示出景氣信號所隱含的資訊。

R 語言語法

```
> # 景氣對策信號實例
> # 使用 read.csv() 讀取本書於五南官網供讀者下載的檔案：table8_6 景氣對策信號資料
> fuzzy_sample <- read.csv(file.choose(), header = 1, row.names = 1)
>
> # 依據定義計算景氣對策信號中心點 (Yc) 與半徑 (Yl)
> Yc <- (fuzzy_sample$YL + fuzzy_sample$YR) / 2
> H <- 0.3    #0.3 可調整爲 0.1 至 0.5
> Yl <- (fuzzy_sample$YR - fuzzy_sample$YL) / (2*(1 - H))
>
> # 進行模糊直線迴歸分析
> model_Yc <- lm(Yc ~ M1B + SI + IPI, data = fuzzy_sample)
> summary(model_Yc)
```

```
Call:
lm(formula = Yc ~ M1B + SI + IPI, data = fuzzy_sample)


Residuals:
    Min     1Q  Median     3Q     Max
-7.5743 -2.9261  0.7149  2.1000  6.3945


Coefficients:
            Estimate Std. Error t value Pr(>|t|)
(Intercept)  12.0239     6.5563   1.834 0.071977 .
M1B          -2.1082     0.5971  -3.531 0.000837 ***
SI            3.8204     0.8638   4.423 4.54e-05 ***
IPI           0.7152     0.8016   0.892 0.376120
---
Signif. codes:  0 '***' 0.001 '**' 0.01 '*' 0.05 ' 0.1 ' ' 1


Residual standard error: 3.958 on 56 degrees of freedom
Multiple R-squared:  0.3459,   Adjusted R-squared:  0.3108
F-statistic: 9.869 on 3 and 56 DF,  p-value: 2.533e-05


> model_Yl <- lm(Yl ~ M1B + SI + IPI, data = fuzzy_sample)
> summary(model_Yl)


Call:
lm(formula = Yl ~ M1B + SI + IPI, data = fuzzy_sample)


Residuals:
    Min     1Q  Median     3Q     Max
-1.6707 -0.8766  0.4877  0.9099  1.3349


Coefficients:
            Estimate Std. Error t value Pr(>|t|)
(Intercept)  6.34851    1.67684   3.786 0.000375 ***
M1B         -0.39845    0.15272  -2.609 0.011620 *
SI           0.52565    0.22093   2.379 0.020782 *
IPI         -0.02003    0.20503  -0.098 0.922507
```

```
---
Signif. codes:  0 '***' 0.001 '**' 0.01 '*' 0.05 '.' 0.1 ' ' 1

Residual standard error: 1.012 on 56 degrees of freedom
Multiple R-squared:  0.1141,   Adjusted R-squared:  0.06669
F-statistic: 2.405 on 3 and 56 DF,  p-value: 0.07694


>
> # 以 2020 年 10 月估算當期景氣對策信號
> predict(model_Yc, newdata = data.frame(M1B=21.061, SI=12.818, IPI=12.129))
      1
25.2675
> predict(model_Yl, newdata = data.frame(M1B=21.061, SI=12.818, IPI=12.129))
      1
4.451397
```

8.6　家長教育投資與學生學業成就的相關

家長教育投資越多則學生學業成就越高，但是過度投資卻成反效果。

如何應用模糊建構於有效之消費者行為與市場趨勢模式？一組配對資料 $\{(x_1, y_1), (x_2, y_2), ..., (x_n, y_n)\}$，其中 $x_i = [x_{ci}; x_{ri}]$，$y_i = [y_{ci}; y_{ri}]$ 為區間型模糊數，分別代表區間型模糊數的區間中心及半徑，本研究利用最小平方估計法找出一條描述 x_{ci} 以及中心 y_{ci} 關係的迴歸直線如下，提出以下模式建構線性區間迴歸模式：

$$\begin{cases} y_c = ax_c + b + \varepsilon_{t+1} & \varepsilon_{t+1} \sim WN(0, \sigma_\varepsilon^2) \\ y_l = ax_l + b + \delta_{t+1} & \delta_{t+1} \sim WN(0, \sigma_\delta^2) \end{cases}$$

因為從一個模式到另一個系統的結構改變，可能無法一次切換，而是經歷了一個調整期，所以傳統的轉折點檢測，在某些情況下可能是不合適的。此外，系統中的變化是逐漸發生的，以致於有一定量的變化點中的模糊性。

大量的研究都集中在理論上檢測到的週期變化，為了提高模型的效能，本研究中提出使用模糊區間多項式迴歸的模糊統計方法來檢測趨勢和變化週期，可以找到干擾後的變化週期，和發現合適的控制參數。

首先由模糊資料得到模糊迴歸模式為：

$$\begin{cases} PC = 445.1 + 0.001044SC & R^2 = 17.6\% \\ PR = 20.36 + 0.001182SR & R^2 = 14.6\% \end{cases}$$

由模糊線性直線迴歸模式得到，成績表現中心點 (PC) 與補習投資中心點 (SC) 的 $R^2 = 17.6\%$，而成績表現半徑 (PR) 與補習投資半徑 (SR) 的 $R^2 = 14.6\%$，發現其解釋能力並不高（見圖 8.4 與圖 8.5）。

然而，若考慮為模糊多項式迴歸模式，則其 R^2 有顯著提升（見圖 8.6 與圖 8.7）。其模糊區間多項式迴歸模式結果如下：

$$\begin{cases} PC = 472.2 - 0.005698SC + 0.000000SC^2 - 0.000000SC^3 & R^2 = 47.0\% \\ PR = 29.92 - 0.008822SR + 0.000002SR^2 - 0.000000SR^3 & R^2 = 26.6\% \end{cases}$$

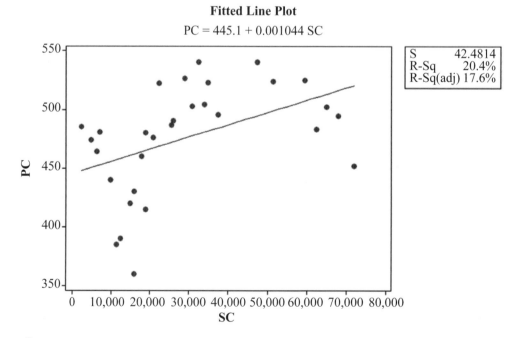

圖 8.4　模糊直線迴歸分析：PC vs. SC

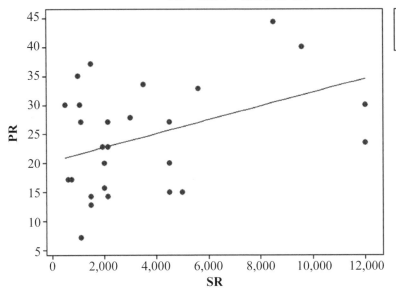

圖 8.5　模糊直線迴歸分析：PR vs. SR

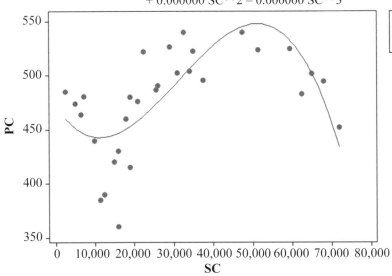

圖 8.6　模糊區間多項式迴歸分析：PC vs. SC

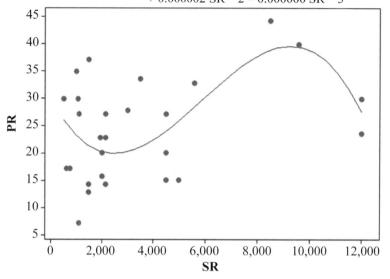

8.7 模糊區間多項式迴歸分析：PR vs. SR

採用模糊區間多項式迴歸模式，可以發現當補習教育投資超過 50,000 元以上，則成績表現的結果會出現轉折，亦即呈現緩步下滑趨勢，此說明過度補習教育投資，並不會增加學生學業成績，反而造成學生成績低落。

R 語言語法

```
> #家長教育投資與學生學業成就的相關
> #使用 read.csv() 讀取本書於五南官網供讀者下載的檔案：table8_7 家長教育投資與學生學業
成就資料
> fuzzy_sample <- read.csv(file.choose(), header = 1, row.names = 1)
>
> #依據定義計算成績表現中心點 (PC) 與補習投資中心點 (SC)
> PC <- (fuzzy_sample$P_L + fuzzy_sample$P_R) / 2
> SC <- (fuzzy_sample$S_L + fuzzy_sample$S_R) / 2
>
> #依據定義計算成績表現半徑（PR）與補習投資半徑（SR）
> H <- 0.3   #0.3 可調整為 0.1 至 0.5
> PR <- (fuzzy_sample$P_R - fuzzy_sample$P_L) / (2*(1 - H))
```

```
> SR <- (fuzzy_sample$S_R - fuzzy_sample$S_L) / (2*(1 - H))
>
> # 進行模糊直線迴歸分析，並繪製散布圖與迴歸線
> model_Yc <- lm(PC ~ SC)
> summary(model_Yc)


Call:
lm(formula = PC ~ SC)


Residuals:
    Min      1Q  Median      3Q     Max
-101.83  -25.92   13.56   25.09   60.95


Coefficients:
             Estimate Std. Error t value Pr(>|t|)
(Intercept) 4.451e+02  1.379e+01  32.280   <2e-16 ***
SC          1.044e-03  3.895e-04   2.679   0.0122 *
---
Signif. codes:  0 '***' 0.001 '**' 0.01 '*' 0.05 '.' 0.1 ' ' 1


Residual standard error: 42.48 on 28 degrees of freedom
Multiple R-squared:  0.2041,   Adjusted R-squared:  0.1757
F-statistic: 7.179 on 1 and 28 DF,  p-value: 0.01221


> plot(SC, PC)
> abline(model_Yc)
>
> model_Yl <- lm(PR ~ SR)
> summary(model_Yl)


Call:
lm(formula = PR ~ SR)


Residuals:
    Min       1Q   Median       3Q      Max
-14.5183  -7.6391   0.0727   7.6850  15.0087
```

```
Coefficients:
             Estimate Std. Error t value Pr(>|t|)
(Intercept) 2.036e+01  2.468e+00   8.251 5.59e-09 ***
SR          1.182e-03  4.848e-04   2.439   0.0213 *
---
Signif. codes:  0 '***' 0.001 '**' 0.01 '*' 0.05 '.' 0.1 ' ' 1

Residual standard error: 8.802 on 28 degrees of freedom
Multiple R-squared:  0.1752,   Adjusted R-squared:  0.1458
F-statistic: 5.949 on 1 and 28 DF,  p-value: 0.02132


> plot(SR, PR)
> abline(model_Y1)
>
> #進行模糊多項式迴歸分析
> model_Yc3 <- lm(PC ~ SC + I(SC^2) + I(SC^3))
> summary(model_Yc3)

Call:
lm(formula = PC ~ SC + I(SC^2) + I(SC^3))

Residuals:
   Min     1Q Median     3Q    Max
-86.58 -21.84   8.93  17.79  59.22

Coefficients:
              Estimate Std. Error t value Pr(>|t|)
(Intercept)  4.722e+02  2.719e+01  17.369 7.96e-16 ***
SC          -5.698e-03  3.231e-03  -1.764  0.08951 .
I(SC^2)      3.086e-07  1.068e-07   2.890  0.00767 **
I(SC^3)     -3.289e-12  9.870e-13  -3.332  0.00259 **
---
Signif. codes:  0 '***' 0.001 '**' 0.01 '*' 0.05 '.' 0.1 ' ' 1

Residual standard error: 34.08 on 26 degrees of freedom
Multiple R-squared:  0.5244,   Adjusted R-squared:  0.4695
```

```
F-statistic: 9.556 on 3 and 26 DF,  p-value: 0.0001991


> model_Y13 <- lm(PR ~ SR + I(SR^2) + I(SR^3))
> summary(model_Y13)


Call:
lm(formula = PR ~ SR + I(SR^2) + I(SR^3))


Residuals:
    Min      1Q  Median      3Q     Max
-15.616  -6.701   1.443   4.378  15.843


Coefficients:
              Estimate Std. Error t value Pr(>|t|)
(Intercept)  2.992e+01  5.330e+00   5.614  6.7e-06 ***
SR          -8.822e-03  4.408e-03  -2.001   0.0559 .
I(SR^2)      2.239e-06  9.012e-07   2.485   0.0197 *
I(SR^3)     -1.267e-10  4.966e-11  -2.552   0.0169 *
---
Signif. codes:  0 '***' 0.001 '**' 0.01 '*' 0.05 '.' 0.1 ' ' 1


Residual standard error: 8.161 on 26 degrees of freedom
Multiple R-squared:  0.3415,   Adjusted R-squared:  0.2655
F-statistic: 4.494 on 3 and 26 DF,  p-value: 0.0114


>
> #載入 ggplot2 套件，繪製散布圖與迴歸線
> library(ggplot2)
> Yc3_data <- as.data.frame(cbind(SC, PC))
> ggplot(Yc3_data, aes(SC, PC)) + geom_point() + geom_smooth(method = lm, formula = y
~ poly(x, 3), se = FALSE)
>
> Y13_data <- as.data.frame(cbind(SR, PR))
> ggplot(Y13_data, aes(SR, PR)) + geom_point() + geom_smooth(method = lm, formula = y
~ poly(x, 3), se = FALSE)
```

8.7　結論

本研究提出有別於傳統藉由線性規劃估計迴歸參數的方法。因為線性規劃是一種較注重數值運算的估計程序,其觀點與統計學之精神有相當的差異。因此我們應用模糊統計分析與演算法,重新解釋樣本 Y_i 所蘊含的意義。如此樣本的解釋將更符合實際狀況。本章中採用最小平方法求得模糊因變數的左右邊界,進而導出模糊迴歸的估計式,應是一套較符合統計原則的估計程序。

比起一般線性規劃的估計技巧,本章提供的最小平方法亦能充分配合樣本的特性,而且運算程序也較為簡易。雖然最小平方法易受離群值的影響,有時可能會產生較大的配適誤差。因此我們也考慮引用無母數迴歸估計技巧,以降低離群值的影響力,增加模糊參數估計的穩健性。因此,比起傳統方法,本章提出的估計方法更能適切地描述出 X、Y 之間的模糊因果關係。

在景氣對策信號的實例分析當中,最後導出模糊迴歸估計式,可以看出景氣對策信號和三項自變數在結構上的相關程度。我們也藉此式表達出景氣對策信號所隱含的模糊意識。在此例中,也容易看出模糊迴歸較傳統的迴歸具有更進一步的解釋能力。再者,以模糊的觀念來解釋景氣信號的資料結構,過去某些真實且重要、但常讓人忽略的資訊便可清楚地呈現出來。

另一方面,在傳統的迴歸分析中,最小平方法所求出的估計式為 BLUE(Best Linear Unbiased Estimate),但本研究引用最小平方法所求得的模糊迴歸估計式是否也具有類似的性質?而在模糊架構中,又該如何重新定義像 BLUE 這類的估計特性呢?本文中我們以家長教育投資與學生學業成就的相關為實例分析,提供了一套完善的迴歸參數估計程序,但是對此估計程序的統計性質並未詳細推導其數理特性。所以未來研究的重點將可針對此方向發展。

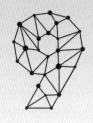

模糊樣本排序及無母數檢定方法

難易指數：☺☺（難）

學習金鑰

✦ 了解模糊樣本排序定義
✦ 能計算各類模糊數之檢定方法
✦ 運用 R 語言撰寫各種檢定方法

在傳統的統計推論方法中，數字的大小排序是一個很重要的步驟。透過排序的動作，往往能讓我們了解諸如集中趨勢、分散情形及偏態等資料分布的型態。然而，模糊數及模糊區間數的排序卻不像明確數字那般地容易，如何找出簡易有效的排序方法，一直是模糊數學界相關學者努力的方向。

針對模糊資料，本文嘗試以軟計算方法，配合模糊理論，定義出模糊數及模糊區間的排序方法，並利用此法找出模糊母體中位數的估計方法。同時，針對傳統無母數檢定方法無法解決若參數假設為模糊數或模糊區間值的缺點，我們提出模糊符號檢定、模糊 Wilcoxon 符號秩和檢定方法及模糊 Kruskal-Wallisru 檢定。由例子及實證資料分析結果顯示，我們提出的檢定方法能有效解決模糊樣本問題。

223

9.1 模糊樣本之排序

　　在傳統的統計分析方法中，排序是一個很重要的步驟，然而當樣本資料值為模糊數或模糊區間值時，排序的問題便變得複雜且難以解決。關於模糊數的排序，相關的文獻很多，Freeling(1980) 有系統地將現存的模糊排序方法依照比較的技術分為直接比較法、語意法等五類。Chen 與 Hwang(1992) 則將模糊排序方法依喜好關係、模糊平均數及分散度、模糊評分、語意表達等四種。Kaufmann 與 Gupta(1988) 針對具三角形隸屬度函數的模糊數，利用其三頂點的值，提出一個排序三法則；Liou 與 Wang(1992) 則是針對具凸隸屬函數之模糊數，利用積分的方法，比較模糊數的期望值大小來確定模糊數之排序；Cheng(1988) 則是利用計算距離的方法來比較模糊數的大小。

　　對於模糊數的排序方法，有的只適用於具特殊型態隸屬度函數的模糊數，有的則是計算較為繁瑣。故本章針對日常生活常見的模糊資料型態：多值邏輯模糊數及模糊區間數的排序，提出一有效且計算便捷的排序方法。

　　傳統的統計檢定必須對資料分布的型態給予明確的假設，例如母體分配為常態或近似常態。例如：當我們想檢定兩母體平均數是否有差異時，事先假設 (null Hypothesis) 是「兩個平均數相等」，而常假設母體服從常態分配。然而，有時我們想要知道的只是兩平均值是否非常逼近，此時傳統的檢定方法並不適用於這種包含不確定性的假設檢定。又例如：針對股市分析師宣稱某股票股價將在 23 元左右盤整，「23」元這個數字看似精確，事實上卻帶有不確定性及模糊性，若我們欲針對此假設作檢定，應視為是一個有關模糊數的假設檢定，而傳統統計的檢定方法對於這樣的假設並無有效的解決方法。此外，針對某經濟研究機構宣稱國內失業率將達到約 3%~5% 這樣帶有不確定性且為區間值的模糊虛無假設，傳統的假設檢定也缺乏較有效可行的檢定方法。

　　由上述可知，模糊統計推論日漸受到重視，這應是複雜的社會現象無法以傳統數值模型充分合理解釋的一種自然發展結果。有鑑於此，本文嘗試以軟計算方法配合模糊理論，針對多值邏輯模糊數及模糊區間數，提出有效可行的排序方法，並將此法應用於符號檢定及 Wilcoxon 符號秩和檢定等無母數檢定方法。同時將此方法應用於實證資料，希冀能對相關的研究提供切合實際的有效分析方法。

由於連續型的模糊區間樣本，其大小排序的情形遠較離散型模糊樣本來得複雜，相關文獻也較少提出排序方法。其中，多半將模糊區間數視爲一具凸隸屬度函數的模糊數，再以積分的方法找出各模糊數的模糊中心，再以模糊中心之大小決定各模糊數的排序。如此的排序方法會遭遇幾個問題：一是凸隸屬度函數的決定會較主觀且難以決定，二是對大樣本而言以積分方法來決定模糊數中心是較爲費時且實務應用上較爲不便。本章我們以均勻分配爲基礎，配合模糊關係隸屬度函數，提出以下方法來決定模糊區間樣本的大小關係。

定義 9.1 模糊樣本之排序

設 U 爲一論域，令 x_{1f}，x_{2f} 爲模糊樣本 x_1，x_2 的反模糊化值。i.e. $x_f = \sum_{i=1}^{k} m_i L_i$ 對離散模糊樣本 $x = \sum_{i=1}^{k} \frac{m_i}{L_i}$，$x_f = \frac{x_l + x_u}{2}$，對連續模糊樣本 $x = [x_l, x_u]$。則：

(1) 若 $x_{1f} < x_{2f}$，我們稱 x_1 模糊小於 x_2，記爲 $x_1 < x_2$

(2) 若 $x_{1f} = x_{2f}$，我們稱 x_1 模糊等於 x_2，記爲 $x_1 \approx x_2$

(3) 若 $x_{1f} > x_{2f}$，我們稱 x_1 模糊大於 x_2，記爲 $x_1 > x_2$.

例 9.1 離散型模糊樣本排序應用於餐飲業服務滿意度調查

針對某學校師生對學校餐廳服務是否滿意進行調查，若將滿意程度分爲：L_1 = 很不滿意，L_2 = 不滿意，L_3 = 普通，L_4 = 滿意，L_5 = 很滿意等五種。隨機抽取 6 位學校師生以模糊問卷方式進行調查，對學校餐廳滿意程度的隸屬度如表 9.1：

表 9.1 6 位受訪者對應於 5 種價格之隸屬度選擇

	L_1	L_2	L_3	L_4	L_5	x_f
1	0	0.5	0.5	0	0	2.5
2	1	0	0	0	0	1
3	0	0.7	0.3	0	0	2.3

	L_1	L_2	L_3	L_4	L_5	x_f
4	0	0	0.8	0.2	0	3.2
5	0	0	0	0.1	0.9	4.9
6	0	0	0.6	0.4	0	3.4

則 6 位受訪者對學校餐廳服務滿意程度排序為：

$$x_2 < x_3 < x_1 < x_4 < x_6 < x_5$$

R 語言語法

```
> #離散型模糊樣本排序應用於餐飲業服務滿意度調查
> #使用 read.csv() 讀取表 9.1 中 6 位受訪者對應於 5 種價格之隸屬度選擇資料
> fuzzy_sample <- read.csv(file.choose(), header = 1, row.names = 1)
>
> #宣告語言變數為 U_L
> U_L <- c(1:5)
>
> #依據定義 9.1 計算模糊樣本的反模糊化值
> De_F <- function(x) { sum(x*U_L) }
> xi <- apply(fuzzy_sample, 1, De_F)
> names(xi) <- paste0("x", c(1:length(fuzzy_sample[,1])))
>
> #運用 sort() 進行滿意程度排序
> sort(xi)
 x2  x3  x1  x4  x6  x5
1.0 2.3 2.5 3.2 3.4 4.9
```

例 9.2　在我們對於今年畢業生求職潮中，調查出下列 8 位大學畢業生對薪資期望的一組模糊區間樣本如下表 9.2，而去年調查結果之大學畢業生薪資期望均數為 3~4 萬。

表 9.2　8 位大學生對期望薪資區間值調查

i	x_l	x_u	$x_f = \dfrac{x_l + x_u}{2}$
x_1	2	3	2.5
x_2	3	4	3.5
x_3	2	5	3.5
x_4	2.6	4	3.3
x_5	3.5	5.5	4.5
x_6	3.6	4.2	3.9
x_7	3.2	5	4.1
x_8	2.6	4.6	3.6

則 8 位大學生對期望薪資排序為：

$$x_1 < x_4 < x_2 \approx x_3 < x_8 < x_6 < x_7 < x_5$$

R 語言語法

```
> #8 位大學生對期望薪資區間值調查
> # 以下列語法逐一輸入表 9.2 之數值
> U_L1 <- c(2, 3, 2, 2.6, 3.5, 3.6, 3.2, 2.6)
> U_L2 <- c(3, 4, 5, 4, 5.5, 4.2, 5, 4.6)
>
> # 依據定義 9.1 計算模糊樣本的反模糊化值
> cx <- (U_L1 + U_L2)/2
> names(cx) <- paste0("x", c(1:8))
>
> # 運用 sort() 進行滿意程度排序
> sort(cx)
 x1  x4  x2  x3  x8  x6  x7  x5
2.5 3.3 3.5 3.5 3.6 3.9 4.1 4.5
```

9.2 模糊中位數於符號檢定 (sign test) 之應用

符號檢定可說是起源最早的統計檢定方法，通常用來檢定兩母體 X、Y 是否相等，這裡相等的意思是指中位數沒有差異的情形。

符號檢定也可以推廣用來檢定單一母體的中位數，或一時間數列過程之趨向性。例如若要檢定母體的中位數是否為某特定值 M_0 時，其統計假設 $H_0 : M_X = M_0$，$H_1 : M_X \neq M_0$。我們可由母體隨機抽取 n 個樣本，然後比較樣本值與母體中位數 M_0 的大小。若 $x_i > M_0$，則記以「+」，若 $x_i < M_0$，則記以「−」（捨去 $x_i = M_0$ 之樣本）。如果該母體 X 的中位數確實是 M_0，那麼出現正號的總數與出現負號的總數應相差不多。若出現「+」的總數與出現「−」的總數相差頗大時，則我們可以說母體 X 的中位數不等於某特定值 M_0。

模糊樣本之符號檢定法，即是考慮將模糊樣本反模糊化後，再將所得之值與母體中位數 M_0 的大小作比較所得之統計結果。另外為了簡潔敘述檢定過程，避免重複說明起見，本章各檢定法介紹大都只敘述雙尾檢定過程，至於單尾檢定的情形，均可比照類推。以下依模糊樣本為離散型及連續型，分述其檢定步驟如下：

模糊樣本符號檢定程序

1. 樣本：一組隨機的成對模糊離散樣本 (x_i, y_i)，$i = 1, ..., n$，或一組中位數已知的隨機模糊離散樣本。

2. 統計假設：X,Y 兩母體分配之模糊中位數沒有差異；即

   $H_0 : Fmedian(X) = Fmedian(Y)$；$H_1 : Fmedian(X) \neq Fmedian(Y)$。

3. 統計量：$T = $ 出現 $x_i > y_i$ 的總數。

4. 決策法則：在顯著水準 α 下的雙尾檢定，

   若 $P(T \leq C_\alpha) = \sum_{i=0}^{C_\alpha} \binom{n}{i} (0.5)^i (0.5)^{n-i} < \alpha/2$，

   或若 $P(T \geq C_\alpha) = \sum_{i=C}^{n} \binom{n}{i} (0.5)^i (0.5)^{n-i} < \alpha/2$，則拒絕 H_0。

當小樣本 ($n \leq 25$) 時，我們可利用一般統計書籍裡的符號檢定表查到相

對應 α 之臨界值。若大樣本時，則可應用中央極限定理，由逼近常態分配法則，以求得 α 的臨界值。因為在 H_0 下，符號檢定統計量 T 具有期望值 $\mu_X = np = n/2$，變異數 $\sigma^2 = npq = n/4$ 的二項分配。故可使用 Z 檢定量來檢定。

$$Z = \frac{T - \mu_X}{\sigma_X} = \frac{T - (n/2)}{\sqrt{n/4}} = \frac{2T - n}{\sqrt{n}} \tag{9.1}$$

例 9.3 協和基金會為了探討夫妻在家庭重要決策中，是否如傳言妻子具有較大影響力？於是隨機抽取 17 對夫妻針對家庭中重要的決策——購屋做統計。

在問卷中要求他們對決策之影響力做一模糊回答，$\{x_i = \frac{m_{i1}}{L_1} + \frac{m_{i2}}{L_2} + \ldots + \frac{m_{ik}}{L_k}\}$。其中影響力分為五個語意變數：1 = 很沒影響、2 = 較無影響、3 = 普通、4 = 較有影響、5 = 很有影響等五種。將模糊樣本反模糊化值後，得結果如下表。

表 9.3　夫妻在家庭重要決策中的影響力

樣本	1	2	3	4	5	6	7	8	9	10	11	12	13	14	15	16	17
妻 x_{if}	3.5	3	4.2	4	2.5	1.5	3.5	2.4	1.5	4.5	3	2.5	2.5	3.5	3.5	3.5	2
夫 y_{if}	2	2.3	2.2	3	2.5	4.4	2.1	2.4	4.8	3.6	2.2	2	4	2.5	2.6	1	4.5
符號	+	+	+	+	0	−	+	0	−	+	+	+	−	+	+	+	−

H_0 : $Fmedian(X) = Fmedian(Y)$，即夫妻在家庭決策中的影響力一樣；

H_1 : $Fmedian(X) > Fmedian(Y)$，即妻子在家庭決策中的影響力較大。

由表 9.3 發現正號總數 $T = 11$，$n = 17 - 2 = 15$，相持 (tie) 不記。用右尾檢定，在 $\alpha = 0.1$ 顯著水準下查得：

$$P(T \geq 11) = 1 - B(10;15,0.5) = 1 - \sum_{i=0}^{10} C_i^{15}(0.5)^i(0.5)^{15-i}$$
$$= 1 - 0.94 = 0.06 < \alpha = 0.1$$

故拒絕 H_0，即在 $\alpha = 0.1$ 顯著水準下，妻子在家庭重要決策中的影響力較大。

R 語言語法

```
> # 夫妻在家庭重要決策中的影響力
> # 以下列語法逐一輸入表 9.3 之數值
> xi <- c(3.5, 3, 4.2, 4, 2.5, 1.5, 3.5, 2.4, 1.5, 4.5, 3, 2.5, 2.5, 3.5, 3.5, 3.5,
2)
> yi <- c(2, 2.3, 2.2, 3, 2.5, 4.4, 2.1, 2.4, 4.8, 3.6, 2.2, 2, 4, 2.5, 2.6, 1, 4.5)
>
> # 以 Wilcoxon 符號等級檢定決策影響力
> wilcox.test(xi, yi, paired = TRUE, alternative = "greater", exact = FALSE)

        Wilcoxon signed rank test with continuity correction

data:  xi and yi
V = 69, p-value = 0.3145
alternative hypothesis: true location shift is greater than 0
```

例 9.4　連續型模糊最大隸屬度估計量應用於等候時間調查

　　對速食店業者來說，縮短顧客等候時間是非常重要的，不但可提升顧客對服務的滿意度，也可以提升銷售金額。某速食店業者採開放式問卷，隨機抽取 10 位顧客調查他們可忍受的最長等候時間區段，結果如表 9.4，針對去年委託民調中心調查的結果為可忍受等候時間為 4~8 分鐘，亦即 $Fv_0 =$ [4,8]。欲檢定近來顧客可忍受等候時間與去年是否有差異。顧客可忍受等候時間對各模糊關係之隸屬度如表 9.4：

表 9.4　10 位顧客對等候時間之可忍受時間區段（分鐘）

	1	2	3	4	5	6	7	8	9	10
x_l	4	7	2	2	1	1	5	3	4	6
x_u	7	10	5	8	4	2	10	7	9	8
c_i	5.5	8.5	3.5	5	2.5	1.5	7.5	5	6.5	7
sign	−	+	−	−	−	−	+	−	+	+

$H_0 : Fmedian(X) = Fmedian(Y)$，即顧客可忍受等候時間區間中位數與去年差不多；

$H_1 : Fmedian(X) < Fmedian(Y)$，即顧客可忍受等候時間區間中位數與去年有顯著差異。

由表 9.4 發現正號總數 $T = 4$，$n = 10$。用左右尾檢定，在 $\alpha = 0.1$ 顯著水準下查得：

$$P(T \leq 4) = B(4;10,0.5) = \sum_{i=0}^{4} C_i^{10} (0.5)^i (0.5)^{10-i}$$
$$= 0.37 > \alpha = 0.1$$

故接受 H_0，即在 $\alpha = 0.1$ 顯著水準下，顧客可忍受等候時間區間中位數與去年差不多。

R 語言語法

```
> # 連續型模糊最大隸屬度估計量應用於等候時間調查
> # 以下列語法逐一輸入表 9.4 之數值
> xl <- c(4, 7, 2, 2, 1, 1, 5, 3, 4, 6)
> xu <- c(7, 10, 5, 8, 4, 2, 10, 7, 9, 8)
>
> # 計算區間重心點 cl
> cl <- (xl + xu) / 2
>
> # 先計算區間 4-8 的重心點
> # 再以 Wilcoxon 符號等級檢定可忍受時間區段
> fv <- rep((4+8)/2, length(xl))
> wilcox.test(cl, fv, paired = TRUE, exact = FALSE)


        Wilcoxon signed rank test with continuity correction


data:  cl and fv
V = 19, p-value = 0.413
alternative hypothesis: true location shift is not equal to 0
```

9.3 模糊樣本排序方法應用於威爾卡森符號等級檢定 (Wilcoxon signed-rank test)

符號檢定法僅利用到成對樣本之間的差異方向（正或負），並沒有考慮差量大小。因此檢定過程中，可能會失去一些重要的資料訊息。威爾卡森 (1945) 提出符號等級檢定方法，就是將成對樣本間差量大小與符號方向同時納入考慮。也就是對差量越大的配對，給予越大的權值，如此也提高了檢定方法之檢定力。

威爾卡森符號等級檢定方法的概念為：假設我們由隨機成對樣本 $\{(X_i, Y_i); i = 1, ..., n\}$ 中，要檢定兩母體 X, Y 是否有差異。令 $d_i = Y_i - X_i$ 為成對 (X_i, Y_i) 之差值，$i = 1, ..., n$。對 d_i 取絕對值，再以等級 1 給 $|d_i|$ 之最小值，等級 2 給 $|d_i|$ 之次小值，……，依此類推，以等級 n 給 $|d_i|$ 之最大值。若有數個 $|d_i|$ 值相等，則取其在不同值下所對應等級的平均值。則易知全部 $|d_i|$ 等級和為 $n(n + 1)/2$。

令 T^+ 為所有 d_i 為正數的等級和，T^- 為所有 d_i 為負數的等級和。則易知 T^+ 或 T^- 的最小值均可能為 0，且 T^+ 或 T^- 的最大值均可能為 $n(n + 1)/2$。因此在統計假設 $H_0 : M_X = M_Y$ 下，若 T^+ 或 T^- 接近 $n(n + 1)/4$，則我們可接受 H_0: X, Y 兩母體沒有差異。反之，若 T^+ 或 T^- 接近 0 或 $n(n + 1)/2$，則我們拒絕 H_0。

模糊樣本之符號檢定法，即是考慮將模糊樣本反模糊化後，再將所得之值與母體中位數 M_0 的大小作比較所得之統計結果。

模糊樣本 Wilcoxon signed-rank test 檢定流程

1. 樣本：一組隨機的成對模糊樣本 (x_i, y_i)，$i = 1, ..., n$，或一組中位數已知的隨機模糊樣本。(x_{if}, y_{if}) 為其相對之反模糊化值。$d_i = y_{if} - x_{if}, i = 1, ..., n$。
2. 統計假設：X, Y 兩母體分配之模糊中位數沒有差異；即 $H_0 : Fmedian(X) = Fmedian(Y)$ vs. $H_1 : Fmedian(X) \neq Fmedian(Y)$。
3. 統計量：$T = T^+$ 與 T^- 中較小的值。
4. 決策：在顯著水準 α 下的左尾檢定，查表，若 $T < T_{\alpha/2}$（臨界值），則拒絕 H_0。

當小樣本 $(n \le 25)$ 時，我們可利用一般統計書籍裡的符號檢定表查到相對應 α 之臨界值。當大樣本時，可證得威爾卡森符號等級檢定量 T 的分配會趨近常態分配，其期望值與變異數為：

$$E(T) = \frac{n(n+1)}{4}, \sigma_T^2 = \frac{n(n+1)(2n+1)}{24} \tag{9.2}$$

因此可使用統計量 $Z = \dfrac{T - E(T)}{\sigma_T}$ 來檢定。

例 9.5　幼教心理學家想要探討雙胞胎中，首先出生者是否比後出生者更有進取心。於是選取 12 對雙胞胎給予心理測驗，並以模糊隸屬度記錄其模糊分數 (x_i, y_i)。再將其反模糊化得到 (x_{if}, y_{if})。結果如下表。較高分者表示較有進取心。

表 9.5　雙胞胎中首先出生者與後出生心理測驗結果

雙胞胎	1	2	3	4	5	6	7	8	9	10	11	12
先出生	86	71	77	68	91	72	77	91	70	71	88	87
後出生	88	77	76	64	96	72	65	90	65	80	81	72
d_i	2	6	-1	-4	5	0	-12	-1	-5	9	-7	-15
$|d_i|$ 之等級	3	7	1.5	4	5.5	-	10	1.5	5.5	9	8	11

以威爾卡森符號等級檢定法檢定，在顯著水準 $\alpha = 0.05$ 下，是否雙胞胎中首先出生者比後出生者更有進取心。

統計假設 H_0：雙胞胎中首先出生者不比後出生者更有進取心；vs.

　　　　H_1：雙胞胎中首先出生者比後出生者更有進取心。

查表可得到正號總和 $T^+ = 3 + 7 + 5.5 + 9 = 24.5$，負號總和 $T^- = 1.5 + 4 + 10 + 1.5 + 5.5 + 8 + 11 = 41.5$。用單尾檢定，在統計假設 H_0 下，由統計檢定表可查得當 $n = 11$，$\alpha = 0.05$ 時，$T_{0.05} = 14 < T^+ = 24.5$。故我們接受 H_0，即雙胞胎中首先出生者不比後出生者更有進取心。

R 語言語法

```
> # 雙胞胎中首先出生者與後出生心理測驗結果
> # 以下列語法逐一輸入表 9.5 之數值
> x1 <- c(86, 71, 77, 68, 91, 72, 77, 91, 70, 71, 88, 87)
> x2 <- c(88, 77, 76, 64, 96, 72, 65, 90, 65, 80, 81, 72)
>
> # 以 Wilcoxon 符號等級檢定進取心差異
> wilcox.test(x1, x2, paired = TRUE, exact = FALSE)


        Wilcoxon signed rank test with continuity correction


data:  x1 and x2
V = 41.5, p-value = 0.4765
alternative hypothesis: true location shift is not equal to 0
```

9.4　模糊樣本排序方法應用於威爾卡森等級和檢定 (Wilcoxon rank-sum test)

　　威爾卡森等級和檢定乃用來檢定兩組獨立樣本，其所來自母體之中位數是否相等。在無母數統計檢定法中，可說是應用最廣的一種檢定法。威爾卡森等級和檢定與一般所謂曼—惠特尼 (Mann-Whitney) 檢定法的原理是一致的。

　　假設我們從兩獨立母體 X, Y 隨機抽出 m, n 個模糊樣本，再將此樣本反模糊化，最後依照樣本值大小，將所有 $m + n = N$ 個混合樣本由小而大排序。亦即在混合樣本中，最小的混合值給 1，次小者給 2，……，依此類推，最大的混合值給 N。若有混合值相等者，則取其在不同值下所對應等級的平均值。設 $R(X_i)$, $R(Y_j)$ 分別表示 X_i, Y_j 在混合樣本中所對應之等級，則兩組樣本等級的總和分別為：

$$W_X = \sum_{i=1}^{m} R(X_i) \text{ 和 } W_Y = \sum_{i=1}^{n} R(Y_i)$$

　　可知 W_X 的最小可能值為 $1 + \ldots + m$，最大可能值為 $(n + 1) + \ldots + (n +$

m)。W_Y 的最小可能值為 $1 + ... + n$，最大可能值為 $(m + 1) + ... + (n + m)$。

因此如果母體 X 的樣本值比母體 Y 的樣本值來得大，即母體 X 的樣本值集中於等級高的區域，則 W_X 值將較大。如果母體 X 的樣本值比母體 Y 的樣本值來得小，即母體 X 的樣本值集中於等級低的區域，則 W_X 值將較小。在這兩種情況下，則我們會拒絕統計假設 $H_0 : M_X = M_Y$。

舉例來說，我們有兩組樣本分別來自國中聯考班 X，與自學班 Y 的學生，其反模糊化測驗成績如下。聯考班：70, 75, 85, 90；自學班：55, 60, 80。我們將混合樣本依大小排等級：

觀測值	55	60	70	75	80	85	90
母體	Y	Y	X	X	Y	X	X
等級	1	2	3	4	5	6	7

則 $W_X = 3 + 4 + 6 + 7 = 20$, $W_Y = 1 + 2 + 5 = 8$。

威爾卡森等級和檢定過程

1. 資料：兩組獨立母體 X, Y 之隨機模糊樣本 $x_1, ..., x_m, y_1, ..., y_n$，$m + n = N$。$x_{1f}, ..., x_{mf}, y_{1f}, ..., y_{mf}$ 為其相對之反模糊化值。

2. 統計假設：X, Y 兩母體分配之中位數沒有差異；即 $H_0 : M_X = M_Y$；$H_1 : M_X \neq M_Y$。

3. 統計量：$T = W_X = \sum_{i=1}^{m} R(X_i)$。

4. 決策：在顯著水準 α 下的雙尾檢定，查表，若 $W_L \leq T \leq W_U$，則接受 H_0。

當 m, n 很大時 $(m > 10, n > 10)$，可證得威爾卡森等級和檢定量 T 的分配會趨近常態分配，其期望值與變異數為：

$$E(T) = E\left(\sum_{i=1}^{m} R(X_i)\right) = \frac{m(N+1)}{2} \tag{9.3}$$

$$\sigma_T^2 = Var\left(\sum_{i=1}^{m} R(X_i)\right) = \frac{mn(N+1)}{12} \tag{9.4}$$

因此可使用統計量 $Z = \dfrac{T - \mu_T}{\sigma_T}$ 來檢定。

例 9.6 觀光局想調查遊客對台灣北部旅遊勝地：東北角海岸線與石門水庫風景區的滿意度情形。於是在某假日隨機各抽取數名遊客，就其景觀、設施、環保、服務、交通等項作隸屬度評分，得到反模糊化值總分如下表9.6。

表 9.6 東北角海岸線與石門水庫風景區的滿意度

東北角海岸線 x_f	40.2	38.4	32	45.3	33.4	45.8		
石門水庫風景區 y_f	28.7	35.9	32	42.2	47.7	24.3	33.6	41.4

以威爾卡森等級和檢定，在 $\alpha = 0.05$ 顯著水準下，統計假設為：

H_0：遊客對東北角海岸線與石門水庫風景區滿意度相同；即 $M_X = M_Y$。

H_1：遊客對東北角海岸線與石門水庫風景區滿意度不同；即 $M_X \neq M_Y$。

將遊客對東北角海岸線與石門水庫風景區的滿意度混合排序如下。

滿意度	24.3	28.7	32	32	33.4	33.6	35.9	38.4	40.2	41.4	42.2	45.3	45.8	47.7
母體	Y	Y	Y	X	X	Y	Y	X	X	Y	Y	X	X	Y
等級	1	2	3.5	3.5	5	6	7	8	9	10	11	12	13	14

由上表可得 $W_X = 3.5 + 5 + 8 + 9 + 12 + 13 = 50.5$。在統計假設 H_0 下，由查表可得當 $m = 6$，$n = 8$，$\alpha = 0.05$ 時，$(W_L, W_U) = (29, 61)$ 此區間包含 50.5。故我們接受 H_0，即遊客對東北角海岸線與石門水庫風景區滿意度相同。

R 語言語法

```
> #東北角海岸線與石門水庫風景區的滿意度
> #以下列語法逐一輸入表9.6之數值
> yi <- c(40.2, 38.4, 32, 45.3, 33.4, 45.8, 28.7, 35.9, 32, 42.2, 47.7, 24.3, 33.6,
41.4)
> xi <- c(rep(1, 6), rep(2, 8))
>
```

```
> # 以 Wilcoxon 符號等級檢定滿意度差異
> wilcox.test(yi ~ xi, exact = FALSE)


        Wilcoxon rank sum test with continuity correction


data:  yi by xi
W = 29.5, p-value = 0.5181
alternative hypothesis: true location shift is not equal to 0
```

9.5 模糊樣本排序方法應用於 Kruskal-Wallis 檢定（一因子變異數分析）

　　Kruskal-Wallis 等級檢定法是一種最常被用來檢定多組獨立母體間是否有差異的方法。假設我們有 k 組獨立之母體，而每個母體之模糊觀察值有 n_i 個，$i = 1, ..., k$。現依照反模糊化值的大小將所有 $n_1 + n_2 + n_3 + ... + n_k = N$ 個反模糊化值排序，最小之反模糊化值給 1，次小者給 2，依此類推，最大之反模糊化值觀測值給 N；若有數個反模糊化值相等，則取其在不同值下所對應秩的平均值。

　　之後我們對 k 組母體求秩和，以 R_i 表第 i 個模糊母體在混合樣本中所對應之秩和，若我們所假設的是 H_0：各模糊母體間無差異，顯然地若各組獨立模糊母體之樣本大小一致時，則所有 R_i 值 $i = 1, ..., k$，不會過大或過小，但如果有某個母體之秩和太大（小），則我們拒絕 H_0。

Fuzzy Kruskal-Wallis（一因子變異數分析）等級檢定模式

1. 資料：k 組相互獨立模糊母體，每個母體有 n_i 個模糊觀測值，$i = 1, ..., k$
   $n_1 + n_2 + n_3 + ... + n_k = N$，$x_{if}$ 為其相對之反模糊化值。

2. 假設：H_0：$M_1 = M_2 = ... = M_k$。

3. 統計量：$T = \dfrac{12}{N(N+1)} \sum_{i=1}^{k} \dfrac{1}{n_i} \left[R_i - \dfrac{n_i(N+1)}{2} \right]^2 = \dfrac{12}{N(N+1)} \sum_{i=1}^{k} \dfrac{R_i^2}{n_i} - 3(N+1)$，其中 R_i 之期望值為 $\dfrac{n_i(N+1)}{2}$。

4. 決策：

    (1)當 $k = 3$ 且每組母體之觀測值均不超過 5，查表進行檢定。在 α 顯著水準下，若 $T > C_\alpha$，則拒絕 H_0。

    (2)當有任何一組觀測值大於 5 時，其分布近似 χ^2，自由度爲 k-1。在 α 顯著水準下，若 $T > \chi_\alpha^2(k-1)$，則拒絕 H_0。

例 9.7　長春醫院婦產科醫師爲了研究懷孕婦女其腎上腺素的分泌量變化情形，分別記錄了三組婦女體內腎上腺素的分泌量。第一組爲待產的婦女，第二組爲剖腹生產的婦女，第三組爲自然生產的婦女，表 9.7 提供了資料值。在 $\alpha = 0.05$ 顯著水準下，試判斷這三組婦女腎上腺素的分泌量是否有不同。

表 9.7　三組婦女體內腎上腺素之分泌量反模糊化值

第一組	263	305	218	333	454	339	304	154	287	355
第二組	468	501	455	351	469	362				
第三組	343	772	207	998	838	687				

統計假設爲：

H_0：每組的婦女體內腎上腺素的分泌量分配相同；

H_1：至少有一組婦女體內腎上腺素的分泌量分配與其他組不同。

    將所有之 $10 + 6 + 6 = 22$ 爲觀測值混合排序後我們得到：

第一組	4	7	3	8	14	9	6	1	5	12	$R_1 = 69$
第二組	16	18	15	11	17	13					$R_2 = 90$
第三組	10	20	2	22	21	19					$R_3 = 94$

$$K = \frac{12}{22(22+1)}\left[\frac{69^2}{10} + \frac{90^2}{6} + \frac{94^2}{6}\right] - 3(22+1) = 9.23$$

因爲 $\chi_{0.95}^2(2) = 5.99 < 9.232$，所以我們拒絕 H_0；即婦女體內腎上腺素之分泌量分配不同。

R 語言語法

```
> # 三組婦女體內腎上腺素之分泌量反模糊化值
> # 以下列語法逐一輸入表 9.7 之數值
> yi <- c(263, 305, 218, 333, 454, 339, 304, 154, 287, 355, 468, 501, 455, 351, 469,
362, 343, 772, 207, 998, 838, 687)
> xi <- c(rep(1, 10), rep(2, 6), rep(3, 6))
>
> # 以 Kruskal-Wallis 檢定腎上腺素的分泌量
> kruskal.test(yi, xi)


        Kruskal-Wallis rank sum test


data:  yi and xi
Kruskal-Wallis chi-squared = 9.2316, df = 2, p-value = 0.009894
```

9.6　結論

　　當研究的議題具模糊性，且論域可由數個變數所分割時。由於模糊理論依受訪者的主觀意識不同，容許其對於不同的選項作出一個以上的選擇，由此而得的調查結果及統計分析的確較能貼近母體意向的真實情形。這也是為何本文考慮多值邏輯模糊數之排序及檢定問題的原因。

　　我們所提出的模糊樣本排序方法，應用於無母數檢定，可解決傳統假設檢定無法解決日常生活中帶有模糊性語意或帶有不確定性區間值的檢定假設。應用模糊二元有序關係以決定不確定性區間值之間的大小排序關係，並應用於無母數檢定，結果顯示，無論是離散型或是連續型，均較一般模糊數排序方法簡單且有效率。

　　我們提出的模糊符號檢定、模糊 Wilcoxon 符號秩和檢定、模糊 Kruskal-Wallisru 檢定等無母數檢定方法，具有不需對資料分布的型態給予明確的假設，例如母體分配為常態或近似常態的優點。此外，當我們想檢定針對日常生活常遇到如「我的食量是 2〜3 碗」、「我希望的薪水是 3〜4 萬」、「某股票股價是否會在 23 元左右盤整」、「資訊展今日到展人數是 1〜2 萬人」

等具有不確定性及模糊性的資料，應視為是一個有關模糊樣本的假設檢定。
傳統統計的檢定方法對於這樣的假設並無有效的解決方法，而我們所提出的
模糊無母數檢定方法則提供了一個更具體可行的方向。

模糊時間數列分析與預測

難易指數：☺（超難）

學習金鑰

✦ 理解模糊時間數列定義

✦ 進行模糊趨勢的判別

✦ 建構模糊時間數列模式

✦ 運用演算法則進行模糊時間數列計算

　　本章將引進模糊集合理念，於時間數列分析與預測上。探討研究重點包括模糊自相似度的定義與度量、模糊自迴歸係數的分析、模糊相似度辨識與自迴歸階次認定、模糊時間數列模式建構與預測等。我們首先給定模糊時間數列模式的概念與一些重要性質。接著提出模糊相似度的定義與度量，並以模糊關係方程式的推導，提出模糊時間數列模式建構方法，且考慮以平均預測準確度來做預測效果之比較。最後以台灣的景氣對策信號為實例，以驗證所建構模糊時間數列模式及預測的效率性與實用性。

10.1　前言

　　在時間數列分析中，資料的走勢型態可以作為判斷事件發生的基礎，如：遞增或遞減、季節性循環或突發暴漲等。是故，根據所觀察的特性，可藉由先驗的模式族中，如：ARIMA 模式族、ARCH 模式族或門檻模式族等，挑選出最佳的配適模式。但由於資料蒐集的誤差、時間的延遲 (lag) 或變數之間的交互影響，使得單一度量的數值，形式上看似一精確值，而實際上所隱含的卻是某一區間範圍的可能值。在此情況下，我們若以傳統的模式建構與分析方法，來配適出一數學模式，以解釋時間數列資料與走勢，可能會產生模式過度配適的危險。

　　預測是決策者在決策過程中不可或缺的重要資訊，且精確的預測結果可以提供決策者更多的訊息，有利於做出正確的決策與適當的反應。在時間數列資料上，傳統是以建構統計模式方法作為資料分析或預測工具，其過程偏向由數值資料中，經由先驗的模式族中建構最適模式，例如由 ARIMA 模式族、ARCH 模式族或門檻模式族等，挑選出最佳的配適模式。但是由於資料蒐集的誤差、時間的遲延 (lag) 或變數之間的交互影響，使得單一度量的數值，形式上看似一精確值，實際上所表達的應該是某一區間範圍的可能值。例如：每年的學生註冊人數是以年初、年中、年尾，或是平均為準？期間所得數值往往各有不同。又如每天的加權股票指數是以開盤、收盤，或是最高最低價之平均為準？結果亦有相當的差距。

　　實際上學生註冊人數與加權股票指數，其數字本身就具有不確定性與模糊性。若我們利用此一假性的「精確值」來做因果分析或計量度量，可能造成因果判定偏差或誤導預測模式的建構。因此，具有模糊性的數值資料，我們若以傳統的模式建構與分析方法，配適出一數學模式，以解釋時間數列資料與走勢，可能會造成模式建構、預測誤導或擴大預測結果和實際狀態之間的誤差。

　　另一方面，從模式庫 (model base) 的觀點來看，傳統上是以建構統計模式方法作為資料分析或預測工具。其過程偏向由數值資料中，藉由先驗的模式族中建構最適模式。譬如由 ARIMA 模式族、ARCH 模式族或門檻模式族等，挑選出最佳的配適模式。但是由於資料蒐集的誤差、時間的延遲 (lag)

或變數之間的交互影響，數值資料本身常充滿著不確定性。例如：景氣對策信號綜合指數的判定，有些項目可能即時收錄記載，有些項目僅能事後觀察得來；每年的學生註冊人數，以年初、年中或年尾為準？期間所得數值往往各有不同。又如新台幣對美元的匯率，是以開盤、收盤或是最高最低價之平均為準？結果亦有相當的差距。

因此，往往動態資料的顯現上看似一精確的數值，而所隱含的卻是某一區間範圍的可能值，或者資料本身就是一組語言資料 (linguistic data)。這些靜態與／或動態情況，我們若以傳統的模式建構與分析方法，配適出一數學模式，以解釋時間數列資料與走勢，可能會產生模式過度配適的危險。

點預測為目前使用最多之預測陳述，其效率評估亦多以最小平方和誤差 (minimum of sum of square errors) 為主。每日或月的經濟或財金指標預測是點預測最常見的例子。但是隨著區間時間數列真正需求與軟計算 (soft computing) 科技的發展，區間計算與預測越來越受重視。本章提出幾種區間時間數列預測的方法，並研究其效率評估。我們將定義區間誤差和，並將其對應到實數值，以便使用傳統的方法計算。最後我們以影響經濟作物的天氣預測，作實證研究分析。考慮在無參數條件下，幾種預測方法作效率評估與準確性探討。天氣預測是區間預測的例子，建立合適的區間預測方法與效率評估，對各研究領域將會有莫大的幫助。

將模糊邏輯應用於時間數列分析過程時，第一步考慮就是要如何結合語言變數的分析方法，以解決資料的模糊性問題。語言方面提出了具有學習能力的方法去修正模糊模式。還有其他方法像是以嘗試錯誤的過程 (trial-and-error procedure) 選擇適當的加權因子，但此方法相當麻煩。若是由模糊方程式著手，事實上，模糊關係方程式，是較決策表或決策法則來得容易理解，及更進一步的分析與應用。所以大部分學者，常採用模糊關係方程式求解來分析。本章將詳細地探討這些類型的模糊時間數列，並以模糊關係方程式建構模糊時間數列模式。最後，將我們的方法，應用在台灣的景氣對策信號與台灣地區加權股票指數資料分析與預測上。

應用模糊時間數列來進行預測時，首先，要給定幾個有關模糊時間數列的定義。

> **定義 10.1　模糊時間數列**
>
> 　　令 $\{X(t) \in R, t = 1, 2, ..., n\}$ 爲一個時間數列，U 爲其論域，給定 U 的一個次序分割集合 (ordered partition set)，$\{P_i; i = 1, 2, ..., r, \bigcup_{i=1}^{r} P_i = U\}$ 其相對於語言變數爲 $\{L_i, i = 1, 2, ..., r\}$。若在 $\{L_i, i = 1, 2, ..., r\}$ 上相對於 $X(t)$ 的模糊集合 $F(t)$ 有隸屬度函數爲 $\{\mu_1(X(t)), \mu_2(X(t)), \cdots, \mu_r(X(t))\}$，$0 \leq \mu_i(t) \leq 1$，$i = 1, ..., r$，則我們稱 $\{F(t)\}$，$F(t)$ 的集合，爲分布於 $X(t)$ 上的一個模糊時間數列，並且記爲：
>
> $$F(t) = \frac{\mu_1(X_t)}{L_1} + \frac{\mu_2(X_t)}{L_2} + \cdots + \frac{\mu_r(X_t)}{L_r} \tag{10.1}$$
>
> 　　其中，「+」表示連結符號，$\mu_i : R \rightarrow [0,1]$，且 $\sum_{i=1}^{r} \mu_i(X(t)) = 1$，對所有 $t = 1, 2, ..., n$。
>
> 　　爲了方便起見，我們將 $\frac{\mu_1(X_t)}{L_1} + \frac{\mu_2(X_t)}{L_2} + \cdots + \frac{\mu_r(X_t)}{L_r}$ 簡寫爲 $F(t)$。

10.2　模糊 ARIMA 模型

　　在提到預測時，我們需要先知道最基本也普遍應用的預測模型自迴歸移動平均 (ARIMA) 模型，自迴歸移動平均是由 Box and Jenkins 在 1970 年所提出的預測模式，一個完整的 ARIMA 模型應該包含三個部分來預測時間數列：(1) 自迴歸項 (AR-autogressive terms)；(2) 差分處理項 (I-integrated)；(3) 移動平均項 (MA-moving average terms)。

　　經過這三個部分的結合，即可建立一個完整的 ARIMA 預測模式，若一時間數列 $\{X_t\}$ 滿足 ARIMA(p, d, q) 模式，則對任意 t 可寫成：

$$\phi_p(B)(1 - B)^d X_t = \theta_q(B)\varepsilon_t \tag{10.2}$$

B：退後因子，$BX_t = X_{t-1}$。X_t：是一個時間序列隨機變數。

ε_t：誤差項白噪音 (White noise)。

$$\phi_p(B) = (1 - \phi_1 B^1 - \phi_2 B^2 - ... - \phi_p B^p) \text{ 稱爲 } AR(p) \text{ 模型。}$$
$$\theta_q(B) = (1 - \theta_1 B^1 - \theta_2 B^2 - ... - \theta_q B^q) \text{ 稱爲 } MA(q) \text{ 模型。}$$

$$(B)^d = \nabla^d \text{ 稱爲 } d \text{ 階差分。}$$

定義 10.2　區間時間數列模式

　　傳統的時間數列爲 $\{X_t = x_t, t = 1, 2, ..., n\}$，其預測方式爲 $\hat{X}_t = E(X_t \mid X_{t-1}, X_{t-2}, ..., X_1)$，爲點對點的預測。至於區間時間數列 $\{X_t = [a_t, b_t] = (c_t; r_t), t = 1, 2, ..., n\}$，無法以傳統的預測方法來進行預測，以下提供幾種區間時間數列的預測模式。

一、中心點及半徑之 *k* 階區間移動平均法 (interval moving average of order *k*)（徐 2007）

　　令 $\{X_t = [a_t, b_t] = (c_t; r_t), t = 1, 2, ..., n\}$ 爲一個區間時間數列，且 $\hat{c}_t = (c_{t-1} + ... + c_{t-k})/k$，

$\hat{r}_t = (r_{t-1} + ... + r_{t-k})/k$，$t = k + 1, k + 2, k + 3, ...,$ 則區間時間數列預測爲

$$E(X_t \mid X_{t-1}, X_{t-2}, ..., X_1) = [\hat{c}_t - \hat{r}_t, \hat{c}_t + \hat{r}_t] = (\hat{c}_t; \hat{r}_t) 。$$

二、左右端點之 *k* 階區間移動平均法 (interval moving average of order *k*)

　　令 $\{X_t = [a_t, b_t] = (c_t; r_t), t = 1, 2, ..., n\}$ 爲一個區間時間數列，且 $\hat{a}_t = (a_{t-1} + ... + a_{t-k})/k$，

$\hat{b}_t = (b_{t-1} + ... + b_{t-k})/k, t = k + 1, k + 2, k + 3, ...,$ 則區間時間數列預測爲

$$E(X_t \mid X_{t-1}, X_{t-2}, ..., X_1) = [\hat{a}_t, \hat{b}_t] 。$$

三、中心點及半徑之 ARIMA 法（徐 2007）

　　令 $\{X_t = [a_t, b_t] = (c_t; r_t), t = 1, 2, ..., n\}$ 爲一個區間時間數列，且

$$c_t = \theta + \phi_1 c_{t-1} + ... + \phi_{p_c} c_{t-p_c} + \varepsilon_t - \theta_1 \varepsilon_{t-1} - ... - \theta_{q_c} \varepsilon_{t-q_c}$$

$$r_t = \alpha + \beta_1 r_{t-1} + ... + \beta_{p_r} r_{t-p_r} + \varepsilon_t - \eta_1 \varepsilon_{t-1} - ... - \eta_{q_r} \varepsilon_{t-q_r}，\text{其中} \varepsilon_t \sim WN(0, \sigma^2)$$

則 $E(c_t \mid c_{t-1}, c_{t-2}, ..., c_1) = \theta + \phi_1 c_{t-1} + ... + \phi_{p_c} c_{t-p_c}$

$$E(r_t \mid r_{t-1}, r_{t-2}, ..., r_1) = \alpha + \beta_1 r_{t-1} + ... + \beta_{pr} r_{t-pr}$$

且令 $\hat{c}_t = E(c_t \mid c_{t-1}, c_{t-2}, ..., c_1)$，$\hat{r}_t = E(r_t \mid r_{t-1}, r_{t-2}, ..., r_1)$，

則區間時間數列預測為 $E(X_t \mid X_{t-1}, X_{t-2}, ..., X_1) = [\hat{c}_t - \hat{r}_t, \hat{c}_t + \hat{r}_t] = (\hat{c}_t; \hat{r}_t)$。

四、左右端點之 ARIMA 法

令 $\{X_t = [a_t, b_t] = (c_t; r_t)，t = 1, 2, ..., n\}$ 為一個區間時間數列，且

$$a_t = \theta + \phi_1 c_{t-1} + ... + \phi_{pc} c_{t-pc} + \varepsilon_t - \theta_1 \varepsilon_{t-1} - ... - \theta_{qc} \varepsilon_{t-qc}$$

$$b_t = \alpha + \beta_1 r_{t-1} + ... + \beta_{pr} r_{t-pr} + \varepsilon_t - \eta_1 \varepsilon_{t-1} - ... - \eta_{qr} \varepsilon_{t-qr}，其中 \varepsilon_t \sim WN(0, \sigma^2)$$

則 $E(a_t \mid a_{t-1}, a_{t-2}, ..., a_1) = \theta + \phi_1 c_{t-1} + ... + \phi_{pc} c_{t-p}$

$E(b_t \mid b_{t-1}, b_{t-2}, ..., b_1) = \alpha + \beta_1 r_{t-1} + ... + \beta_{pr} r_{t-pr}$

且令 $\hat{a}_t = E(a_t \mid a_{t-1}, a_{t-2}, ..., a_1)$，$\hat{b}_t = E(b_t \mid b_{t-1}, b_{t-2}, ..., b_1)$，

則區間時間數列預測為 $E(X_t \mid X_{t-1}, X_{t-2}, ..., X_1) = [\hat{a}_t, \hat{b}_t]$。

定義 10.3　模糊模式預測估計

接下來延續上述具模糊係數轉換模式，我們考慮對應變數取條件期望值來得到估計值：

$$\begin{cases} Y_{center} = E[Y_{center,t}], Y_{center,t-1}, Y_{center,t-2}, \cdots, Y_{center,1} = v(B)X_t + \varepsilon_t \\ \hat{Y}_{radius} = E[Y_{radius,t}], Y_{radius,t-1}, Y_{radius,t-2}, \cdots, Y_{radius,1} = v(B)X_t + \varepsilon_t \end{cases} \quad (10.3)$$

而在實際應用時，如何去選取適當的自變數也是一個重要課題。首先必須先定義交叉相關係數函數：

若單變量時間數列 X_t 與 Y_s 均服從穩定過程，且 x_t, y_s 間的交叉共變異 (cross covariance)，$Cov(x_t, y_s)$，為時間差 s - t 的函數，則稱 X_t, Y_t 為聯合穩定 (jointly stationary)。根據二元間的交叉共變異觀念，給定任意整數 k，X_t 與 Y_{t+k} 的交叉共變異記為：

$$C_{xy}(k) = E(x_t - \mu_x)(y_{t+k} - \mu_y)$$

$$C_{xy}(k) = E(x_t - \mu_x)(y_{t+k} - \mu_y)，k = ..., -2, -1, 0, -1, -2, ... \quad (10.4)$$

定義 10.4　交叉相關係數函數 (CCF)

一組二元時間數列 $\{X_t, Y_t\}$，若服從聯合隨機過程，則其交叉相關係數 (cross correlation function)，記作 CCF，定義為：

$$\rho_{xy}(k) = \frac{C_{xy}(k)}{\sigma_x \sigma_y} \tag{10.5}$$

以此來分析投入變數對產出變數影響程度的深淺，進而建構模式。

10.3　區間預測之效率分析

本章定義區間絕對誤差和與區間誤差平方和為一堆區間的聯集，並將區間對應到實數值，以便運算。

區間預測的效率性

定義 10.5　區間絕對誤差和 (sum absolute error of interval, ISAR)

令 $\{X_t = [a_t, b_t] = (c_t; r_t), t = 1, 2, ..., n\}$ 為一個區間時間數列，預測區間 $\hat{X}_t = [\hat{a}_t, \hat{b}_t] = (\hat{c}_t; \hat{r}_t)$，$\varepsilon_t = \hat{X}_t - X_t$ 為預測區間 $\hat{X}_t$ 與實際區間 X_t 的誤差，則定義區間絕對誤差和為 $ISAR = \sum_{t=n+1}^{n+l} |\varepsilon_t| = \sum_{t=n+1}^{n+l} |\hat{X}_t - X_t|$，$n$ 代表當期時間，l 代表往前預測期數。

定義 10.6　區間誤差平方和 (sum square error of interval, ISSR)

令 $\{X_t = [a_t, b_t] = (c_t; r_t), t = 1, 2, ..., n\}$ 為一個區間時間數列，預測區間 $\hat{X}_t = [\hat{a}_t, \hat{b}_t] = (\hat{c}_t; \hat{r}_t)$，$\varepsilon_t = \hat{X}_t - X_t$ 為預測區間 $\hat{X}_t$ 與實際區間 X_t 的誤差，則定義區間誤差平方和為 $ISSR = \sum_{t=n+1}^{n+l} \varepsilon_t^2 = \sum_{t=n+1}^{n+l} (\hat{X}_t - X_t)^2$，$n$ 代表當期時間，l 代表往前預測期數。

定義 10.7　單位區間

定義長度為 1 單位之區間稱為單位區間。（我們假定區間內任意一點所在位置為均勻分布）

例 10.1

1. [0, 1], [3, 4], [2.3, 3.3] 等皆爲單位區間。

2. [0, 3] 可分割成 [0, 1], [1, 2], [2, 3] 三個單位區間。假定 [0, 3] 的權重爲 1，則 [0, 1], [1, 2], [2, 3] 這三個單位區間的權重各爲 1/3。

3. [0, 3.3] 可分割成 [0, 1], [1, 2], [2, 3] 三個單位區間及 [3, 3.3]，而 [3, 3.3] 之區間長度爲單位區間長之 3/10，所以假定 [0, 3.3] 的權重爲 1，則 [0, 1], [1, 2], [2, 3] 這三個單位區間的權重各爲 10/33，而 [3, 3.3] 之權重爲 3/33。

例 10.2　令區間 $X_1 = [4, 6]$，$X_2 = [5, 8]$，預測區間 $\hat{X}_1 = [2, 5]$，$\hat{X}_2 = [3, 7]$，則：

1. 區間絕對誤差和

$ISAR = |[2, 5] - [4, 6]| + |[3, 7] - [5, 8]|$

$\quad = |[-4, 1]| + |[-5, 2]|$（將 [-4, 1] 分割爲 [-4, 0] 與 [0, 1] 之聯集）

$\quad = |[-4, 0] \cup [0, 1]| + |[-5, 0] \cup [0, 2]|$

$\quad = \{[0, 4] \cup [0, 1]\} + \{[0, 5] \cup [0, 2]\}$

$\quad = \{[0, 4] + [0, 5]\} \cup \{[0, 4] + [0, 2]\} \cup \{[0, 1] + [0, 5]\} \cup \{[0, 1] + [0, 2]\}$

$\quad = [0, 9] \cup [0, 6] \cup [0, 6] \cup [0, 3] = [0, 3]_4 \cup [3, 6]_3 \cup [6, 9]$

（因爲將 [0, 9] 切割成 [0, 1], [1, 2], ..., [8, 9]，且 [0, 1],[1, 2],[2, 3] 都重複 4 次，寫成 $[0, 1]_4 \cup [1, 2]_4 \cup [2, 3]_4$，簡寫成 $[0, 3]_4$；[3, 4],[4, 5],[5, 6] 都重複 3 次，寫成 $[3, 4]_3 \cup [4, 5]_3 \cup [5, 6]_3$，簡寫成 $[3, 6]_3$；[6, 7],[7, 8],[8, 9] 都沒有重複，寫成 $[6, 7] \cup [7, 8] \cup [8, 9]$，簡寫成 [6, 9]。)

2. 區間誤差平方和

$ISSR = ([2, 5] - [4, 6])^2 + ([3, 7] - [5, 8])^2 = [-4, 1]^2 + [-5, 2]^2$

$\quad = \{[-4, 0]^2 \cup [0, 1]^2\} + \{[-5, 0]^2 \cup [0, 2]^2\}$

$\quad = \{[0, 16] \cup [0, 1]\} + \{[0, 25] \cup [0, 4]\}$

$\quad = \{[0, 1] + [0, 4]\} \cup \{[0, 1] + [0, 25]\} \cup \{[0, 16] + [0, 4]\} \cup \{[0, 16] + [0, 25]\}$

$\quad = [0, 5] \cup [0, 26] \cup [0, 20] \cup [0, 41]$

$\quad = [0, 5]_4 \cup [5, 20]_3 \cup [20, 26]_2 \cup [26, 41]$

（理由同上）

如上例所述，我們可合理的假設點均勻分布於區間 [0, 9] 之間，將區間 [0, 9] 切割成單位區間（長度為一單位之區間）為 [0, 1], [1, 2], ..., [8, 9]，每個區間對應到其中點，即 [0, 1] 對應到 0.5，[1, 2] 對應到 1.5，依此類推。因為區間聯集 $[0, 3]_4 \cup [3, 6]_3 \cup [6, 9]$ 分成 $4 \times 3 + 3 \times 3 + 3 = 24$ 個單位區間，且 [0, 1],[1, 2],[2, 3] 都重複 4 次，各給予權重為 4/24；[3, 4],[4, 5],[5, 6] 都重複 3 次，各給予權重為 3/24；[6, 7],[7, 8],[8, 9] 都沒有重複，各給予權重為 1/24。

定義 10.8　區間絕對誤差和之點對應值

　　如定義 10.5 所述，$ISAR = \sum_{t=n+1}^{n+l}|\varepsilon_t| = \sum_{t=n+1}^{n+l}|\hat{X}_t - X_t|$ 寫成區間聯集為：

$$[0,1]_p \cup [1,2]_q \cup [2,3]_r \cup [3,n], \text{ 其中 } p, q, r = 1, 2, ..., n = 4, 5, ...$$

定義區間絕對誤差和之點對應值為：

$$\overset{\triangleright}{ISAR} = \frac{p}{p+q+r+n-3} \times 0.5 + \frac{q}{p+q+r+n-3} \times 1.5 + \frac{r}{p+q+r+n-3} \times 2.5$$
$$+ \frac{1}{p+q+r+n-3} \times \left(3.5 + 4.5 + ... + \frac{n-1+n}{2}\right)$$

註：分成 $p + q + r + n - 3$ 個單位區間

說明： 我們將每個單位區間對應到一個有代表性的點，因為假定區間內任意一點所在位置為均勻分布，所以可以選擇左、右端點或任意一點，只要每個單位區間對應到的實數點彼此間距離固定即可，在此，我們選擇區間中點為代表性的點。舉例來說，假如 $ISAR = [0, 1] \cup [1, 3]_2$，而 [0, 1] 對應到 0.5，[1, 3] 可切割成 [1, 2] 與 [2, 3]，[1, 2] 對應到 1.5 且 [2, 3] 對應到 2.5，分成 $1 + 2 \times 2 = 5$ 個單位區間，[0, 1] 的權重為 1/5，[1, 2] 與 [2, 3] 的權重均為 2/5，所以 $\overset{\triangleright}{ISAR} = (1/5) \times 0.5 + (2/5) \times (1.5 + 2.5) = 1.7$。

　　我們可將定義 10.8 推廣如下：若 $ISAR = \sum_{t=n+1}^{n+l}|\varepsilon_t| = \sum_{t=n+1}^{n+l}|\hat{X}_t - X_t|$ 寫成

區間聯集為 $[a_1, b_1]n_1 \cup [a_2, b_2]n_2 \cup ... \cup [a_k, b_k]n_k$，其中 $a_1 \leq b_1 \leq a_2 \leq b_2 \leq ...$ $a_k \leq b_k, k = 1, 2, ...$

共有單位區間 $(b_1 - a_1) \cdot n_1 + (b_2 - a_2) \cdot n_2 + ... + (b_k - a_k) \cdot n_k = \sum_{i=1}^{k}(b_i - a_i) \cdot n_i$ 個。

$$I\overset{\triangleright}{S}AR = \sum_{j=1}^{k}\left[\frac{n_j}{\sum_{i=1}^{k}(b_i - a_i) \cdot n_i} \times \frac{a_j + b_j}{2} \times (b_j - a_j)\right], k = 1, 2, ...$$

定義 10.9　區間誤差平方和之點對應值

如定義 10.6 所述，若 $ISSR = \sum_{t=n+1}^{n+l}\varepsilon_t^2 = \sum_{t=n+1}^{n+l}(\hat{X}_t - X_t)^2$ 寫成區間聯集為：

$[0,1]_p \cup [1,2]_q \cup [2,3]_r \cup [3,n]$，其中 $p, q, r = 1, 2, ..., n = 4, 5, ...$

定義區間誤差平方和之點對應值為：

$$I\overset{\triangleright}{S}SR = \frac{p}{p+q+r+n-3} \times 0.5 + \frac{q}{p+q+r+n-3} \times 1.5 + \frac{r}{p+q+r+n-3} \times 2.5$$
$$+ \frac{1}{p+q+r+n-3} \times \left(3.5 + 4.5 + ... + \frac{n-1+n}{2}\right)$$

註：分成 $p + q + r + n - 3$ 個單位區間

說明： 與定義 10.8 的說明類似，所不同的是，$ISSR$ 是經過平方的結果，所以 $I\overset{\triangleright}{S}SR$ 會比 $I\overset{\triangleright}{S}AR$ 大。

我們可將定義 10.9 推廣如下：若 $ISSR = \sum_{t=n+1}^{n+l}\varepsilon_t^2 = \sum_{t=n+1}^{n+l}(\hat{X}_t - X_t)^2$ 寫成區間聯集為 $[a_1, b_1]n_1 \cup [a_2, b_2]n_2 \cup ... \cup [a_k, b_k]n_k$，其中 $a_1 \leq b_1 \leq a_2 \leq b_2 \leq ...$ $a_k \leq b_k, k = 1, 2, ...$

共有單位區間 $(b_1 - a_1) \cdot n_1 + (b_2 - a_2) \cdot n_2 + ... + (b_k - a_k) \cdot n_k = \sum_{i=1}^{k}(b_i - a_i) \cdot n_i$ 個。

$$I\overset{\triangleright}{S}AR = \sum_{j=1}^{k}\left[\frac{n_j}{\sum_{i=1}^{k}(b_i - a_i) \cdot n_i} \times \frac{a_j + b_j}{2} \times (b_j - a_j)\right], k = 1, 2, ...$$

例 10.3 如例 10.2 所述，

$$\overset{\triangleright}{ISAR} = (4 \times 1.5 \times 3 + 3 \times 4.5 \times 3 + 1 \times 7.5 \times 3)/24 = 3.8$$

$$\overset{\triangleright}{ISSR} = (4 \times 2.5 \times 5 + 3 \times 12.5 \times 15 + 2 \times 23 \times 6 + 1 \times 33.5 \times 15)/92 = 15.1$$

例 10.4 有三個區間聯集之 $\overset{\triangleright}{ISSR}$ 或 $\overset{\triangleright}{ISAR}$：我們假定為 $\overset{\triangleright}{ISSR}$

Case1. $[0, 1]_3 \cup [1, 2]_2 \cup [2, 16]$，分成 $16 + 2 + 1 = 19$ 個單位區間，$\overset{\triangleright}{ISSR} = 7.03$

Case2. $[0, 15] \cup [15, 16]_2$，分成 $16 + 1 = 17$ 個單位區間，$\overset{\triangleright}{ISSR} = 8.44$

Case3. $[0, 16]$，分成 16 個單位區間，$\overset{\triangleright}{ISSR} = 8.00$

此三個 Case 是有差別的。因為 Case1 之區間 [0, 1] 重複 3 次，相對上，較接近 0，所以 $\overset{\triangleright}{ISAR}$ 及 $\overset{\triangleright}{ISSR}$ 值較小；而 Case2 之區間 [15, 16] 重複 2 次，相對上，較遠離 0，所以 $\overset{\triangleright}{ISAR}$ 及 $\overset{\triangleright}{ISSR}$ 值較大；而 Case3 之 $\overset{\triangleright}{ISAR}$ 及 $\overset{\triangleright}{ISSR}$ 值則介於 Case1 和 Case2 之間。當我們在作效率評估時，顯然希望 $\overset{\triangleright}{ISAR}$ 及 $\overset{\triangleright}{ISSR}$ 值越小越好，即越接近 0 之正數。

10.4 模糊時間數列模式分析與討論

一、區間時間數列模式建構

令 $\{X_t = [a_t, b_t] = (c_t; r_t), t = 1, 2, ..., n\}$ 為一個區間時間數列，$X_{t+1} = \varphi X_t + \varepsilon_{t+1}$ 為一區間時間數列之 AR(1) 模式，其中 $\varepsilon_t \sim WN(0, \sigma_\delta^2)$。

例 10.5 模擬區間時間數列 100 筆，其 AR(1) 模式為 $X_{t+1} = 0.9X_t + \varepsilon_{t+1}$。

令 $X_t = [a_t, b_t]$ & $X_0 = [20, 30] = (25; 5)$，其時間數列圖形如下：

模糊統計
使用 R 語言

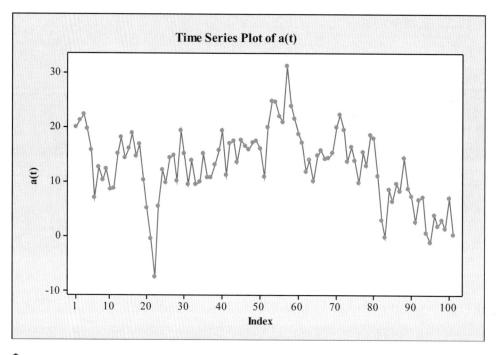

圖 10.1　時間數列之左端點走勢圖

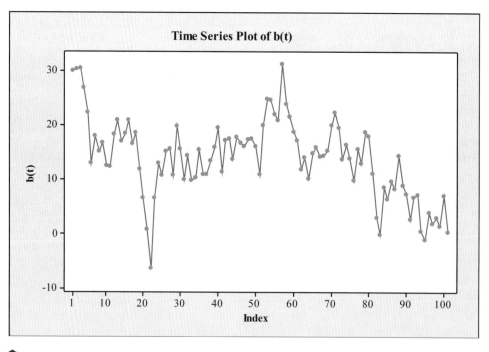

圖 10.2　時間數列之右端點走勢圖

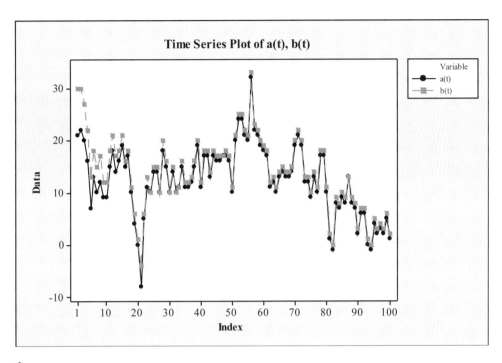

圖 10.3　時間數列之左、右端點走勢圖

二、預測的方法

我們取上例的前 10 筆數據預測未來 3 期：

表 10.1　模擬區間時間數列之前 10 筆資料

X_1	X_2	X_3	X_4	X_5
[21, 30]	[22, 30]	[20, 27]	[16, 22]	[7, 13]
X_6	X_7	X_8	X_9	X_{10}
[13, 18]	[10, 15]	[12, 17]	[9, 12]	[9, 12]

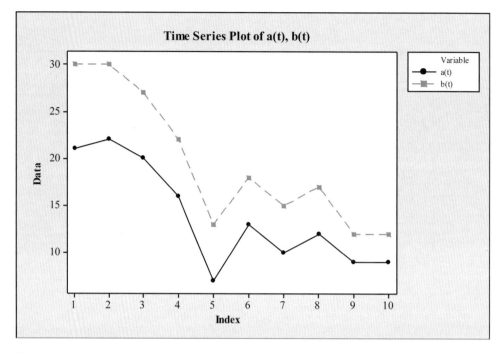

圖 10.4　時間數列之左、右端點走勢圖

（一）中心點及半徑之 k 階區間移動平均法

已知 $X_1, X_2, ..., X_{10}$，則區間時間數列預測 3 期為：

$$\hat{X}_{11} = (12.1; 1.6) = [10.5, 13.7],$$
$$\hat{X}_{12} = (13.3; 2.7) = [11.6, 15.0],$$
$$\hat{X}_{13} = (14.2; 1.8) = [12.4, 16.0]$$

（二）左右端點之 k 階區間移動平均法

已知 $X_1, X_2, ..., X_{10}$，則區間時間數列預測 3 期為：

$$\hat{X}_{11} = [10.6, 13.5],\ \hat{X}_{12} = [11.8, 14.7],\ \hat{X}_{13} = [12.5, 15.7]$$

與方法 1 結果略有差異，但仍相當接近。

（三）中心點及半徑之 ARIMA 法

已知 $X_1, X_2, ..., X_{10}$，則區間時間數列預測 3 期為：

$$\hat{X}_{11} = (10.5; 1.5) = [9.0, 12.0]$$
$$\hat{X}_{12} = (10.5; 1.5) = [9.0, 12.0]$$
$$\hat{X}_{13} = (10.5; 1.5) = [9.0, 12.0]$$

（四）左右端點之 ARIMA 法

已知 $X_1, X_2, ..., X_{10}$，則區間時間數列預測 3 期為：

$$\hat{X}_{11} = [9.0, 12.0], \hat{X}_{12} = [9.0, 12.0], \hat{X}_{13} = [9.0, 12.0]$$

與方法三結果相同。

R 語言語法

```
> # 模糊時間數列模式分析與討論
> # 使用 read.csv() 讀取表 10.1 模擬區間時間數列之前 10 筆資料
> fuzzy_sample <- read.csv(file.choose(), header = 1, row.names = 1)
>
> # 分別使用 plot() 與 lines() 函數繪製圖 10.4 時間數列走勢圖
> plot(fuzzy_sample$bt, type = "b", ylim = c(0, max(fuzzy_sample$bt)), ylab = "Data")
> lines(fuzzy_sample$at, type = "b")
>
> # 分別定義時間數列之左、右端點為 at 與 bt
> at <- ts(fuzzy_sample$at, start = 1, frequency = 1)
> bt <- ts(fuzzy_sample$bt, start = 1, frequency = 1)
>
> # 計算中心點及半徑，並宣告為 xc 與 xr
> xc <- (at + bt) / 2
> xr <- (bt - at) / 2
>
> # 進行移動平均法分析，並預測 3 期資料
> ts_model <- arima(xc, order = c(1, 0, 0))
```

```
> xc_pred <- predict(ts_model, n.ahead = 3)
> xc_pred$pred
Time Series:
Start = 11
End = 13
Frequency = 1
[1] 12.06810 13.27174 14.19564
> ts_model <- arima(xr, order = c(1,0,0))
> xr_pred <- predict(ts_model, n.ahead = 3)
> xr_pred$pred
Time Series:
Start = 11
End = 13
Frequency = 1
[1] 1.600400 1.693894 1.780957
> x_pred1 <- cbind(c(xc_pred$pred - xr_pred$pred), c(xc_pred$pred + xr_pred$pred))
> rownames(x_pred1) <- c(paste0("X", 11:13))
> colnames(x_pred1) <- c("at", "bt")
>
> # 進行左右端點區間移動平均法，並預測 3 期資料
> ts_model <- arima(at, order = c(1,0,0))
> at_pred <- predict(ts_model, n.ahead = 3)
> at_pred$pred
Time Series:
Start = 11
End = 13
Frequency = 1
[1] 10.64567 11.77391 12.54742
> ts_model <- arima(bt, order = c(1,0,0))
> bt_pred <- predict(ts_model, n.ahead = 3)
> bt_pred$pred
Time Series:
Start = 11
End = 13
Frequency = 1
[1] 13.46704 14.67399 15.66695
```

```
> x_pred2 <- cbind(at_pred$pred, bt_pred$pred)
> rownames(x_pred2) <- c(paste0("X", 11:13))
> colnames(x_pred2) <- c("at", "bt")
>
> # 進行中心點及半徑之 ARIMA 法分析，並預測 3 期資料
> # 載入 forecast 套件，再以 auto.arima() 判斷 p,d,q 階數
> library(forecast)
> auto.arima(xc)
Series: xc
ARIMA(0,1,0)


sigma^2 estimated as 18.56:  log likelihood=-25.91
AIC=53.83    AICc=54.4    BIC=54.03
> auto.arima(xr)
Series: xr
ARIMA(0,1,0) with drift


Coefficients:
        drift
     -0.3333
s.e.   0.1111


sigma^2 estimated as 0.125:  log likelihood=-2.88
AIC=9.77    AICc=11.77    BIC=10.16
> ts_model <- arima(xc, order = c(0,1,0))
> xc_pred <- predict(ts_model, n.ahead = 3)
> xc_pred$pred
Time Series:
Start = 11
End = 13
Frequency = 1
[1] 10.5 10.5 10.5
> ts_model <- arima(xr, order = c(0,1,0))
> xr_pred <- predict(ts_model, n.ahead = 3)
> xr_pred$pred
Time Series:
```

```
Start = 11
End = 13
Frequency = 1
[1] 1.5 1.5 1.5
> x_pred3 <- cbind(c(xc_pred$pred - xr_pred$pred), c(xc_pred$pred + xr_pred$pred))
> rownames(x_pred3) <- c(paste0("X", 11:13))
> colnames(x_pred3) <- c("at", "bt")
>
> # 進行左右端點之 ARIMA 法分析，並預測 3 期資料
> auto.arima(at)
Series: at
ARIMA(0, 1, 0)

sigma^2 estimated as 17.78:  log likelihood=-25.72
AIC=53.44    AICc=54.01    BIC=53.64
> auto.arima(bt)
Series: bt
ARIMA(0, 1, 0)

sigma^2 estimated as 19.78:  log likelihood=-26.2
AIC=54.4    AICc=54.97    BIC=54.6
> ts_model <- arima(at, order = c(0, 1, 0))
> at_pred <- predict(ts_model, n.ahead = 3)
> at_pred$pred
Time Series:
Start = 11
End = 13
Frequency = 1
[1] 9 9 9
> ts_model <- arima(bt, order = c(0, 1, 0))
> bt_pred <- predict(ts_model, n.ahead = 3)
> bt_pred$pred
Time Series:
Start = 11
End = 13
Frequency = 1
```

```
[1] 12 12 12
> x_pred4 <- cbind(at_pred$pred, bt_pred$pred)
> rownames(x_pred4) <- c(paste0("X", 11:13))
> colnames(x_pred4) <- c("at", "bt")
```

三、預測方法的效率評估

我們取得未來 3 期之實際數據為：

X_{11}	X_{12}	X_{13}
[15, 18]	[18, 21]	[14, 17]

現在利用上面 4 種方法來求總誤差和。

（一）中心點及半徑之 k 階區間移動平均法

$ISAR = |\,[10.5, 13.7] - [15, 18]\,| + |\,[11.6, 15.0] - [18, 21]\,| + |\,[12.4, 16.0] - [14, 17]\,|$

$= [0, 6.3]_8 \cup [6.3, 8.9]_7 \cup [8.9, 12.5]_6 \cup [12.5, 12.7]_5 \cup [12.7, 15.1]_4 \cup [15.1, 15.3]_3 \cup [15.3, 18.9]_2 \cup [18.9, 21.5]$

分成 $21.5 + 18.9 + 15.3 + 15.1 + 12.7 + 12.5 + 8.9 + 6.3 = 111.2$ 個單位區間，

$\overset{\triangleright}{ISAR} = (8 \times 3.15 \times 6.3 + 7 \times 7.6 \times 2.6 + 6 \times 10.7 \times 3.6 + 5 \times 12.6 \times 0.2 + 4 \times 13.9 \times 2.4 + 3 \times 15.2 \times 0.2 + 2 \times 17.1 \times 3.6 + 1 \times 20.2 \times 2.6)/111.2 = 7.72$

$ISSR = ([10.5, 13.7] - [15, 18])^2 + ([11.6, 15.0] - [18, 21])^2 + ([12.4, 16.0] - [14, 17])^2$

$= [0, 14.69]_8 \cup [14.69, 31.85]_7 \cup [31.85, 69.25]_6 \cup [69.25, 86.41]_5 \cup [86.41, 94.05]_4 \cup [94.05, 111.21]_3 \cup [111.21, 148.61]_2 \cup [148.61, 165.77]$

分成 $165.77 + 148.61 + 111.21 + 94.05 + 86.41 + 69.25 + 31.85 + 14.69 = 721.84$ 個單位區間，

$$\overset{\triangleright}{ISSR} = (8 \times 7.35 \times 14.69 + 7 \times 23.27 \times 17.16 + 6 \times 50.55 \times 37.40 +$$
$$5 \times 77.83 \times 17.16 + 4 \times 90.23 \times 7.64 + 3 \times 102.63 \times 17.16 +$$
$$2 \times 129.91 \times 37.40 + 1 \times 157.19 \times 17.16)/721.84 = 58.37$$

（二）左右端點之 k 階區間移動平均法

$$ISAR = \mid [10.6, 13.5] - [15, 18] \mid + \mid [11.8, 14.7] - [18, 21] \mid + \mid [12.5,$$
$$15.7] - [14, 17] \mid$$
$$= [0, 6.5]_8 \cup [6.5, 9.3]_7 \cup [9.3, 12.4]_6 \cup [12.4, 12.4]_5 \cup [12.4,$$
$$15.2]_4 \cup [15.2, 15.2]_3 \cup [15.2, 18.3]_2 \cup [18.3, 21.1]$$

分成 21.1 + 18.3 + 15.2 + 15.2 + 12.4 + 12.4 + 9.3 + 6.5 = 110.4 個單位區間，$\overset{\triangleright}{ISAR} = 7.60$

$$ISSR = ([10.6, 13.5] - [15, 18])^2 + ([11.8, 14.7] - [18, 21])^2 + ([12.5, 15.7] -$$
$$[14, 17])^2$$
$$= [0, 16.03]_8 \cup [16.03, 33.39]_7 \cup [33.39, 68.54]_6 \cup [68.54,$$
$$85.90]_5 \cup [85.90, 89.78]_4 \cup [89.78, 107.14]_3 \cup [107.14,$$
$$142.29]_2 \cup [142.29, 159.65]$$

分成 159.65 + 142.29 + 107.14 + 89.78 + 85.90 + 68.54 + 33.39 + 16.03 = 702.72 個單位區間，$\overset{\triangleright}{ISSR} = 56.01$

（三）中心點及半徑之 ARIMA 法

$$ISAR = \mid [9.0, 12.0] - [15, 18] \mid + \mid [9.0, 12.0] - [18, 21] \mid + \mid [9.0, 12.0]$$
$$- [14, 17] \mid$$
$$= [0, 11]_4 \cup [11, 17]_3 \cup [17, 23]_2 \cup [23, 29]_1$$

分成 29 + 23 + 17 + 11 = 80 個單位區間，

$$\overset{\triangleright}{ISAR} = 11.13$$

$$ISAR = ([9.0, 12.0] - [15, 18])^2 + ([9.0, 12.0] - [18, 21])^2 + ([9.0, 12.0] - [14,$$
$$17])^2$$
$$= [0, 49]_8 \cup [49, 109]_7 \cup [109, 121]_6 \cup [121, 157]_5 \cup [157,$$
$$181]_4 \cup [181, 217]_3 \cup [217, 229]_2 \cup [229, 289]$$

分成 289 + 229 + 217 + 181 + 157 + 121 + 109 + 49 = 1,352 個單位區間，
$\overset{\triangleright}{ISSR}$ = 90.62

（四）左右端點之 ARIMA 法

與方法三結果相同。

	1. 中心點及半徑之 k 階區間移動平均法	2. 左右端點之 k 階區間移動平均法	3. 中心點及半徑之 ARIMA 法	4. 左右端點之 ARIMA 法
$\overset{\triangleright}{ISAR}$	7.72	7.60	11.13	11.13
$\overset{\triangleright}{ISSR}$	58.37	56.01	90.62	90.62

由上例發現，左右端點之 k 階區間移動平均法比中心點及半徑之 k 階區間移動平均法之總誤差和略低，並比中心點及半徑之 ARIMA 法或左右端點之 ARIMA 法之總誤差和小得多，以利用左右端點之 k 階區間移動平均法應是較好的估計方法。

R 語言語法

```
> # 模糊時間數列模式分析與討論 _ 預測方法的效率評估
> # 以自訂函數 fuzzy_isar() 與 fuzzy_issr() 分別計算區間絕對誤差和與區間誤差平方和
> # 請先執行自訂函數 fuzzy_isar() 與 fuzzy_issr() 再進行分析
> # 請注意 fuzzy_isar() 與 fuzzy_issr() 僅能估算 3 期的誤差
> # 若要計算不同期誤差的，請參考後續提供的 fuzzy_isar0() 與 fuzzy_issr0()
> # 定義公式請參考 10.3 區間預測之效率分析
>
> # 自訂函數 fuzzy_isar() 語法
> fuzzy_isar <- function(X_pred, X_test) {
+     x_pred <- matrix(X_pred, ncol = 2, byrow = TRUE)
+     x_test <- matrix(X_test, ncol = 2, byrow = TRUE)
+     x_a <- abs(x_pred[,1] - x_test[,2])
+     x_b <- abs(x_pred[,2] - x_test[,1])
+     x_ab <- rbind(x_a, x_b)
+     x_add <- apply(x_ab, 1, sum)
```

```
+     for(k in 2:dim(x_ab)[2]) {
+         x_rev <- cbind(x_ab[,-k], rev(x_ab[,k]))
+         x_i <- apply(x_rev, 1, sum)
+         x_add <- c(x_add, x_i) }
+     for(k in 2:(dim(x_ab)[2]-1)) {
+         x_rev <- cbind(x_ab[,-c(k:dim(x_ab)[2])], apply(x_ab[,c(k:dim(x_ab)[2])], 2,
rev))
+         x_i <- apply(x_rev, 1, sum)
+         x_add <- c(x_add, x_i) }
+     x_add <- c(0, sort(x_add))
+     x_add_rm <- x_add[1]
+     for(i in 2:length(x_add)) {
+         if(x_add[i] != x_add[i-1]) { x_add_rm <- c(x_add_rm, x_add[i]) } }
+     x_add <- x_add_rm
+     x_unit <- length(x_add)
+     isar <- 0
+     for(i in 2:x_unit) {
+         isar_i <- (x_unit-i+1)*(x_add[i-1]+x_add[i])/2*(x_add[i]-x_add[i-1])
+         isar <- isar + isar_i }
+     isar <- isar / sum(x_add)
+     names(x_add) <- paste0("U", c(1:length(x_add)))
+     result <- list(value = isar, unit = x_add)
+     return(result) }
>
> # 自訂函數 fuzzy_issr() 語法
> fuzzy_issr <- function(X_pred, X_test) {
+     x_pred <- matrix(X_pred, ncol = 2, byrow = TRUE)
+     x_test <- matrix(X_test, ncol = 2, byrow = TRUE)
+     x_a2 <- (x_pred[,1] - x_test[,2])^2
+     x_b2 <- (x_pred[,2] - x_test[,1])^2
+     x_ab2 <- rbind(x_a2, x_b2)
+     x_add2 <- apply(x_ab2, 1, sum)
+     for(k in 2:dim(x_ab2)[2]) {
+         x_rev <- cbind(x_ab2[,-k], rev(x_ab2[,k]))
+         x_i <- apply(x_rev, 1, sum)
+         x_add2 <- c(x_add2, x_i) }
```

```
+      for(k in 2:(dim(x_ab2)[2]-1)) {
+            x_rev <- cbind(x_ab2[,-c(k:dim(x_ab2)[2])], apply(x_ab2[,c(k:dim(x_ab2)
[2])], 2, rev))
+          x_i <- apply(x_rev, 1, sum)
+          x_add2 <- c(x_add2, x_i) }
+      x_add2 <- c(0, sort(x_add2))
+      x_add_rm <- x_add2[1]
+      for(i in 2:length(x_add2)) {
+          if(x_add2[i] != x_add2[i-1]) { x_add_rm <- c(x_add_rm, x_add2[i]) } }
+      x_add2 <- x_add_rm
+      x_unit <- length(x_add2)
+      issr <- 0
+      for(i in 2:x_unit) {
+          issr_i <- (x_unit-i+1)*(x_add2[i-1]+x_add2[i])/2*(x_add2[i]-x_add2[i-1])
+          issr <- issr + issr_i }
+      issr <- issr / sum(x_add2)
+      names(x_add2) <- paste0("U", c(1:length(x_add2)))
+      result <- list(value = issr, unit = x_add2)
+      return(result) }
>
>
> # 中心點及半徑之 k 階區間移動平均法之效率評估
> # 分別輸入時間數列之 3 期的預測數據與實際數據
> X_pred <- c(10.5, 13.7, 11.6, 15.0, 12.4, 16.0)
> X_test <- c(15, 18, 18, 21, 14, 17)
>
> # 以自訂函數 fuzzy_isar() 計算區間絕對誤差
> fuzzy_isar(X_pred, X_test)
$value

7.72482


$unit
  U1    U2    U3    U4    U5    U6    U7    U8    U9
 0.0   6.3   8.9  12.5  12.7  15.1  15.3  18.9  21.5
```

```
>
> # 以自訂函數 fuzzy_issr() 計算區間誤差平方和
> fuzzy_issr(X_pred, X_test)
$value

58.37177

$unit
      U1     U2     U3     U4     U5     U6      U7      U8      U9
   0.00  14.69  31.85  69.25  86.41  94.05  111.21  148.61  165.77

>
> # 左右端點之 k 階區間移動平均法之效率評估
> X_pred <- c(10.6,  13.5,  11.8,  14.7,  12.5,  15.7)
> fuzzy_isar(X_pred, X_test)
$value

7.60163

$unit
  U1   U2   U3   U4   U5   U6   U7   U8   U9
 0.0  6.5  9.3 12.4 12.4 15.2 15.2 18.3 21.1

> fuzzy_issr(X_pred, X_test)
$value

56.01263

$unit
      U1     U2     U3     U4     U5     U6      U7      U8      U9
   0.00  16.03  33.39  68.54  85.90  89.78  107.14  142.29  159.65

>
> # 中心點及半徑之 ARIMA 法及左右端點之 ARIMA 法之效率評估
> X_pred <- c(9.0,  12.0,  9.0,  12.0,  9.0,  12.0)
> fuzzy_isar(X_pred, X_test)
```

```
$value

11.125
$unit
U1 U2 U3 U4 U5
 0 11 17 23 29


> fuzzy_issr(X_pred, X_test)
$value

99.62426

$unit
 U1  U2   U3   U4   U5   U6   U7   U8   U9
  0   49  109  121  157  181  217  229  289
```

既然左右端點之 k 階區間移動平均法是較好的估計方法，k 的選擇多少，誤差和會最小呢？

我們選 $k = 3, 4, ..., 10$ 來預測未來 3 期試試看：

(1) $k = 3$

已知 X_8, X_9, X_{10}，則區間時間數列預測 3 期為：

$$\hat{X}_{11} = E(X_{11}|X_{10}, X_9, X_8) = [10.2, 14.0]$$
$$\hat{X}_{12} = E(X_{12}|X_{11}, X_{10}, X_9) = [9.8, 13.3]$$
$$\hat{X}_{13} = E(X_{13}|X_{12}, X_{11}, X_{10}) = [9.9, 13.6]$$

$ISAR = |\,[10.2, 14.0] - [15, 18]\,| + |\,[9.8, 13.3] - [18, 21]\,| + |\,[9.9, 13.6] -$
$\quad [14, 17]\,|$

$\quad = [0, 6.1]_8 \cup [6.1, 12.6]_7 \cup [12.6, 12.8]_6 \cup [12.8, 12.9]_5 \cup [12.9,$
$\quad 19.3]_4 \cup [19.3, 19.5]_3 \cup [19.5, 19.6]_2 \cup [19.6, 26.1]$

$$\overset{\triangleright}{ISAR} = 9.08$$

$ISSR = ([10.2, 14.0] - [15, 18])^2 + ([9.8, 13.3] - [18, 21])^2 + ([9.9, 13.6] - [14,$
$\quad 17])^2$

$$= [0,\ 23.52]_8 \cup [23.52,\ 73.22]_7 \cup [73.22,\ 83.06]_6 \cup [83.06,$$
$$127.46]_5 \cup [127.46,\ 132.76]_4 \cup [132.76,\ 177.16]_3 \cup [177.16,$$
$$186.99]_2 \cup [186.99, 236.70]$$

$$\overrightarrow{ISSR} = 81.21$$

(2) $k = 4$

已知 X_7, X_8, X_9, X_{10}，則區間時間數列預測 3 期為：

$$\hat{X}_{11} = E(X_{11}|X_{10}, X_9, X_8, X_7) = [10.20, 13.87]$$
$$\hat{X}_{12} = E(X_{12}|X_{11}, X_{10}, X_9, X_8) = [10.01, 13.98]$$
$$\hat{X}_{13} = E(X_{13}|X_{12}, X_{11}, X_{10}, X_9) = [10.04, 13.98]$$
$$\overrightarrow{ISAR} = 8.87;\ \overrightarrow{ISSR} = 78.85$$

(3) $k = 5$

已知 $X_6, X_7, ..., X_{10}$，則區間時間數列預測 3 期為：

$$\hat{X}_{11} = E(X_{11}|X_{10}, X_9, ..., X_6) = [10.98, 14.40]$$
$$\hat{X}_{12} = E(X_{12}|X_{11}, X_{10}, ..., X_7) = [10.45, 14.75]$$
$$\hat{X}_{13} = E(X_{13}|X_{12}, X_{11}, ..., X_8) = [10.59, 14.80]$$
$$\overrightarrow{ISAR} = 8.26;\ \overrightarrow{ISSR} = 69.90$$

(4) $k = 6$

已知 $X_5, X_6, ..., X_{10}$，則區間時間數列預測 3 期為：

$$\hat{X}_{11} = E(X_{11}|X_{10}, X_9, ..., X_5) = [11.15, 14.76]$$
$$\hat{X}_{12} = E(X_{12}|X_{11}, X_{10}, ..., X_6) = [9.75, 14.53]$$
$$\hat{X}_{13} = E(X_{13}|X_{12}, X_{11}, ..., X_7) = [10.67, 14.55]$$
$$\overrightarrow{ISAR} = 8.37;\ \overrightarrow{ISSR} = 75.20$$

(5) $k = 7$

已知 $X_4, X_5, ..., X_{10}$，則區間時間數列預測 3 期為：

$$\hat{X}_{11} = E(X_{11}|X_{10}, X_9, ..., X_4) = [11.99, 16.96]$$

$$\hat{X}_{12} = E(X_{12}|X_{11}, X_{10}, ..., X_5) = [9.43, 14.76]$$

$$\hat{X}_{13} = E(X_{13}|X_{12}, X_{11}, ..., X_6) = [11.62, 15.73]$$

$$I\overset{\triangleright}{S}AR = 8.30; \ I\overset{\triangleright}{S}SR = 73.69$$

(6) $k = 8$

已知 $X_3, X_4, ..., X_{10}$，則區間時間數列預測 3 期為：

$$\hat{X}_{11} = E(X_{11}|X_{10}, X_9, ..., X_3) = [11.51, 14.72]$$

$$\hat{X}_{12} = E(X_{12}|X_{11}, X_{10}, ..., X_4) = [12.02, 16.09]$$

$$\hat{X}_{13} = E(X_{13}|X_{12}, X_{11}, ..., X_5) = [12.12, 16.79]$$

$$I\overset{\triangleright}{S}AR = 7.25; \ I\overset{\triangleright}{S}SR = 52.11$$

(7) $k = 9$

已知 $X_2, X_3, ..., X_{10}$，則區間時間數列預測 3 期為：

$$\hat{X}_{11} = E(X_{11}|X_{10}, X_9, ..., X_2) = [10.84, 13.75]$$

$$\hat{X}_{12} = E(X_{12}|X_{11}, X_{10}, ..., X_3) = [11.97, 15.09]$$

$$\hat{X}_{13} = E(X_{13}|X_{12}, X_{11}, ..., X_4) = [12.65, 16.13]$$

$$I\overset{\triangleright}{S}AR = 7.42; \ I\overset{\triangleright}{S}SR = 53.61$$

(8) $k = 10$

已知 $X_1, X_2, ..., X_{10}$，則區間時間數列預測 3 期為：

$$\hat{X}_{11} = E(X_{11}|X_{10}, X_9, ..., X_1) = [10.65, 13.47]$$

$$\hat{X}_{12} = E(X_{12}|X_{11}, X_{10}, ..., X_2) = [11.77, 14.67]$$

$$\hat{X}_{13} = E(X_{13}|X_{12}, X_{11}, ..., X_3) = [12.55, 15.67]$$

$$I\overset{\triangleright}{S}AR = 7.58; \ I\overset{\triangleright}{S}SR = 55.86$$

k	3	4	5	6	7	8	9	10
$I\overset{\triangleright}{S}AR$	9.08	8.87	8.26	8.37	8.30	7.25	7.42	7.58
$I\overset{\triangleright}{S}SR$	81.21	78.85	69.90	75.20	73.69	52.11	53.61	55.86

我們發現，當 k 值較大時，預測的總誤差和或平方和可能較小，但並不是越大越好，例如 k 值為 10 的總誤差和與平方和就比 k 值為 8 或 9 時來得大一些，更何況若太大，比如說用 100 期來預測未來 3 期，則不見得有參考性，所以我們希望取適當的 k 值來預測未來幾期。

R 語言語法

```
> # 模糊時間數列模式分析與討論 _k 階預測效率評估
> # 使用 read.csv() 讀取表 10.1 模擬區間時間數列之前 10 筆資料
> fuzzy_sample <- read.csv(file.choose(), header = 1, row.names = 1)
>
> # 分別定義時間數列之左、右端點為 at 與 bt
> at <- ts(fuzzy_sample$at, start = 1, frequency = 1)
> bt <- ts(fuzzy_sample$bt, start = 1, frequency = 1)
>
> #k=3 預測未來 3 期
> # 使用前一節之自訂函數 fuzzy_isar() 與 fuzzy_issr()
> # 先界定 3 階的時間數列資料，並宣告為 at3 與 bt3
> at3 <- at[8:10]
> bt3 <- bt[8:10]
>
> # 進行左右端點區間移動平均法，並預測 3 期資料
> ts_model <- arima(at3, order = c(1, 0, 0))
> at_pred <- predict(ts_model, n.ahead = 3)
> at_pred$pred
Time Series:
Start = 4
End = 6
Frequency = 1
[1] 10.224676  9.759749  9.936251
> ts_model <- arima(bt3, order = c(1, 0, 0))
> bt_pred <- predict(ts_model, n.ahead = 3)
> bt_pred$pred
Time Series:
Start = 4
End = 6
```

```
Frequency = 1

[1]  14.04113  13.26625  13.56042

> x_pred <- cbind(at_pred$pred, bt_pred$pred)

> X_pred <- c(x_pred[1,], x_pred[2,], x_pred[3,])

>

> # 輸入時間數列 3 期的實際數據

> X_test <- c(15, 18, 18, 21, 14, 17)

>

> # 以自訂函數 fuzzy_isar() 計算區間絕對誤差

> fuzzy_isar(X_pred, X_test)

$value


9.082623


$unit

        U1          U2          U3          U4          U5          U6          U7          U8

 0.000000    6.132206   12.638706   12.756373   12.948657   19.262873   19.455157   19.572824

        U9

26.079324


>

> # 以自訂函數 fuzzy_issr() 計算區間誤差平方和

> fuzzy_issr(X_pred, X_test)

$value


81.21128


$unit

        U1          U2          U3          U4          U5          U6          U7          U8

  0.00000    23.52107    73.22439    83.05729   127.45590   132.76061   177.15922   186.99213

        U9

236.69545


>

>

> # 可撰寫迴圈 for() 語法逐次分析 k=3,4,…,10 預測未來 3 期的數據
```

```
> for(k in 3:10) {
+     ki <- (10 - k) + 1
+     at_k <- at[ki:10]
+     bt_k <- bt[ki:10]
+     ts_model <- arima(at_k, order = c(1,0,0))
+     at_pred <- predict(ts_model, n.ahead = 3)
+     ts_model <- arima(bt_k, order = c(1,0,0))
+     bt_pred <- predict(ts_model, n.ahead = 3)
+     x_pred <- cbind(at_pred$pred, bt_pred$pred)
+     X_pred <- c(x_pred[1,], x_pred[2,], x_pred[3,])
+     isar_k <- fuzzy_isar(X_pred, X_test)
+     issr_k <- fuzzy_issr(X_pred, X_test)
+     result <- list(k = paste0("k = ", k, "(X", ki, "-X10)"), pred = cbind(at_
pred$pred, bt_pred$pred), isar = isar_k$value, isar_unit = isar_k$unit, issr = issr_
k$value, issr_unit = issr_k$unit)
+     print(result) }
```

#k=3, 4, ..., 9 等數據將不呈現，請讀者自行輸入語法，執行 R 語言即可呈現所有內容

R 語言語法

```
> #模糊時間數列模式分析與討論_預測方法的效率評估
> #計算多期誤差的自訂函數 fuzzy_isar0() 與 fuzzy_issr0()
> #可使用下列自訂函數語法計算不同期數的誤差，不侷限於 3 期
>
> #自訂函數 fuzzy_isar0() 語法
> fuzzy_isar0 <- function(X_pred, X_test) {
+     x_pred <- matrix(X_pred, ncol = 2, byrow = TRUE)
+     x_test <- matrix(X_test, ncol = 2, byrow = TRUE)
+     x_a <- abs(x_pred[,1] - x_test[,2])
+     x_b <- abs(x_pred[,2] - x_test[,1])
+     x_ab <- rbind(x_a, x_b)
+     k <- length(x_a)
+     mt <- matrix(0, nrow = 2^k, ncol = k)
+     il <- c()
```

```
+     for(ki in 1:k) {
+         xi <- 2^(k-ki)
+         xk <- 2^(k-1) / xi
+         xa <- 1
+         xb <- 0
+         x <- c()
+         for(xki in 1:xk) {
+             xb <- xa + xi - 1
+             xab <- c(xa:xb)
+             x <- c(x, xab)
+             xa <- xb + xi + 1 }
+         i1 <- rbind(i1, x) }
+     i12 <- matrix(c(1:2^k), nrow = k, ncol = 2^k, byrow = TRUE)
+     i2 <- c()
+     for(i in 1:k) {
+         i2i <- i12[i, -i1[i,]]
+         i2 <- rbind(i2, i2i) }
+     for(ki in 1:k) {
+         for(i in 1:2^(k-1)) {
+             mt[i1[ki,i],ki] <- x_ab[1,ki]
+             mt[i2[ki,i],ki] <- x_ab[2,ki] } }
+     x_add <- apply(mt, 1, sum)
+     x_add <- c(0, sort(x_add))
+     x_add_rm <- x_add[1]
+     for(i in 2:length(x_add)) {
+         if(x_add[i] != x_add[i-1]) { x_add_rm <- c(x_add_rm, x_add[i]) } }
+     x_add <- x_add_rm
+     x_unit <- length(x_add)
+     isar <- 0
+     for(i in 2:x_unit) {
+         isar_i <- (x_unit-i+1)*(x_add[i-1]+x_add[i])/2*(x_add[i]-x_add[i-1])
+         isar <- isar + isar_i }
+     isar <- isar / sum(x_add)
+     names(x_add) <- paste0("U", c(1:length(x_add)))
+     result <- list(value = isar, unit = x_add)
+     return(result) }
```

```
>
> # 自訂函數 fuzzy_issr0() 語法
> fuzzy_issr0 <- function(X_pred, X_test) {
+     x_pred <- matrix(X_pred, ncol = 2, byrow = TRUE)
+     x_test <- matrix(X_test, ncol = 2, byrow = TRUE)
+     x_a2 <- (x_pred[,1] - x_test[,2])^2
+     x_b2 <- (x_pred[,2] - x_test[,1])^2
+     x_ab2 <- rbind(x_a2, x_b2)
+     k <- length(x_a2)
+     mt <- matrix(0, nrow = 2^k, ncol = k)
+     i1 <- c()
+     for(ki in 1:k) {
+         xi <- 2^(k-ki)
+         xk <- 2^(k-1) / xi
+         xa <- 1
+         xb <- 0
+         x <- c()
+         for(xki in 1:xk) {
+             xb <- xa + xi - 1
+             xab <- c(xa:xb)
+             x <- c(x, xab)
+             xa <- xb + xi + 1 }
+         i1 <- rbind(i1, x) }
+     i12 <- matrix(c(1:2^k), nrow = k, ncol = 2^k, byrow = TRUE)
+     i2 <- c()
+     for(i in 1:k) {
+         i2i <- i12[i, -i1[i,]]
+         i2 <- rbind(i2, i2i) }
+     for(ki in 1:k) {
+         for(i in 1:2^(k-1)) {
+             mt[i1[ki,i],ki] <- x_ab2[1,ki]
+             mt[i2[ki,i],ki] <- x_ab2[2,ki] } }
+     x_add2 <- apply(mt, 1, sum)
+     x_add2 <- c(0, sort(x_add2))
+     x_add_rm <- x_add2[1]
+     for(i in 2:length(x_add2)) {
```

```
+          if(x_add2[i] != x_add2[i-1]) { x_add_rm <- c(x_add_rm, x_add2[i]) } }
+      x_add2 <- x_add_rm
+      x_unit <- length(x_add2)
+      issr <- 0
+      for(i in 2:x_unit) {
+          issr_i <- (x_unit-i+1)*(x_add2[i-1]+x_add2[i])/2*(x_add2[i]-x_add2[i-1])
+          issr <- issr + issr_i }
+      issr <- issr / sum(x_add2)
+      names(x_add2) <- paste0("U", c(1:length(x_add2)))
+      result <- list(value = issr, unit = x_add2)
+      return(result) }
>
>
> # 分別輸入時間數列之 3 期的預測數據與實際數據
> X_pred <- c(10.5, 13.7, 11.6, 15.0, 12.4, 16.0)
> X_test <- c(15, 18, 18, 21, 14, 17)
>
> # 以自訂函數計算區間絕對誤差與區間誤差平方和
> fuzzy_isar0(X_pred, X_test)
$value
[1] 7.72482

$unit
  U1   U2   U3   U4   U5   U6   U7   U8   U9
 0.0  6.3  8.9 12.5 12.7 15.1 15.3 18.9 21.5


> fuzzy_issr0(X_pred, X_test)
$value
[1] 58.37177

$unit
   U1     U2     U3     U4     U5     U6     U7     U8     U9
 0.00  14.69  31.85  69.25  86.41  94.05 111.21 148.61 165.77


>
> # 分別輸入時間數列之 4 期的預測數據與實際數據
```

```
> X_pred <- c(10.5, 13.7, 11.6, 15.0, 12.4, 16.0, 13.0, 16.8)
> X_test <- c(15, 18, 18, 21, 14, 17, 15, 18)
>
> # 以自訂函數計算區間絕對誤差與區間誤差平方和
> fuzzy_isar0(X_pred, X_test)
$value
[1] 9.346532
$unit
  U1   U2   U3   U4   U5   U6   U7   U8   U9  U10  U11  U12  U13  U14  U15  U16  U17
 0.0  8.1 10.7 11.3 13.9 14.3 14.5 16.9 17.1 17.5 17.7 20.1 20.3 20.7 23.3 23.9 26.5

> fuzzy_issr0(X_pred, X_test)
$value
[1] 64.20515

$unit
      U1      U2      U3      U4      U5      U6      U7      U8      U9     U10     U11     U12
U13     U14     U15
    0.00   17.93   35.09   39.69   56.85   72.49   89.65   94.25   97.29  111.41  114.45  119.05
136.21  151.85  169.01
   U16     U17
173.61  190.77
```

10.5 實證分析

例 10.6　我們蒐集 2020/12/01 至 2021/02/13 共 75 天之台北市每日最低與最高氣溫實際資料，並使用 2021/02/08 至 2021/02/13 等 6 筆資料作爲驗證模式之用，2021/01/11 至 2021/02/07 共 28 筆資料建構時間數列模式，圖 10.5 爲其走勢圖：

表 10.2　台北市氣溫實際資料 (2021/01/11～2021/02/07)

X_1	X_2	X_3	X_4	X_5	X_6	X_7
[9.5, 13]	[8.7, 13.7]	[6.8, 20.4]	[9.3, 21.9]	[11.1, 23.5]	[14.3, 22.5]	[12.2, 14.9]

表 10.2　台北市氣溫實際資料 (2021/01/11~2021/02/07) (續)

X_8	X_9	X_{10}	X_{11}	X_{12}	X_{13}	X_{14}
[12.8, 16.4]	[13.8, 20.9]	[17.4, 24.4]	[19.5, 29.8]	[20.6, 25.7]	[19, 22.7]	[16.7, 19.5]
X_{15}	X_{16}	X_{17}	X_{18}	X_{19}	X_{20}	X_{21}
[16.5, 22.9]	[15, 23.4]	[17.2, 19.7]	[13.6, 18.2]	[14.5, 16.6]	[14.6, 22.2]	[14.3, 24.3]
X_{22}	X_{23}	X_{24}	X_{25}	X_{26}	X_{27}	X_{28}
[14.8, 24.4]	[14.6, 20.3]	[16.2, 23.2]	[15.8, 23.8]	[18.3, 27.2]	[16.2, 25]	[16.8, 27.4]

2021/02/08 至 2021/02/13 等 6 筆資料之實際數據為:

X_{29}	X_{30}	X_{31}	X_{32}	X_{33}	X_{34}
[16.6, 21.0]	[15.5, 18.5]	[17.9, 24.5]	[17.2, 21.2]	[17.4, 23.1]	[17.9, 20.8]

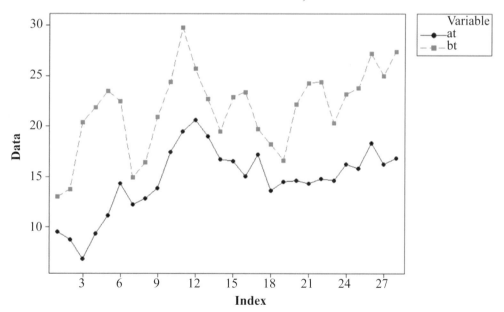

圖 10.5　時間數列之左、右端點走勢圖

由圖 10.5 可知,氣溫之全距為 [6.8, 29.8],每日上下氣溫大約在 7 度左右。

一、中心點及半徑之 k 階區間移動平均法

已知 $X_1, X_2, ..., X_{28}$，則區間時間數列預測 3 期為：

$$\hat{X}_{29} = [17.0, 25.6], \hat{X}_{30} = [16.8, 24.6], \hat{X}_{31} = [16.4, 23.8]$$

$ISAR =$ | [17.0, 25.6] − [16.6, 21.0] | + | [16.8, 24.6] − [15.5, 18.5] | + | [16.4, 23.8] − [17.9, 24.5] |

$= [0, 11.7]_8 \cup [11.7, 13.8]_7 \cup [13.8, 16.7]_6 \cup [16.7, 18.8]_5 \cup [18.8, 19.0]_4 \cup [19.0, 21.2]_3 \cup [21.2, 24.0]_2 \cup [24.0, 26.2]$

$$\overset{\rightharpoonup}{ISAR} = 10.02$$

$ISSR = ([17.0, 25.6] − [16.6, 21.0])^2 + ([16.8, 24.6] − [15.5, 18.5])^2 + ([16.4, 23.8] − [17.9, 24.5]^2$

$= [0, 54.5]_8 \cup [54.5, 84.4]_7 \cup [84.4, 120.0]_6 \cup [120.0, 133.5]_5 \cup [133.5, 149.9]_4 \cup [149.9, 163.4]_3 \cup [163.4, 199.0]_2 \cup [199.0, 228.9]$

$$\overset{\rightharpoonup}{ISSR} = 80.93$$

二、左右端點之 k 階區間移動平均法

已知 $X_1, X_2, ..., X_{28}$，則區間時間數列預測 3 期為：

$$\hat{X}_{29} = [16.4, 25.4], \hat{X}_{30} = [16.1, 24.1], \hat{X}_{31} = [15.8, 23.2]$$

$$\overset{\rightharpoonup}{ISAR} = 10.03; \overset{\rightharpoonup}{ISSR} = 79.29$$

三、中心點及半徑之 ARIMA 法

已知 $X_1, X_2, ..., X_{28}$，則區間時間數列預測 3 期為：

$$\hat{X}_{29} = [17.0, 27.5], \hat{X}_{30} = [17.0, 27.6], \hat{X}_{31} = [17.0, 27.6]$$

$$\overset{\rightharpoonup}{ISAR} = 12.30; \overset{\rightharpoonup}{ISSR} = 126.89$$

四、左右端點之 ARIMA 法

已知 $X_1, X_2, ..., X_{28}$，則區間時間數列預測 3 期為：

$$\hat{X}_{29} = [16.8, 27.6], \hat{X}_{30} = [16.8, 27.7], \hat{X}_{31} = [16.8, 27.7]$$
$$\overrightarrow{ISAR} = 12.52; \overrightarrow{ISSR} = 129.85$$

經由 $\overrightarrow{ISAR}$ 及 $\overrightarrow{ISSR}$ 可以發現，中心點及半徑之 k 階區間移動平均法與左右端點之 k 階區間移動平均法之誤差接近，並比中心點及半徑之 ARIMA 法或左右端點之 ARIMA 法之誤差較小，所以可以採取中心點及半徑之 k 階區間移動平均法或是左右端點之 k 階區間移動平均法進行估計。若採取中心點及半徑之 k 階區間移動平均法，那麼 k 設為多少，誤差和將最小，可再採取上一節 10.4 模糊時間數列模式的迴圈 for() 語法逐次分析 $k = 7, 8, ..., 28$ 預測未來 3 期的數據。我們發現，當 k 值為 23 時，預測的總誤差和或平方和分別為 9.47 與 71.85，誤差是最小的，但是必須要用 23 期的數據，如果 k 值為 15 時，預測的總誤差和或平方和分別為 9.63 與 73.37，表現與 k 值為 23 時接近，所以我們取 k 值為 15 重新預測未來 3 期。各期的分析結果與語法請參照後續所載的 R 語言語法。

氣象局每天都有公布預測未來一週的氣溫範圍，如圖 10.6 的走勢圖，我們以 2021/02/08 至 02/10 三天的最低溫與最高溫作為估計值，再來算一算其總誤差和：

$$\hat{X}_{29} = [17, 22], \hat{X}_{30} = [17, 20], \hat{X}_{31} = [18, 25]$$

$ISAR = $ | [17.0, 22.0] – [16.6, 21.0] | + | [17.0, 20.0] – [15.5, 18.5] | + | [18.0, 25.0] – [17.9, 24.5] |

$= [0, 12.0]_8 \cup [12.0, 12.6]_7 \cup [12.6, 13.4]_6 \cup [13.4, 14.0]_5 \cup [14.0, 15.0]_4 \cup [15.0, 15.6]_3 \cup [15.6, 16.4]_2 \cup [16.4, 17.0]$

$$\overrightarrow{ISAR} = 7.35$$

$ISSR = ([17.0, 22.0] – [16.6, 21.0])^2 + ([17.0, 20.0] – [15.5, 18.5])^2 + ([18.0, 25.0] – [17.9, 24.5]^2$

$= [0, 60.5]_8 \cup [60.5, 68.7]_7 \cup [68.7, 73.7]_6 \cup [73.7, 78.5]_5 \cup [78.5, 81.8]_4 \cup [81.8, 86.7]_3 \cup [86.7, 91.7]_2 \cup [91.7, 99.8]$

$$\overrightarrow{ISSR} = 40.96$$

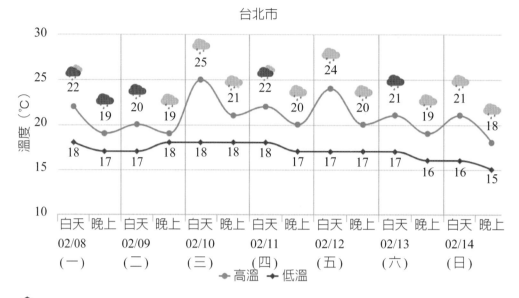

台北市

10.6 交通部中央氣象局一週溫度曲線

實際氣溫	1. 中心點及半徑之 k 階區間移動平均法	2. 左右端點之 k 階區間移動平均法	3. 中心點及半徑之 ARIMA 法	4. 左右端點之 ARIMA 法	氣象局的預測
$X_{29} = [16.6, 21.0]$	[16.7, 25.0]	[16.0, 25.3]	[16.6, 26.8]	[16.4, 27.2]	[17, 22]
$X_{30} = [15.5, 18.5]$	[16.4, 23.9]	[15.8, 24.2]	[16.7, 27.0]	[16.7, 27.2]	[17, 20]
$X_{31} = [17.9, 24.5]$	[16.2, 23.3]	[15.7, 23.5]	[16.7, 26.9]	[16.5, 27.2]	[18, 25]
$\overset{\triangleright}{ISAR}$	9.63	10.26	11.91	12.21	7.35
$\overset{\triangleright}{ISSR}$	73.37	81.04	115.47	121.20	40.96

由上例發現，中心點及半徑之 k 階區間移動平均法與左右端點之 k 階區間移動平均法的 $\overset{\triangleright}{ISAR}$ 和 $\overset{\triangleright}{ISSR}$ 差距不大，k 階區間移動平均法中心點及半徑之 ARIMA 法或左右端點之 ARIMA 法的 $\overset{\triangleright}{ISAR}$ 和 $\overset{\triangleright}{ISSR}$ 差距也不大，但仍以中心點及半徑之 k 階區間移動平均法是較佳的估計方法。然而，即使採中心點及半徑之 k 階區間移動平均法，仍比氣象局公布預測氣溫範圍之 $\overset{\triangleright}{ISAR}$ 和 $\overset{\triangleright}{ISSR}$ 大。雖然模式的預測結果不若氣象局的預測準確，但與實際的溫度差異並不大。

我們再由 15 期來預測未來 6 期，看看這 5 種預測方法有什麼差別。

一、中心點及半徑之 k 階區間移動平均法

已知 $X_{14}, X_{15}, ..., X_{28}$，則區間時間數列預測 6 期為：

$$\hat{X}_{29} = [16.7, 25.0], \hat{X}_{30} = [16.4, 23.9], \hat{X}_{31} = [16.2, 23.3],$$
$$\hat{X}_{32} = [16.1, 23.0], \hat{X}_{33} = [16.0, 22.9], \hat{X}_{34} = [15.9, 22.8]$$
$$\overrightarrow{ISAR} = 18.23; \overrightarrow{ISSR} = 128.04$$

二、左右端點之 k 階區間移動平均法

已知 $X_{14}, X_{15}, ..., X_{28}$，則區間時間數列預測 6 期為：

$$\hat{X}_{29} = [16.0, 25.3], \hat{X}_{30} = [15.8, 24.2], \hat{X}_{31} = [15.7, 23.5],$$
$$\hat{X}_{32} = [15.7, 23.1], \hat{X}_{33} = [15.7, 22.9], \hat{X}_{34} = [15.7, 22.8]$$
$$\overrightarrow{ISAR} = 19.15; \overrightarrow{ISSR} = 138.84$$

三、中心點及半徑之 ARIMA 法

已知 $X_{14}, X_{15}, ..., X_{28}$，則區間時間數列預測 6 期為：

$$\hat{X}_{29} = [16.6, 26.8], \hat{X}_{30} = [16.7, 27.0], \hat{X}_{31} = [16.7, 26.9],$$
$$\hat{X}_{32} = [16.7, 26.9], \hat{X}_{33} = [16.7, 26.9], \hat{X}_{34} = [16.7, 26.9]$$
$$\overrightarrow{ISAR} = 23.11; \overrightarrow{ISSR} = 216.29$$

四、左右端點之 ARIMA 法

已知 $X_{14}, X_{15}, ..., X_{28}$，則區間時間數列預測 6 期為：

$$\hat{X}_{29} = [16.4, 27.2], \hat{X}_{30} = [16.7, 27.2], \hat{X}_{31} = [16.5, 27.2],$$
$$\hat{X}_{32} = [16.6, 27.2], \hat{X}_{33} = [16.6, 27.2], \hat{X}_{34} = [16.6, 27.2]$$
$$\overrightarrow{ISAR} = 23.67; \overrightarrow{ISSR} = 226.42$$

五、交通部中央氣象局

$$\hat{X}_{29} = [17.0, 22.0], \hat{X}_{30} = [17.0, 20.0], \hat{X}_{31} = [18.0, 25.0],$$
$$\hat{X}_{32} = [17.0, 22.0], \hat{X}_{33} = [17.0, 24.0], \hat{X}_{34} = [16.0, 21.0]$$
$$\overrightarrow{ISAR} = 15.42; \overrightarrow{ISSR} = 97.14$$

R 語言語法

```
> # 例 10.6 氣溫實證分析
> # 以自訂函數計算區間絕對誤差和與區間誤差平方和
> # 請先執行自訂函數 fuzzy_isar0() 與 fuzzy_issr0() 再進行分析
>
> # 使用 read.csv() 讀取表 10.2 台北市氣溫實際資料
> fuzzy_sample <- read.csv(file.choose(), header = 1, row.names = 1)
>
> # 先定義 2021/01/11 至 2021/02/07 共 28 筆資料建構時間數列模式
> X_data <- fuzzy_sample[42:69,]
>
> # 定義 2021/02/08 至 2021/02/10 等 3 筆資料的氣溫實際數據
> X_test <- c(apply(fuzzy_sample[70:72,], 1, unlist))
>
> # 撰寫四種預測方法與計算區間絕對誤差和與區間誤差平方和自訂函數 fuzzy_ts()
> fuzzy_ts <- function(X_data, X_test, nahead) {
+     at <- ts(X_data$at, start = 1, frequency = 1)
+     bt <- ts(X_data$bt, start = 1, frequency = 1)
+     xc <- (at + bt) / 2
+     xr <- (bt - at) / 2
+     ts_model <- arima(xc, order = c(1,0,0))
+     xc_pred <- predict(ts_model, n.ahead = nahead)
+     ts_model <- arima(xr, order = c(1,0,0))
+     xr_pred <- predict(ts_model, n.ahead = nahead)
+     x_pred1 <- cbind(c(xc_pred$pred - xr_pred$pred), c(xc_pred$pred + xr_pred$pred))
+     x_pred_t1 <- c(apply(x_pred1, 1, unlist))
+
+     ts_model <- arima(at, order = c(1,0,0))
```

```
+       at_pred <- predict(ts_model, n.ahead = nahead)
+       ts_model <- arima(bt, order = c(1, 0, 0))
+       bt_pred <- predict(ts_model, n.ahead = nahead)
+       x_pred2 <- cbind(at_pred$pred, bt_pred$pred)
+       x_pred_t2 <- c(apply(x_pred2, 1, unlist))
+
+       ts_model <- arima(xc, order = c(1, 1, 0))
+       xc_pred <- predict(ts_model, n.ahead = nahead)
+       ts_model <- arima(xr, order = c(1, 1, 0))
+       xr_pred <- predict(ts_model, n.ahead = nahead)
+       x_pred3 <- cbind(c(xc_pred$pred - xr_pred$pred), c(xc_pred$pred + xr_
pred$pred))
+       x_pred_t3 <- c(apply(x_pred3, 1, unlist))
+
+       ts_model <- arima(at, order = c(1, 1, 0))
+       at_pred <- predict(ts_model, n.ahead = nahead)
+       ts_model <- arima(bt, order = c(1, 1, 0))
+       bt_pred <- predict(ts_model, n.ahead = nahead)
+       x_pred4 <- cbind(at_pred$pred, bt_pred$pred)
+       x_pred_t4 <- c(apply(x_pred4, 1, unlist))
+       x_pred_total <- rbind(x_pred_t1, x_pred_t2, x_pred_t3, x_pred_t4)
+
+       for(i in 1:4) {
+           X_pred <- x_pred_total[i, ]
+           isar_k <- fuzzy_isar0(X_pred, X_test)
+           issr_k <- fuzzy_issr0(X_pred, X_test)
+           result <- list(m = paste0("Model = ", i), pred = X_pred, isar = isar_
k$value, isar_unit = isar_k$unit, issr = issr_k$value, issr_unit = issr_k$unit)
+           print(result) } }
>
> fuzzy_ts(X_data, X_test, 3)
$m
[1] "Model = 1"


$pred
```

```
[1]  16.96840 25.64331 16.76019 24.55792 16.43325 23.83130


$isar
[1]  10.01712


$isar_unit
       U1        U2        U3        U4        U5        U6        U7        U8        U9
 0.00000 11.70271 13.83816 16.71441 18.84986 19.02082 21.15627 24.03253 26.16798


$issr
[1]  80.92578


$issr_unit
         U1        U2        U3        U4        U5        U6        U7        U8
U9
    0.00000    54.46102    84.35316  119.98862  133.48009  149.88076  163.37223  199.00768
228.89982
```

僅呈現模式 1 的結果，請讀者自行輸入語法，執行 R 語言即可呈現所有內容

```
> # 撰寫迴圈 for() 語法逐次分析 k=7,8,...,28 預測未來 3 期的數據
> at <- ts(X_data$at, start = 1, frequency = 1)
> bt <- ts(X_data$bt, start = 1, frequency = 1)
> for(k in 7:28) {
+    ki <- (28 - k) + 1
+    at_k <- at[ki:28]
+    bt_k <- bt[ki:28]
+    xc <- (at_k + bt_k) / 2
+    xr <- (bt_k - at_k) / 2
+    ts_model <- arima(xc, order = c(1,0,0))
+    xc_pred <- predict(ts_model, n.ahead = 3)
+    ts_model <- arima(xr, order = c(1,0,0))
+    xr_pred <- predict(ts_model, n.ahead = 3)
+    x_pred <- cbind(c(xc_pred$pred - xr_pred$pred), c(xc_pred$pred + xr_pred$pred))
+    X_pred <- c(x_pred[1,], x_pred[2,], x_pred[3,])
```

```
+      isar_k <- fuzzy_isar0(X_pred, X_test)
+      issr_k <- fuzzy_issr0(X_pred, X_test)
+      result <- list(k = paste0("k = ", k, "(X", ki, "-X28)"), pred = cbind(xc_
pred$pred, xr_pred$pred), isar = isar_k$value, isar_unit = isar_k$unit, issr = issr_
k$value, issr_unit = issr_k$unit)
+      print(result) }
$k
[1] "k = 15(X14-X28)"


$pred
Time Series:
Start = 16
End = 18
Frequency = 1
    xc_pred$pred xr_pred$pred
16      20.85137     4.147884
17      20.15009     3.704423
18      19.75623     3.533731


$isar
[1] 9.633996


$isar_unit
        U1         U2         U3         U4         U5         U6         U7         U8         U9
 0.00000 11.74081 14.62835 15.84355 18.04100 18.73108 20.92853 22.14373 25.03126


$issr
[1] 73.37117


$issr_unit
        U1         U2         U3         U4         U5         U6         U7         U8
U9
   0.00000   51.73204   91.19734 103.81939 117.30968 143.28468 156.77498 169.39703
208.86232
```

```
# 僅呈現 k=15 的結果，請讀者自行輸入語法，執行 R 語言即可呈現所有內容

> # 重新定義 k=15 的時間數列數據，並再重新執行自訂函數 fuzzy_ts()
> X_data <- fuzzy_sample[55:69,]
> fuzzy_ts(X_data, X_test, 3)
$m
[1] "Model = 1"

$pred
[1] 16.70348 24.99925 16.44567 23.85451 16.22250 23.28996

$isar
[1] 9.633996

$isar_unit
      U1       U2       U3       U4       U5       U6       U7       U8       U9
 0.00000 11.74081 14.62835 15.84355 18.04100 18.73108 20.92853 22.14373 25.03126

$issr
[1] 73.37117

$issr_unit
         U1        U2        U3        U4        U5        U6        U7        U8
U9
    0.00000   51.73204   91.19734 103.81939 117.30968 143.28468 156.77498 169.39703
208.86232

>
> # 輸入氣象局預測未來一週的氣溫範圍
> X_pred <- c(17, 22, 17, 20, 18, 25)
>
> # 以自訂函數計算區間絕對誤差與區間誤差平方和
> fuzzy_isar0(X_pred, X_test)
$value
[1] 7.347586
```

```
$unit
   U1    U2    U3    U4    U5    U6    U7    U8    U9
  0.0  12.0  12.6  13.4  14.0  15.0  15.6  16.4  17.0


> fuzzy_issr0(X_pred, X_test)
$value
[1] 40.95913


$unit
    U1     U2     U3     U4     U5     U6     U7     U8     U9
  0.00  60.50  68.66  73.66  78.50  81.82  86.66  91.66  99.82


>
> #再次執行自訂函數 fuzzy_ts()，期數設為 6
> fuzzy_ts(X_data, X_test, 6)

#請讀者自行輸入語法，執行 R 語言即可呈現所有內容
>
> #輸入氣象局預測未來一週的氣溫範圍
> X_pred <- c(17, 22, 17, 20, 18, 25, 17, 22, 17, 24, 16, 21)
>
> #以自訂函數計算區間絕對誤差與區間誤差平方和
> fuzzy_isar0(X_pred, X_test)
$value
[1] 15.4207


> fuzzy_issr0(X_pred, X_test)
$value
[1] 97.1454


#請讀者自行輸入語法，執行 R 語言即可呈現所有內容
```

　　在研究的過程中，我們發現一個有趣的現象，若預測區間與實際區間完全密合，感覺上這個預測區間應是效率最佳的預測區間，實際上並不然，以下用兩個例子說明之。

比如說，氣象局昨天預測今天整天的最高氣溫爲 30 度，而今天實際最高氣溫真的是 30 度，那麼氣象局會說預測準確度達百分之百，人們也不會有疑義，這是點預測的部分。再者，若氣象局昨天預測今天整天的氣溫範圍爲攝氏 [20, 30] 度，而今天實際氣溫範圍真的是攝氏 [20, 30] 度，那麼氣象局也會說預測準確度達百分之百，大部分人們也不會有疑義，但準確度真的達百分之百嗎？有別的氣溫範圍準確度更高嗎？有的！

根據 10.3 節定義 10.5，氣溫範圍爲攝氏 [25, 32] 度比氣溫範圍爲攝氏 [20, 30] 度之準確度更高。因爲 | [25, 32] – [20, 30] | = | [– 5, 12] | = [0, 5]$_2$ ∪ [5, 12]，則 $\overrightarrow{ISAR}$ = (2×2.5×5 + 1×8.5×7)/17 = 4.97，然而 | [20, 30] – [20, 30] | = | [– 10, 10] | = [0, 10]$_2$，則 $\overrightarrow{ISAR}$ = (2×5×10)/20 = 5。

所以氣溫範圍爲攝氏 [25, 32] 度比氣溫範圍爲攝氏 [20, 30] 度之準確度更高。很容易舉出一堆氣溫範圍比攝氏 [20, 30] 度之準確度更高。例如：[19, 25]、[21, 27]、[28, 31] 等。

如何說明預測氣溫範圍攝氏 [20, 30] 度並不是準確度最高的預測，實際生活中如何解釋呢？

例 10.7 氣象局公布今天實際氣溫範圍爲攝氏 [20, 30] 度，用 X 來表示，我們對於下列三種預測氣溫範圍作討論。

Case1. 假設氣象局預測今天氣溫範圍爲攝氏 [20, 30] 度，用 $\hat{X}$ 來表示，

則 $\hat{X} - X$ = [20, 30] – [20, 30] = [–10, 10]。

其中 –10 表示某甲晚上出門前看氣象局預測今天氣溫範圍爲攝氏 [20, 30] 度，認爲晚上溫度應接近 20 度，因此穿著較厚重的衣服，結果晚上溫度卻接近 30 度，是較炎熱的氣溫，對於某甲心理有 10 度的落差，甚至因多穿衣服，導致全身溼透。

而 + 10 表示某甲中午出門前看今天預測氣溫範圍爲攝氏 [20, 30] 度，認爲中午溫度應接近 30 度，因此穿著較輕薄的衣服，結果中午溫度卻接近 20 度，是較涼爽的氣溫，對於某甲心理有 10 度的落差，甚至因少穿衣服，而有感冒之虞。

Case2. 假設民間機構 A 預測今天氣溫範圍為攝氏 [25, 30] 度，用 $\hat{X}$ 來表示，

則 $\hat{X} - X = [25, 30] - [20, 30] = [-5, 10]$。

其中 –5 表示某甲晚上出門前看民間機構 A 預測今天氣溫範圍為攝氏 [25, 30] 度，認為晚上溫度應接近 25 度，因此穿著較適中的衣服，結果晚上溫度卻接近 30 度，是較炎熱的氣溫，對於某甲心理有 5 度的落差，雖然少穿一點衣服，但還在可接受的範圍。

而 +10 表示某甲中午出門前看民間機構 A 預測今天氣溫範圍為攝氏 [25, 30] 度，認為中午溫度應接近 30 度，因此穿著較輕薄的衣服，結果中午溫度卻接近 20 度，是較涼爽的氣溫，對於某甲心理有 10 度的落差，甚至因少穿衣服，而有感冒之虞。

Case3. 假設民間機構 B 預測今天氣溫範圍為攝氏 [28, 31] 度，用 $\hat{X}$ 來表示，

則 $\hat{X} - X = [28, 31] - [20, 30] = [-2, 11]$。

其中 – 2 表示某甲晚上出門前看民間機構 B 預測今天氣溫範圍為攝氏 [28, 31] 度，認為晚上溫度應接近 28 度，是較炎熱的氣溫，因此穿著較輕薄的衣服，結果晚上溫度接近 30 度，對於某甲心理只有 2 度的落差，符合期待。

而 + 11 表示某甲中午出門前看民間機構 B 預測今天氣溫範圍為攝氏 [28, 31] 度，認為中午溫度應接近 31 度，因此穿著較輕薄的衣服，結果中午溫度卻接近 20 度，是較涼爽的氣溫，對於某甲心理有 11 度的落差，甚至因少穿衣服，而有感冒之虞。

$$\text{Case1 } \cancel{\nearrow} ISAR = |[-10, 10]| = [0, 10]_2$$
$$\overset{\triangleright}{ISAR} = (2 \times 5 \times 10)/20 = 5$$
$$\text{Case2 } \cancel{\nearrow} ISAR = |[-5, 10]| = [0, 5]_2 \cup [5, 10]$$
$$\overset{\triangleright}{ISAR} = (2 \times 2.5 \times 5 + 1 \times 7.5 \times 5)/15 = 4.17$$
$$\text{Case3 } \cancel{\nearrow} ISAR = |[-2, 11]| = [0, 2]_2 \cup [2, 11]$$
$$\overset{\triangleright}{ISAR} = (2 \times 1 \times 2 + 1 \times 6.5 \times 9)/13 = 4.81$$

由例 10.7 知，某甲因傳統想法，認為早晚氣溫應較低，中午氣溫應較

高，但實際上並不是必然的規則，而導致很大的心理落差，可能以後對氣溫預報抱持很大的懷疑。(1) 因為 –5 度比 –10 度溫差小，所以 Case2 明顯比 Case1 符合人們的期待，這與 Case2 之 $\overrightarrow{ISSR}$ 比 Case1 之 $\overrightarrow{ISSR}$ 小一致。(2) 雖然 + 11 度比 + 10 度高 1 度，心理更不舒服，但程度差距不大，而 –2 度比 –10 度高 8 度，程度差距很大，且 –2 度較符合人們心理期待。Case3 之 + 11 度比 Case1 之 + 10 度高 1 度，而 Case3 之 –2 度比 Case1 之 –10 度高 8 度，彌補之後，人們較能接受 Case3。

所以區間預測與點預測在這方面是不同的。而在社會科學中，也時常有這類情形發生。

例 10.8 有一建設公司賣房子，以下稱為賣方，因應著顧客的殺價行為，定價每坪 26 萬元台幣，但他心裡的底價為每坪 20 萬元台幣，所以建設公司的實際供給價格為每坪 [20, 26] 萬元台幣。接下來有三類預算不同的顧客，以下稱為買方，我們來探討這些買方的預估需求價格與賣方的實際供給價格之間的誤差，並試著去解釋這種社會現象，這是賽局理論的一種應用。

Case1. 預算每坪 [20, 26] 萬元台幣的買方甲：假設有這類預算的買方甲，看到了上述的房子，預估房價為每坪 [20, 26] 萬元台幣，與預算符合，而賣方的賣價也為每坪 [20, 26] 萬元台幣，但因為不知對方的底價而互相試探，討價還價，尋找成交的可能。

若 $\hat{X}$ 表買方甲預估房價為每坪 [20, 26] 萬元台幣，X 表賣方的賣價為每坪 [20, 26] 萬元台幣。

則 $\hat{X} - X$ = [20, 26] – [20, 26] = [– 6, 6]。

其中 –6 表示買方希望每坪 20 萬元台幣能買到最好，但賣方一開價就是每坪 26 萬元台幣，對於買方的心理層面落差是：不但不能低於每坪 20 萬元台幣買到，還要比我希望的最低價格每坪多 6 萬元，雖然最後可能成交，但是心裡不是滋味。

而 +6 表示買方願付的最高價格為每坪 26 萬元台幣，但是賣方可能急著賣出去，因此自動降價至每坪 20 萬元台幣，對於買方的心理層面落差是：不但不需花每坪 26 萬元台幣去買，還要比我願付的最高價格每坪少 6 萬元，最後必然成交，心裡非常高興。

－6 到 +6 對於買方甲就像洗三溫暖一樣，有上下震盪 12 萬元台幣的心理折磨。

Case2. 預算每坪 [21, 25] 萬元台幣的買方乙：假設有這類預算的買方乙，看到了上述的房子，預估房價為每坪 [21, 25] 萬元台幣，與預算符合，而賣方的賣價為每坪 [20, 26] 萬元台幣，但因為不知對方的底價而互相試探，討價還價，尋找成交的可能。

若 $\hat{X}$ 表買方乙預估房價為每坪 [21, 25] 萬元台幣，X 表賣方的賣價為每坪 [20, 26] 萬元台幣。

則 $\hat{X} - X$ = [21, 25] － [20, 26] = [－5, 5]。

其中 －5 表示買方希望每坪 21 萬元台幣能買到最好，但賣方一開價就是每坪 26 萬元台幣，對於買方的心理層面落差是：不但不能低於每坪 21 萬元台幣買到，還要比我希望的最低價格每坪多 5 萬元，雖然最後可能成交，但是心裡不是滋味。

而 +5 表示買方願付的最高價格為每坪 25 萬元台幣，但是賣方可能急著賣出去，因此自動降價至每坪 20 萬元台幣，對於買方的心理層面落差是：不但不需花每坪 25 萬元台幣去買，還要比我願付的最高價格每坪少 5 萬元，最後必然成交，心裡非常高興。

－5 到 +5 對於買方乙就像洗三溫暖一樣，有上下震盪 10 萬元台幣的心理折磨。

Case3. 預算每坪 [23, 27] 萬元台幣的買方丙：假設有這類預算的買方丙，看到了上述的房子，預估房價為每坪 [23, 27] 萬元台幣，與預算符合，而賣方的賣價為每坪 [20, 26] 萬元台幣，但因為不知對方的底價而互相試探，討價還價，尋找成交的可能。

若 $\hat{X}$ 表買方丙預估房價為每坪 [23, 27] 萬元台幣，X 表賣方的賣價為每坪 [20, 26] 萬元台幣。

則 $\hat{X} - X$ = [23, 27] － [20, 26] = [－3, 7]。

其中 －3 表示買方希望每坪 23 萬元台幣能買到最好，但賣方一開價就是

每坪 26 萬元台幣，對於買方的心理層面落差是：不但不能低於每坪 23 萬元台幣買到，還要比我希望的最低價格每坪多 3 萬元，雖然最後可能成交，但是心裡稍微不是滋味。

而 +7 表示買方願付的最高價格為每坪 27 萬元台幣，但是賣方可能急著賣出去，因此自動降價至每坪 20 萬元台幣，對於買方的心理層面落差是：不但不需花每坪 27 萬元台幣去買，還要比我願付的最高價格每坪少 7 萬元，最後必然成交，心裡非常高興。

–3 到 +7 對於買方丙就像洗三溫暖一樣，有上下震盪 10 萬元台幣的心理折磨。

對於上述三種 Case，我們認為買方乙與買方丙所受的心理折磨應該比買方甲少。而這與本文所定義的公式 $\overset{\triangleright}{ISAR}$ 有異曲同工之妙。

其中 Case1 之 $ISAR$ = | [–6, 6] | = $[0, 6]_2$, $\overset{\triangleright}{ISAR}$ = (2/12)×3×6 = 3

Case2 之 $ISAR$ = | [–5, 5] | = $[0, 5]_2$, $\overset{\triangleright}{ISAR}$ = (2/10)×2.5×5 = 2.5

Case3 之 $ISAR$ = | [–3, 7] | = $[0, 3]_2$ ∪ [3, 7], $\overset{\triangleright}{ISAR}$ = (2/10)×1.5×3 + (1/10)×5×4 = 2.9

由上例發現，因為預測區間 [23, 23] 與實際區間 [20, 26] 之中點重疊，所以總誤差和最小，其 $ISAR$ = | [–3, 3] | = $[0, 3]_2$，$\overset{\triangleright}{ISAR}$ = 1.5，只有上下震盪 6 萬元台幣的心理折磨，而這與一般人們的保守行為感覺較接近。

10.6　區間效率評估的一些性質

本章的性質與公式是由區間絕對誤差和所導出，若由區間誤差平方和導出的性質，可能與本章的不同。

為了方便起見，我們定義若兩預測區間之 $\overset{\triangleright}{ISAR}$ 相等，稱為效率相同；若預測區間之 $\overset{\triangleright}{ISAR}$ 越大，效率越差；反之，效率越好。

若實際區間為 [a, b]，其中 $a \le b$，預測區間 A 為 $[a_1, b_1]$，其中 $a_1 \le b_1$，預測區間 B 為 $[a_2, b_2]$，其中 $a_2 \le b_2$，預測區間 C 為 [a, b]，其中 $a \le b$，則有以下一些性質：

1. 預測區間 C = [a, b] 包含於實際區間 [a, b]，寫成 $[a, b] \subseteq [a, b]$，

其 $ISAR = |[a, b] - [a, b]| = |[a - b, b - a]| = [0, b - a]_2$，

$$ISAR = \frac{2}{2(b-a)} \times \frac{b-a}{2} \times (b-a) = \frac{b-a}{2} \text{。}$$

2. 若預測區間 $A = [a_1, b_1]$ 包含於預測區間 $C = [a, b]$，且包含於實際區間 $[a, b]$，寫成 $[a_1, b_1] \subset [a, b] \subseteq [a, b]$，則預測區間 A 之 $\overset{\rightarrow}{ISAR}(A)$ 小於預測區間 C 之 $\overset{\rightarrow}{ISAR}(C)$，寫成 $\overset{\rightarrow}{ISAR}(A) < \overset{\rightarrow}{ISAR}(C)$，我們稱預測區間 A 比預測區間 C 有效率。

   因為 $\overset{\rightarrow}{ISAR}(A) = \frac{b_1 - a_1}{2} < \frac{b-a}{2} = \overset{\rightarrow}{ISAR}(C)$。

3. 若 $[a_1, b_1] \subset [a_2, b_2] \subset [a, b] \subseteq [a, b]$，

   則 $\overset{\rightarrow}{ISAR}(A) < \overset{\rightarrow}{ISAR}(B) < \overset{\rightarrow}{ISAR}(C)$，我們稱預測區間 A 比預測區間 B 有效率，且預測區間 B 比預測區間 C 有效率。

4. 預測區間 $D = \left[\frac{a+b}{2}, \frac{a+b}{2}\right]$ 之 $\overset{\rightarrow}{ISAR}$ 為最小，我們說預測區間 D 是所有預測區間中最有效率的。

   說明：若有另一預測區間 $A = [a_1, b_1]$，其中 $a_1 < b_1$ 且 $\left[\frac{a+b}{2}, \frac{a+b}{2}\right] \subset [a_1, b_1]$，

   則 $ISAR(D) = \left|\left[\frac{a+b}{2}, \frac{a+b}{2}\right] - [a, b]\right| = \left[0, \frac{b-a}{2}\right]_2$，

   $\overset{\rightarrow}{ISAR}(D) = \frac{2}{b-a} \times \frac{b-a}{4} \times \frac{b-a}{2} = \frac{b-a}{4}$，

   且 $ISAR(A) = |[a_1, b_1] - [a, b]| = |[a_1 - b, b_1 - a]| = [0, b_1 - a] \cup [0, b - a_1]$，

   $\overset{\rightarrow}{ISAR}(A) = \frac{1}{b_1 - a + b - a_1} \times \frac{b_1 - a}{2} \times (b_1 - a) + \frac{1}{b_1 - a + b - a_1} \times \frac{b - a_1}{2} \times (b - a_1)$，

   因為 $\frac{b-a}{2} < b_1 - a$ 且 $\frac{b-a}{2} < b - a_1$，所以 $\overset{\rightarrow}{ISAR}(D) < \overset{\rightarrow}{ISAR}(A)$。

5. 若預測區間 $C = [a, b]$ 包含於預測區間 $E = [a_3, b_3]$，即 $[a, b] \subseteq [a_3, b_3]$ 則預測區間 C 之 $\overset{\rightarrow}{ISAR}(C)$ 小於預測區間 E 之 $\overset{\rightarrow}{ISAR}(E)$，理由同 2。我們說預測區間 C 比預測區間 E 有效率。

6. 若預測區間 $A = [a_1, b_1] \not\subset [a, b]$，預測區間 $B = [a_2, b_2] \not\subset [a, b]$，但是 $[a_1, b_1] \cap [a, b] \subset [a_2, b_2] \cap [a, b]$ 則預測區間 A 之 $\overset{\rightarrow}{ISAR}(A)$ 小於預測區間 B 之 $\overset{\rightarrow}{ISAR}(B)$，理由同 2。我們說預測區間 A 比預測區間 B 有效率。

7. 有兩個預測區間 $A = [a_1, b_1]$ 與 $B = [a_2, b_2]$，其中 $[a_1, b_1] \subset [a, b]$ 且 $[a_2, b_2] \subset [a, b]$；但是 $\frac{a+b}{2} \in A = [a_1, b_1]$，而 $\frac{a+b}{2} \notin B = [a_2, b_2]$，且 $b_1 - a_1 = b_2 - a_2$，

則預測區間 A 比預測區間 B 有效率。

Case1. $[a_1, b_1] \cap [a_2, b_2] \neq \varphi$，則 $a < a_1 < a_2 < b_1 < b_2 < b$

證明：已知 (1) $b_1 - a_1 = b_2 - a_2$，(2) $a_1 < \dfrac{a+b}{2} < b_1$，(3) $\dfrac{a+b}{2} < a_2 < b_2$

令 $x = a_1 - a$，$y = a_2 - a_1 = b_2 - b_1$，$z = b_1 - a_2$，$t = b - b_2$

$ISAR(A) = |[a_1, b_1] - [a, b]| = |[a_1 - b, b_1 - a]| = [0, b_1 - a] \cup [0, b - a_1]$,

$\overset{\triangleright}{ISAR}(A) = \dfrac{2(b - a_1)^2 + (b - a + b_1 - a_1)(b_1 + a_1 - b - a)}{2(b - a + b_1 - a_1)}$

$= \dfrac{2(2y + z + t)^2 + (x + 3y + 2z + t)(x - y - t)}{2(x + 3y + 2z + t)}$

$ISAR(B) = |[a_2, b_2] - [a, b]| = |[a_2 - b, b_2 - a]| = [0, b - a_2]_2 \cup [b - a_2, b_2 - a]$

$\overset{\triangleright}{ISAR}(B) = \dfrac{2(b - a_2)^2 + (b - a + b_2 - a_2)(b_2 + a_2 - b - a)}{2(b - a + b_2 - a_2)}$

$= \dfrac{2(2y + z + t)^2 + (x + 3y + 2z + t)(x - y - t)}{2(x + 3y + 2z + t)}$

$\overset{\triangleright}{ISAR}(A) - \overset{\triangleright}{ISAR}(B) = \dfrac{2y(t - x)}{2(x + 3y + 2z + t)} < 0$，因為 $t < x$，得證。

Case2. $[a_1, b_1] \cap [a_2, b_2] = \varphi$，則 $a < a_1 < b_1 < a_2 < b_2 < b$

證明：已知 (1) $b_1 - a_1 = b_2 - a_2$，(2) $a_1 < \dfrac{a+b}{2} < b_1$，(3) $\dfrac{a+b}{2} < a_2 < b_2$

令 $x = a_1 - a$，$y = b_1 - a_1 = b_2 - a_2$，$z = a_2 - b_1$，$t = b - b_2$

$ISAR(A) = |[a_1, b_1] - [a, b]| = |[a_1 - b, b_1 - a]| = [0, b_1 - a]_2 \cup [b_1 - a, b - a_1]$

$\overset{\triangleright}{ISAR}(A) = \dfrac{2(b_1 - a)^2 + (b - a + b_1 - a_1)(b + a - b_1 - a_1)}{2(b - a + b_1 - a_1)}$

$= \dfrac{2(x + y)^2 + (x + 3y + z + t)(-x + y + z + t)}{2(x + 3y + 2z + t)}$

$ISAR(B) = |[a_2, b_2] - [a, b]| = |[a_2 - b, b_2 - a]| = [0, b - a_2]_2 \cup [b - a_2, b_2 - a]$

$\overset{\triangleright}{ISAR}(B) = \dfrac{2(b - a_2)^2 + (b - a + b_2 - a_2)(b_2 + a_2 - b - a)}{2(b - a + b_2 - a_2)}$

$= \dfrac{2(y + t)^2 + (x + 3y + z + t)(x + y + z - t)}{2(x + 3y + z + t)}$

$\overset{\triangleright}{ISAR}(A) - \overset{\triangleright}{ISAR}(B) = \dfrac{2(y + z)(t - x)}{2(x + 3y + 2z + t)} < 0$，因為 $t < x$，得證。

8. 有兩個預測區間 $C = [a, b]$ 與 $F = [a + x, b + 1]$，其中 $0 \leq x < b - a$，而實際 區間為 $[a, b]$，若預測區間 $C = [a, b]$ 與預測區間 $F = [a + x, b + 1]$ 之效率

相同，則 $x = \dfrac{l \pm \sqrt{l^2 - 4l - 4}}{2}$，其中 $l = b - a$ 且 $l \geq 2 + 2\sqrt{2} \fallingdotseq 4.83$。

證明：因為

$$ISAR(C) = |[a, b] - [a, b]| = |[a - b, b - a]| = [0, b - a]_2 \,,$$

$$\overset{\triangleright}{ISAR}(C) = \frac{2}{2(b-a)} \times \frac{b-a}{2} \times (b-a) = \frac{b-a}{2}$$

$$ISAR(F) = |[a + x, b + 1]| - [a, b]| = |[a + x - b, b + 1 - a]|$$

$$= [0, b - a - x]_2 \cup [b - a - x, b + 1 - a]$$

$$\overset{\triangleright}{ISAR}(F) = \frac{2}{2(b-a) + 1 - x} \times \frac{b - a - x}{2} \times (b - a - x) + \frac{1}{2(b-a) + 1 - x}$$

$$\times \frac{2(b-a) + 1 - x}{2} \times (1 + x)$$

$$= \frac{x^2 - 2(b-a)x + [2(b-a)^2 + 2(b-a) + 1]}{2[2(b-a) + 1 - x]}$$

令 $l = b - a$

則 $\dfrac{1}{2} = \dfrac{x^2 - 2lx + (2l^2 + 2l + 1)}{2(2l + 1 - x)}$，得 $x^2 - lx + l + 1 = 0$

所以 $x = \dfrac{l \pm \sqrt{l^2 - 4l - 4}}{2}$，其中 $l^2 - 4l - 4 \geq 0$ 才有實根

即 $l \geq 2 + 2\sqrt{2} \fallingdotseq 4.83$，得證。

例 10.9　(1) 實際區間 $[20, 30]$，$l = 10$，$x \geq 5 \pm \sqrt{14} \fallingdotseq 1.26$ 或 8.74

此意義為當預測區間 $[20, 30]$ 之右端點增加 1 單位，則左端點增加約 1.26 單位或 8.74 單位，即預測區間變成 $[21.26, 31]$ 或 $[28.74, 31]$ 時，與預測區間 $[20, 30]$ 之 $\overset{\triangleright}{ISAR}$ 相等。

(2) 實際區間 $[10, 30]$，$l = 20$，$x \geq 10 \pm \sqrt{79} \fallingdotseq 1.11$ 或 18.89

此意義為當預測區間 $[10, 30]$ 之右端點增加 1 單位，則左端點增加約 1.11 單位或 18.89 單位，即預測區間變成 $[11.11, 31]$ 或 $[28.89, 31]$ 時，與預測區間 $[10, 30]$ 之 $\overset{\triangleright}{ISAR}$ 相等。

(3) 實際區間 $[25, 30]$，$l = 5$，$x = 2$ 或 3

此意義為當預測區間 $[25, 30]$ 之右端點增加 1 單位，則左端點增加 2 單位或 3 單位，即預測區間變成 $[27, 31]$ 或 $[28, 31]$ 時，與預測區間 $[25, 30]$ 之 $\overset{\triangleright}{ISAR}$ 相等。

我們發現在此性質中,當區間長度 l 縮短,則 x 會變小(但是 $l \geq 2 + 2\sqrt{2}$ 時,x 才有解)。得到的兩個新的預測區間,其中一個包含區間中心,而另一個卻不包含區間中心。

例 10.10 若實際區間為 [20, 30],區間中點為 25,有七個預測區間如下,我們來算一算區間絕對誤差和,看看效率差多少。

預測區間	$A =$ [20, 30]	$B =$ [21, 29]	$C =$ [19, 31]	$D =$ [19, 26]	$E =$ [24, 31]	$F =$ [19, 24]	$G =$ [26, 31]
$\overset{\triangleright}{ISAR}$	5	4.5	5.5	4.62	4.62	4.57	4.57

我們看到,預測區間與實際區間完全密合,此預測區間並非效率最好的。

10.7 結論

本研究在探討區間時間數列之預測與效率評估,研究的過程中,我們發現一個有趣的現象,若預測區間與實際區間完全密合,感覺上這個預測區間應是效率最佳的預測區間,實際上並不然。

除了房價的問題適合利用區間預測的概念外,還有許多社會現象也適合。人們因傳統想法,認為早晚氣溫應較低,中午氣溫應較高,但實際上並不是必然的規則,而導致很大的心理落差,可能以後對氣象局的氣溫預報抱持很大的懷疑。氣象局對於預測氣溫與實際氣溫完全密合也不應該宣稱百分百正確而沾沾自喜,因為若預測氣溫與實際氣溫之區間太大(大約超過 10 度),則對大部分的人沒有太大意義。

在實例探討中,我們建議氣象局對於預測氣溫與實際氣溫提供整天及不同時段的區間範圍資料,例如可將整天分割為早上、中午、晚上以及半夜時段,各給予不同的預測氣溫與實際氣溫區間範圍資料,因為時間縮短,區間範圍長度變小,準確性相對增加,將增加人們對氣象預測的信心,也提供人們外出時較為詳盡的參考。

　　由於人類情感複雜，社會現象多變，傳統的點預測對現在複雜的社會已不敷使用。本文對於幾種區間時間數列預測的方法，研究其效率評估。區間預測是由傳統的點預測所衍生出來的，它既可解決一些點預測所無法解決的問題，又不違背點預測的精神，所以適用性較廣。研究結果顯示：k 階區間移動平均法比中心點及半徑之 ARIMA 法或左右端點之 ARIMA 法之總誤差和小得多，所以利用 k 階區間移動平均法應是較好的估計方法，而且與氣象局的預測方法接近。

　　因為社會變化迅速，所以在作預測時，預測越多期越容易失真，因此，若非特殊需要，建議預測未來 3 期即可。

　　本文有幾點值得作進一步的研究：

1. 我們當初假定區間內任意一點所在位置為均勻分布，如果改為三角形分布或梯形分布，則區間內的權重要重新計算，結果應會不同。

2. 若我們能推廣至區間內任意一點所在位置為常態分布或近似常態分布，則很多常態分布的公式可套用，將可開創出一個新領域。

3. 基本上，區間誤差和的定義方法可以有很多種，嘗試其他種定義法，來與此法對照比較優劣。

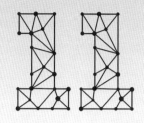

模糊相關

難易指數：☺☺（難）

學習金鑰

✦ 理解模糊相關係數意義

✦ 計算模糊相關係數

✦ 運用 R 語言撰寫模糊相關語法

　　在統計學上，我們常使用皮爾森相關係數來表達兩變數間線性關係的強度，同時也表達出關係之方向。皮爾森相關係數所處理的資料都是明確的實數值，但是當資料是模糊數時，如何計算廣義模糊相關係數？本研究探討區間模糊樣本資料值求得模糊相關係數，並提出廣義模糊相關係數。我們以影響數學成就評量的因素，作實證研究分析，得出更合理的分析。而此模糊相關區間定義也能應用在兩資料值為實數或其中一筆資料值為實數的情況，可以解釋更多在實務上所發生的相關現象。

11.1　前言

　　人類思維主要是來自於對自然現象和社會現象的認知意識，而人類的知識語言也會因本身的主觀意識、時間、環境和研判事情的角度不同而具備模糊性，故吳柏林 (2005) 提出模糊理論的產生即是參考人類思維方式對環境所用的模糊測度與分類原理，給予較穩健的描述方式，以處理多元複雜的曖昧和不確定現象。

　　如果我們想了解 X 與 Y 兩個現象之間的關係程度，最直接的方法就是先把 (X, Y) 的資料散布圖畫出來。到底 X 與 Y 這兩變數之間呈現何種程度的關係，由資料散布圖我們便可約略看出它們之間的相關性。事實上，任兩個變數之間必定有關係存在，包括正相關、負相關、或統計無關。因此測量關係程度的大小，才是我們所感興趣的。

　　而在統計學上，我們使用皮爾森相關係數 (Pearson's correlation coefficient) 來表達兩變數間線性關係的強度，同時也表達出關係之方向。傳統之相關係數所處理的資料都是明確的實數值，但是當資料是模糊數時，並不適合使用傳統的方法來計算模糊相關係數 (fuzzy correlation coefficient)。林原宏 (2004) 提出模糊相關係數即針對模糊性資料，衡量其類似性 (similarity) 和相關性 (correlation) 的係數。而 Ragin(2000) 和 Smithson(1987) 也提出模糊理論近年來應用於社會科學與日俱增，若欲就蒐集而得的資料，計算資料的類似性和相關性，變成為一個重要的課題。類似性是計算兩個模糊數（或模糊集合）的類似程度，相關性係計算一組模糊樣本中，每個模糊樣本點的兩個模糊數之相關性。模糊相關係數仍有待發展，文獻上也有許多不同的公式。

　　本研究的主要目的為發展模糊相關係數，並針對區間模糊樣本資料值求得模糊相關係數。本研究將依據 Liu 與 Kao(2002) 所提出相關係數方法求得模糊相關係數，並將相關係數作合理的調整，能使所求出相關係數更加精確。而此公式也能應用在兩資料值為實數或其中一筆資料值為實數的情況，藉由本研究所提出的方法，可以提供研究者更多的資訊與信心來解釋在實務上所發生的相關現象。

　　在社會科學領域，為了得知研究結果顯著的程度，大多都需要提出效應

值 (effect size)。而在實務的應用上，有許多效應值的計算和解釋方法已經提出 (Alhija & Levy, 2009; Breaugh, 2003; Durlak, 2009; Ferguson, 2009; Grissom & Kim, 2005; Huberty, 2002; Kline, 2004; Richardson, 1996; Rosenthal, Rosnow, & Rubin, 2000; Rosnow & Rosenthal, 2003; Vacha-Haase & Thompson, 2004)。其中，Ferguson(2009) 提出效應值主要可被分爲四大類：(1) 兩組平均差異的大小，(2) 兩個樣本關聯強度，(3) 校正值的估計，(4) 相對風險的估計。其中，兩個樣本相關的強度最重要，也最常用的一項指標即爲皮爾森的相關係數，這個相關係數提供了兩個變數之間線性相關的方向與強度，若是低相關，則代表兩變數相關程度很弱，而若是高相關，則代表兩變數相關程度很強，然而，高相關並不代表兩變數之間具有因果關係的存在。

　　過去有很多的文獻在研究皮爾森相關的研究與發展 (Johnson, Kotz, & Balakrishnan, 1995; Stuart & Ord, 1994; Bobko, 2001; Cohen, Cohen, West, & Aiken, 2003; Shieh, 2006, 2008, 2010)。然而，大多的文獻主要侷限在傳統統計理論的框架中。傳統的統計理論假設所有的觀測值需要爲實數且按照二維常態分布 (bivariate normal distribution)，而人類的思維，因來自於對自然現象和社會現象的主觀意識影響，其知識語言也會因本身的主觀意識、時間、環境和研判事情的角度不同而具模糊性，對與錯之間還有不完全對與不完全錯，是非之間還會有些是、有些非的灰色地帶，劉天祥與佟中仁 (1990) 就認爲要了解模糊的意義須從模糊的相反詞「明確」來做反向思考。

　　然而，傳統的實數相關，可以用皮爾森的相關係數來計算，而當我們所蒐集的資料爲模糊資料時，相關係數的分析則相當地複雜。以下的研究探討目前模糊相關係數的研究發展。

11.2　模糊相關係數

　　模糊相關係數在社會科學的發展上已逐漸獲得重視，Bustince 與 Burillo (1995)，Yu(1993)，Liu 與 Kao(2002)，Hong 與 Hwang(1995)，Hong(2006) 等學者均有專文探討計算相關係數的方法。然而，過去所提出的方法在實務應用上，大多存在潛在的問題。例如：Hong 與 Hwang(1995) 定義了模糊集合相關係數的計算方法，然而，他們所定義下相關係數的範圍卻是從 0 到 1，這與傳統相關係數介於 –1 到 1 的定義不同。Chaudhuri 與 Bhattacharya(2001) 則提出模糊等級相關，而他們的方法只能受限於計算兩個模糊集合的相關，並不適合用來求出兩個模糊數的相關。

Chiang 與 Lin(1999) 則討論模糊集合的隸屬函數，並將隸屬度作為明確的觀測值來定義模糊相關係數，雖然其相關係數的範圍為 –1 到 1 之間，但所計算出的相關係數為一實數，並非模糊數，所得到的相關係數值已喪失模糊的涵義。Liu 與 Kao(2002) 則依據 Zadeh(1978) 所提出的擴展法則 (extension principle) 進行模糊相關係數的推導，先藉由取得模糊相關係數的 Alpha 截集，而後用不同的 Alpha 值，取得模糊相關係數的歸屬函數，並由歸屬函數了解模糊相關係數的範圍與可能值，然而，由於計算過程繁瑣，需使用數學程式來方便運算，因此應用上較為侷限。

過去的研究大多強調在模糊的情境下如何計算相關係數，對於相關係數之顯著性檢定的研究則是少之又少。陳正哲 (2005) 利用隨機性檢定法來檢定相關係數等於零或是不等於零的假設，他採用 Zadeh(1978) 的擴展法則，並依據 Liu 與 Kao(2002) 所建議之模糊集合的 Alpha 截集，來求得模糊樣本相關係數之 Alpha 截集，根據這些截集，即可求得模糊檢定統計量的歸屬函數。然而，其理論推導複雜，且須仰賴非線性軟體 LINGO 來求得歸屬函數，在實務應用上較為困難。

如果我們想了解 X 與 Y 兩個現象之間的關係程度，最直接的方法就是先把 (X, Y) 的資料散布圖畫出來。到底 X 與 Y 這兩變數之間呈現何種程度的關係，由資料散布圖我們便可約略看出它們之間的相關性。事實上，任兩個變數之間必定有關係存在，包括正相關、負相關、或統計無關。因此測量關係程度的大小，才是我們所感興趣的。

傳統的線性相關係數，一般以 ρ 表示，代表兩個變數 X 及 Y 的相關程度。它的定義為：

$$相關係數 \ \rho = \frac{\sigma_{X,Y}}{\sigma_X \sigma_Y} = \frac{Cov(X,Y)}{\sigma_X \sigma_Y}$$

當 $\rho > 0$ 時，我們稱 X 與 Y 之間為直線正相關；當 $\rho < 0$，則稱 X 與 Y 之間為直線負相關；若是 $\rho = 0$，則稱 X 與 Y 之間沒有線性相關存在，或說

統計相關。不過要求相關係數，必須要得知它們的變異數 σ_X^2、σ_Y^2 和它們之間的共變異數 $Cov(X, Y)$。但是在實務應用上，常常並不容易得到。因此，我們用樣本相關係數 r_{xy} 來估計 ρ，即：

$$r_{xy} = \frac{\sum_{i=1}^{n}(x_i - \overline{x})(y_i - \overline{y})}{\sqrt{\sum_{i=1}^{n}(x_i - \overline{x})^2}\sqrt{\sum_{i=1}^{n}(y_i - \overline{y})^2}}$$

其中 (x_i, y_i) 為第 i 對觀察值，$i = 1, 2, 3, ..., n$；$\overline{x}$ 及 $\overline{y}$ 分別為其樣本平均數。

區間模糊數的概念在日常生活中是常見的，因為在某些情況下現有資訊無法使我們確定真正的值為何，我們考慮區間模糊數如下：

區間型糊模數為一具有均勻隸屬度函數的模糊數，以閉區間的符號「[ ]」來表示。若 $a, b \in R$ 且 $a < b$，則 $[a, b]$ 表一區間型模糊數，a 稱為 $[a, b]$ 的下界，b 稱為 $[a, b]$ 的上界；若 $a = b$，則 $[a, b] = [a, a] = [b, b] = a = b$ 表一實數 a（或 b）。同樣的，一實數 k 亦可表示為 $[k, k]$。若 $[a, b]$ 為一區間型模糊數，設 $c_0 = \frac{a+b}{2}$，$s_0 = \frac{b-a}{2}$ 分別表示其中心及半徑，我們也可將一區間型模糊數表示成：$[c_0; s_0] \Rightarrow [c_0 - s_0, c_0 + s_0] = [a, b]$。而 $\ell = b - a$，代表該區間的長度。

區間型模糊數常見於日常生活中，例如：每年 6、7 月研究生畢業，都會有一波求職潮，而每位畢業生對薪資期望都有所不同，像是某畢業生對於薪資期望大約在 3 萬元，但是若價錢再低一點也可接受，所以要求薪資不是確切數字，而是一個範圍，此畢業生希望薪資在 [2.6, 3.5] 區間內，考慮 [2.6, 3.5] 這個區間，會比考慮某一價錢更加明確，更可以提供急需求才的公司主管們參考。除薪資之外，許多新鮮人也會想知道每天的上班時數，但老闆可能無法明確告知一個確切的數字，而是依據工作分量的需求，需要彈性加班，老闆可能會告知申請工作的畢業生，期盼員工上班的時數為 [8, 10] 的區間內，而這個區間也可以提供申請工作者對於工時一個較為明確指標。

然而，薪資 [2.6, 3.5] 為一個區間型模糊數，工時 [8, 10] 也是一個區間型模糊數，若是研究者想要知道薪資的高低和工作時數的相關係數，應該要如何計算呢？這類的區間型模糊數，無法使用傳統的皮爾森相關係數公式來進行分析，而本研究的主要目的，則針對區間型模糊數，提出一個通用的公式。

首先，考慮 (x_i, y_i) 為第 i 對樣本值，$i = 1, 2, ..., n$；x_i 與 y_i 均為區間模糊數；$\bar{x}$ 及 $\bar{y}$ 分別為其模糊樣本平均數。當處理的兩變數均為模糊數時，分別對兩變數取得模糊區間 Ix_λ 與 Iy_λ，如圖 11.1。

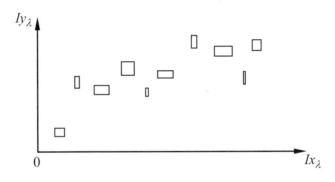

圖 11.1　x_i 與 y_i 均為區間模糊數之資料分布圖

將區間型模糊數（區間內均勻分配），分別對兩變數 X, Y 取各樣本區間中心點 x_i, y_i 為代表值。當模糊數為區間型模糊數，分別對兩變數 X, Y 取各樣本，得模糊數的重心值 x_i, y_i 當作代表值。得到相關係數值 r_{xy} 後，再考慮連續區間模糊數長度不一樣，或區間隸屬度不同，因此必須考慮區間之相關效應。但是若將兩種相關係數等重相加，所得結果之相關係數可能會有一邊出現大於 1 或小於 -1 情況。而且區間長度相關效應也不應該重於中心點相關效應。因此為了修正更合理的相關區間，本研究利用 δ 來進行調整，此修正的基礎乃考慮以中心點相關（位置相關）為主下，以長度相關為增加或減少效果，產生一個相關區間。由 δ 的範圍之界定可看出其長度相關效果最多影響整體模糊相關的 0.3，相對而言，中心相關還是最主要影響模糊相關大小的因素。

為得到更具合理性模糊相關係數（區間）。我們考慮取以自然對數 e 為底的對數函數 log 進行轉換（一般則書寫為 ln）。令連續區間樣本 x_i 的長度 l_{x_i} 連續區間樣本 y_i 的長度 l_{y_i}，則修正長度相關係數為：

$$\delta = 1 - \frac{\ln(1 + |r_l|)}{|r_l|} \; ; \; 其中 r_l = \frac{\sum_{i=1}^{n}(l_{x_i} - \bar{l}_x)(l_{y_i} - \bar{l}_y)}{\sqrt{\sum_{i=1}^{n}(l_{x_i} - \bar{l}_x)^2} \sqrt{\sum_{i=1}^{n}(l_{y_i} - \bar{l}_y)^2}}$$

因為 $0 < r_l < 1$，而 δ 的範圍為 $0 < \delta < 0.3069$。

定義 11.1　模糊相關區間（取區間中心點與長度的方法）

　　設 c_{x_i}, c_{y_i} 為來自 X, Y 母體之模糊樣本區間中心點，l_{x_i}, l_{y_i} 為區間長度。r 為中心點相關係數，δ 為修正長度相關係數。則相關區間定義為：

(1) $r \geq 0, r_l \geq 0, (r, \min(1, r + \delta))$

(2) $r \geq 0, r_l < 0, (r - \delta, r)$

(3) $r < 0, r_l \geq 0, (r, r + \delta)$

(4) $r < 0, r_l < 0, (\max(-1, r - \delta), r)$

實證分析

　　本節為分析區間模糊數相關係數的實例應用，在例中處理 (1) 兩組變數均為實數，(2) 一組變數為連續型等距尺度區間模糊數，另一組變數為實數，與 (3) 兩組變數皆為連續型等距尺度模糊數的情形，並利用定義 11.1 的公式算出相關係數。

11.3　上網時間與數學成就

　　某校為了解「影響數學成就因素」，調查 10 位高二學生，男生為 6 人，女生為 4 人。在問卷中使用傳統與模糊問卷的方式，來決定各指標的重要性，其中的研究問題為探討學生數學分數和上網時間的關係。

一、學生數學分數 x_i 為實數，上網時間 y_i 亦為實數

表 11.1　學生的數學平均成績與平均上網時間

學生	數學平均分數 x_i	平均上網時間 y_i
A	88	1.25

表 11.1 學生的數學平均成績與平均上網時間（續）

學生	數學平均分數 x_i	平均上網時間 y_i
B	83	6.75
C	67	4.5
D	92	2
E	45	16.5
F	72	15.5
G	70	16
H	90	2
I	88	1.5
J	83	5
$r = -0.79$			

根據皮爾森相關係數計算公式，數學平均成績和平均上網時間的相關係數為 -0.79，也就是學生的平均成績越高，上網時間越少。

R 語言語法

```
> # 上網時間與數學成就
> # 使用 read.csv() 讀取表 11.1 學生的數學平均成績與平均上網時間資料
> # 學生數學分數為實數，上網時間亦為實數
> fuzzy_sample <- read.csv(file.choose(), header = 1, row.names = 1)
>
> # 計算數學平均成績和平均上網時間的相關係數
> round(cor(fuzzy_sample$x, fuzzy_sample$y), 2)
[1] -0.79
```

二、學生數學分數 x_i 為實數，上網時間 y_i 為區間模糊數

研究者想要知道數學平均分數，和上網時間模糊區間之間的相關係數。其蒐集到的數據如表 11.2。

表 11.2 學生的數學平均成績與一週上網時間的模糊區間

學生	數學平均分數 x_i	上網時間模糊區間
A	88	[1.0,1.5]
B	83	[6.5,7.0]
C	67	[4,5]
D	92	[1.5,2.5]
E	45	[16,17]
F	72	[15,16]
G	70	[15,17]
H	90	[1,3]
I	88	[0,3]
J	83	[4.5,5.5]
$r = -0.79, r_l = 0, \delta = 0$ 模糊相關係數 = -0.79		

　　本實例中，我們調查「學生每週上網時數的模糊區間」，並記錄「數學平均成績」，算出相關係數，因「學生每週上網時數的模糊區間」經過模糊統計，故為一組模糊數，而「數學平均分數」為一組實數，其模糊相關係數為 –0.79。由此例可知，當模糊相關係數其中一組為實數時，其相關係數會等於皮爾森相關係數。

R 語言語法

```
> # 上網時間與數學成就
> # 使用 read.csv() 讀取表 11.2 學生的數學平均成績與一週上網時間的模糊區間資料
> # 學生數學分數為實數, 上網時間為區間模糊數
> fuzzy_sample <- read.csv(file.choose(), header = 1, row.names = 1)
>
> # 計算變數中心點與相關係數
> x_c <- (fuzzy_sample$x + fuzzy_sample$x) / 2
> y_c <- (fuzzy_sample$y1 + fuzzy_sample$y2) / 2
> xy_r <- cor(x_c, y_c)
>
> # 計算模糊區間長度 x_l 與 y_l
> # 因學生數學分數為實數, 故區間長度為 0
```

```
> x_l <- fuzzy_sample$x - fuzzy_sample$x
> y_l <- fuzzy_sample$y2 - fuzzy_sample$y1
>
> #計算修正長度相關係數
> x_l_dev <- x_l - mean(x_l)
> y_l_dev <- y_l - mean(y_l)
> xy_rl <- sum(x_l_dev*y_l_dev)/((sum(x_l_dev^2)^0.5)*(sum(y_l_dev^2)^0.5))
> xy_rl[is.nan(xy_rl)] <- 0
> xy_delta <- 1-(log(1+abs(xy_rl), base=exp(1))/abs(xy_rl))
> xy_delta[is.nan(xy_delta)] <- 0
>
> #依據定義11.1計算模糊相關區間
> #運用下列 if() 函數進行判斷
> if( xy_rl == 0 && xy_delta == 0) {
+     fuzzy_cor <- c(xy_r)
+ } else if( xy_r >= 0 && xy_rl >= 0) {
+     fuzzy_cor <- c(xy_r, min(1, xy_r + xy_delta))
+ } else if( xy_r >= 0 && xy_rl < 0) {
+     fuzzy_cor <- c(xy_r - xy_delta, xy_r)
+ } else if( xy_r < 0 && xy_rl >= 0) {
+     fuzzy_cor <- c(xy_r, xy_r + xy_delta)
+ } else {
+     fuzzy_cor <- c(max(-1, xy_r - xy_delta), xy_r)
+ }
>
> fuzzy_cor_report <- paste0("r = ", round(xy_r, 2), ", rl = ", round(xy_rl, 2), ",
delta = ", round(xy_delta, 2), ", 模糊相關 = ", round(fuzzy_cor, 2))
> print(fuzzy_cor_report)
[1] "r = -0.79, rl = 0, delta = 0, 模糊相關 = -0.79"
```

三、學生數學分數 x_i 為區間模糊數，上網時間 y_i 為區間模糊數

研究者也蒐集到了學生一週之間的數學成績分布，且為了方便起見，以每十分為一區間，則表 11.2 數學平均分數變為表 11.3，由此表可計算出數學分數和上網時間的模糊相關係數：

表 11.3　學生的數學成績與一週上網時間的模糊區間

學生	數學分數 x_i	上網時間模糊區間
A	[80,90]	[1.0,1.5]
B	[80,90]	[6.5,7.0]
C	[60,80]	[4,5]
D	[90,100]	[1.5,2.5]
E	[40,70]	[16,17]
F	[70,80]	[15,16]
G	[60,80]	[15,17]
H	[80,100]	[1,3]
I	[80,90]	[0,3]
J	[80,90]	[4.5,5.5]
$r = -0.79, r_l = 0.10, \delta = 0.05$ 區間模糊相關 = (-0.79,-0.74)		

　　由此可知數學分數和上網時間的區間模糊相關為 (-0.79, -0.74)，此相關係數呈現高度負相關的關係，也就是數學分數越高，上網時數越少，學生每週上網時數會對數學學業成績產生負面的影響。

R 語言語法

```
> # 使用 read.csv() 讀取表 11.3 學生的數學成績與一週上網時間的模糊區間資料
> # 學生數學分數為區間模糊數，上網時間為區間模糊數
> fuzzy_sample <- read.csv(file.choose(), header = 1, row.names = 1)
>
> # 可重複上述計算變數中心點、相關係數、修正長度相關係數與模糊相關區間等語法
> # 惟 x 為區間模糊數，故中心點與區間長度應修正如下語法
> # 計算變數中心點與相關係數
> x_c <- (fuzzy_sample$x1 + fuzzy_sample$x2) / 2
> y_c <- (fuzzy_sample$y1 + fuzzy_sample$y2) / 2
> xy_r <- cor(x_c, y_c)
>
> # 計算模糊區間長度 x_l 與 y_l
> # 因學生數學分數為實數，故區間長度為 0
```

```
> x_l <- fuzzy_sample$x2 - fuzzy_sample$x1
> y_l <- fuzzy_sample$y2 - fuzzy_sample$y1
>
> #計算修正長度相關係數
> x_l_dev <- x_l - mean(x_l)
> y_l_dev <- y_l - mean(y_l)
> xy_rl <- sum(x_l_dev*y_l_dev)/((sum(x_l_dev^2)^0.5)*(sum(y_l_dev^2)^0.5))
> xy_rl[is.nan(xy_rl)] <- 0
> xy_delta <- 1-(log(1+abs(xy_rl), base=exp(1))/abs(xy_rl))
> xy_delta[is.nan(xy_delta)] <- 0
>
> #依據定義11.1計算模糊相關區間
> #運用下列if()函數進行判斷
> if( xy_rl == 0 && xy_delta == 0) {
+     fuzzy_cor <- c(xy_r)
+ } else if( xy_r >= 0 && xy_rl >= 0) {
+     fuzzy_cor <- c(xy_r, min(1, xy_r + xy_delta))
+ } else if( xy_r >= 0 && xy_rl < 0) {
+     fuzzy_cor <- c(xy_r - xy_delta, xy_r)
+ } else if( xy_r < 0 && xy_rl >= 0) {
+     fuzzy_cor <- c(xy_r, xy_r + xy_delta)
+ } else {
+     fuzzy_cor <- c(max(-1, xy_r - xy_delta), xy_r)
+ }
>
> fuzzy_cor_report <- paste0("r = ", round(xy_r, 2), ", rl = ", round(xy_rl, 2),
", delta = ", round(xy_delta, 2), ", 模糊相關 = (", round(fuzzy_cor[1], 2), ", ",
round(fuzzy_cor[2], 2), ")")
> print(fuzzy_cor_report)
[1] "r = -0.79, rl = 0.1, delta = 0.05, 模糊相關 = (-0.79, -0.74)"
```

11.4 睡眠時間與數學成就

為了想再了解「影響數學成就因素」，將 10 位學生「每天睡眠時間」做模糊問卷調查，並求得模糊相關係數，將「每天睡眠時間」指標之問卷結果整理如表 11.4。

表 11.4 學生的數學成績與一週睡眠時間的模糊區間相關

學生	數學分數 x_i	睡眠時間模糊區間
A	[80,90]	[8,8.5]
B	[80,90]	[7,7.5]
C	[60,80]	[9,10.5]
D	[90,100]	[8,8.5]
E	[40,70]	[6,7.5]
F	[70,80]	[10,11]
G	[60,80]	[7,8]
H	[80,100]	[8,10]
I	[80,90]	[6.5,8]
J	[80,90]	[7.5,8.5]
$r = 0.12, r_l = 0.61, \delta = 0.22$ 區間模糊相關 $= (0.12, 0.34)$		

呈現低度正相關的關係，故學生睡眠時數越多，數學學業成績越好，但睡眠時間的影響不大，但有些許關係。

11.5 睡眠時間與上網時間

我們關心「每天學生睡眠時間」和「學生一週上網時間」是否有相關，兩組皆為模糊數，得到下列模糊區間。如表 11.5 所示：

表11.5　學生睡眠時間模糊區間和上網時間模糊區間

學生	睡眠時間模糊區間	上網時間模糊區間
A	[8,8.5]	[1.0,1.5]
B	[7,7.5]	[6.5,7.0]
C	[9,10.5]	[4,5]
D	[8,8.5]	[1.5,2.5]
E	[6,7.5]	[16,17]
F	[10,11]	[15,16]
G	[7,8]	[15,17]
H	[8,10]	[1,3]
I	[6.5,8]	[0,3]
J	[7.5,8.5]	[4.5,5.5]
$r = -0.05$, $r_l = 0.60$, $\delta = 0.22$ 區間模糊相關 = (-0.05,0.17)		

　　呈現低度相關的關係，代表學生睡眠時數與上網時間並沒有很直接的關係。

11.6　數學成就與國文成就

　　為了想再了解「影響數學成就因素」，將 10 位學生「國文成就」做模糊問卷調查，並求模糊相關係數，將「國文成績」指標之問卷結果整理如表 11.6。

表11.6　學生的數學成績與國文成績的模糊區間相關

學生	數學分數 x_i	國文分數 y_i
A	[80,90]	[70,80]
B	[80,90]	[80,90]
C	[60,80]	[70,80]
D	[90,100]	[80,90]
E	[40,70]	[60,70]

表 11.6 學生的數學成績與國文成績的模糊區間相關（續）

學生	數學分數 x_i	國文分數 y_i
F	[70,80]	[60,80]
G	[60,80]	[70,80]
H	[80,100]	[80,90]
I	[80,90]	[60,70]
J	[80,90]	[70,80]
$r = 0.65$, $r_l = -0.25$, $\delta = 0.11$ 區間模糊相關 = (0.54,0.65)		

　　呈現低度正相關的關係，數學學業成績越好，國文成績也會比較好，但兩者之間關聯並不大。

11.7　小結

　　本實證主要探討影響數學成績因子，並計算與數學成績與其他因子之間的模糊相關係數，由表 11.7 所整理的表格可知，睡眠時間、上網時間、國文成績與學生數學成績之間的區間相關係數。對於學生數學成績影響較大的為上網時間，學生上網時間越多，成績越差；睡眠時間則和數學成績呈現低度正相關的情形，代表睡眠時間長，數學成績會越好，但是影響的幅度較小；而國文成績和數學成績也呈現正相關，代表數學成績越高，學生的國文成績也越高。至於國文成績和睡眠時間與上網時間的關係，也可由本文中所提供的公式計算出來。

表 11.7 睡眠時間、上網時間、國文成績與數學成績之間的區間相關

	睡眠時間	上網時間	數學成績	國文成績
睡眠時間	1	(-0.05, 0.17)	(0.12, 0.34)	(0.11,0.14)
上網時間		1	(-0.79, -0.74)	(-0.48,-0.42)
數學成績			1	(0.54, 0.65)
國文成績				1

R 語言語法

```
> #睡眠時間、上網時間、國文成績與數學成績之間的區間相關
> #使用 read.csv() 讀取表 11.4 四個變數的模糊區間資料
> fuzzy_sample <- read.csv(file.choose(), header = 1, row.names = 1)
>
> #表 11.4、11.5 與 11.6 的模糊區間相關可參考 11.3 的分析語法
> #以下針對如何呈現表 11.7 分析結果的語法進行說明
> #先宣告如表 11.7 的表格樣式
> #因區間數值為兩個欄位,故變項數為欄位數的 1/2
> F_var <- length(fuzzy_sample) / 2
> fuzzy_cor_table <- matrix(c("-"), nrow = F_var, ncol = F_var)
>
> #運用迴圈 for() 分別計算各變項的模糊相關
> #因區間數值為兩個欄位,故分別讀取兩個變項的欄位資料
> #資料讀取後,再就暫存的欄位資料計算區間模糊相關
> #再將模糊相關資料存入已宣告好的 fuzzy_cor_table 中
>
> for(v1 in 1:F_var) {
+     for(v2 in 1:F_var) {
+         if(v2 >= v1) {
+             x_data <- fuzzy_sample[,c(v1*2-1, v1*2)]
+             y_data <- fuzzy_sample[,c(v2*2-1, v2*2)]
+             x_c <- (x_data[1] + x_data[2]) / 2
+             y_c <- (y_data[1] + y_data[2]) / 2
+             xy_r <- cor(x_c, y_c)
+             x_l <- unlist(x_data[2] - x_data[1])
+             y_l <- unlist(y_data[2] - y_data[1])
+             x_l_dev <- x_l - mean(x_l)
+             y_l_dev <- y_l - mean(y_l)
+                 xy_rl <- sum(x_l_dev*y_l_dev)/((sum(x_l_dev^2)^0.5)*(sum(y_l_
dev^2)^0.5))
+             xy_rl[is.nan(xy_rl)] <- 0
+             xy_delta <- 1-(log(1+abs(xy_rl), base=exp(1))/abs(xy_rl))
+             xy_delta[is.nan(xy_delta)] <- 0
+             if(xy_r == 1) {
+                 fuzzy_cor_table[v1, v2] <- 1
```

```
+                } else if( xy_rl == 0 && xy_delta == 0) {
+                    fuzzy_cor_table[v1, v2] <- round(xy_r, 2)
+                } else if( xy_r >= 0 && xy_rl >= 0) {
+                    fuzzy_cor <- c(xy_r, min(1, xy_r + xy_delta))
+                    fuzzy_cor_table[v1, v2] <- paste0("(", round(fuzzy_cor[1], 2), ", ",
round(fuzzy_cor[2], 2), ")")
+                } else if( xy_r >= 0 && xy_rl < 0) {
+                    fuzzy_cor <- c(xy_r - xy_delta, xy_r)
+                    fuzzy_cor_table[v1, v2] <- paste0("(", round(fuzzy_cor[1], 2), ", ",
round(fuzzy_cor[2], 2), ")")
+                } else if( xy_r < 0 && xy_rl >= 0) {
+                    fuzzy_cor <- c(xy_r, xy_r + xy_delta)
+                    fuzzy_cor_table[v1, v2] <- paste0("(", round(fuzzy_cor[1], 2), ", ",
round(fuzzy_cor[2], 2), ")")
+                } else {
+                    fuzzy_cor <- c(max(-1, xy_r - xy_delta), xy_r)
+                    fuzzy_cor_table[v1, v2] <- paste0("(", round(fuzzy_cor[1], 2), ", ",
round(fuzzy_cor[2], 2), ")")
+                } } } }
> row.names(fuzzy_cor_table) <- c("睡眠時間", "上網時間", "數學成績", "國文成績")
> colnames(fuzzy_cor_table) <- c("睡眠時間", "上網時間", "數學成績", "國文成績")
> fuzzy_cor_table
          睡眠時間 上網時間      數學成績         國文成績
睡眠時間 "1"      "(-0.05, 0.17)" "(0.12, 0.34)"  "(0.11, 0.14)"
上網時間 "-"      "1"             "(-0.79, -0.74)" "(-0.48, -0.42)"
數學成績 "-"      "-"             "1"              "(0.54, 0.65)"
國文成績 "-"      "-"             "-"              "1"
```

11.8 教育投資與評量總成績及各科評量關係

根據以上計算公式，計算教育投資與評量總成績及各科評量模糊關係，可得表 11.8。

表 11.8 教育投資與評量總成績及各科評量關係

相關係數 科目	數學	英文	自然	評量總成績
教育投資相關係數	0.41	0.63	0.36	0.52
教育投資模糊相關係數	(0.28,0.41)	(0.22,0.63)	(0.12, 0.40)	(0.15,0.54)

由上表 11.8 可以發現，英文與補習教育投資相關，也可以說投資報酬率將是最高。若以模糊投資與分科成績做比較，其區間相關係數以英文科最高，而英文之相關區域亦是最大；換言之，該科投資報酬率振幅最大，足以說明英文補習偏向因人而異，有的效果很好，有的則效果欠佳。然而，數學科的相關區域最小，此說明數學的補習效果之個別化差異最小，有投資就會有相對的效果。最後，就總成績而言，相關係數爲 0.52，相關區域介於 0.15~0.54，顯示投資與總成績有高相關，但投資的效果也是有個別差異性存在。

11.9 結論與建議

社會科學調查中，人類思維是最常想被了解的。過去科學家習慣以簡馭繁，用簡潔的邏輯處理紊亂多變的世界，所以產生了二元邏輯。但是人類的思維邏輯是模糊的，往昔爲便於分析資料，簡化了人類思維的複雜性，必定造成了一定程度的失眞。模糊邏輯的誕生，讓人類思維得以更合理且完善地表達出來，故發展適當的分析方法是刻不容緩。以往的社會科學研究多利用傳統的統計分析方法，漸漸不符合現今多變的環境，而模糊統計是參考人類思維方式所建構出來的，故此領域日漸受到重視。

而在模糊統計的蓬勃發展下，模糊數據在相關係數的處理卻一直沒有簡單、易懂且可行的方法。過去的文獻中曾經提出模糊相關係數的可能計算方式，但均須要深厚的數理統計的背景才能理解。本研究所提出的模糊相關係數的方法，則是建基在傳統皮爾森的相關係數上，除了考量模糊數據中心的相關係數，更把模糊數據的區間長度加以考量，因此，模糊相關係數的關係爲兩組模糊數據中心點的相關係數加上區間長度相關，如區間長度相關爲正相關，則會加強兩組模糊數據的相關性，相反的，如果區間長度的相關爲負相關，則會減弱兩組模糊數據的相關性。

　　相較於傳統的皮爾森相關係數，模糊數所取得的模糊線性相關係數所傳遞的相關關係更具有解釋能力。本研究所發展的相關係數，不僅爲簡單、容易應用，更無須藉由統計軟體。所推導的相關係數亦爲模糊數，並符合傳統對相關係數範圍 -1 至 1 的認知。雖然在本研究主要討論連續型區間型模糊數爲主，此模糊相關係數可適用兩組變數均爲模糊數情形，若兩組變數都爲實數或其中一組爲實數時，模糊相關係數則退化成皮爾森相關係數，故本方法能適用於變數在不同情形的組合。

　　最後要提出幾點建議，往後的研究可依此方向繼續探討。

1. 本研究主要目的爲提出模糊相關係數的算法與公式，並以影響數學學習成就的相關因子進行舉例與說明，未來在經費與人力的許可下，可大量地蒐集模糊問卷，並用本研究所舉出的相關係數進行分析。

2. 在計算模糊相關係數時，採用 δ 進行調整兩組模糊數區間的長度，未來研究可依據研究者需求來調整 δ 係數，但研究者建議長度相關的影響不應大於中心點的相關係數。

3. 如何應用大數據建構一有效之大模式？本計畫擬提出以下模式建構方法。
   線性區間迴歸模式

$$\begin{cases} y_c = ax_c + b + \varepsilon_{t+1} & \varepsilon_{t+1} \sim WN(0, \sigma_{\varepsilon}^2) \\ y_l = ax_l + b + \delta_{t+1} & \delta_{t+1} \sim WN(0, \sigma_{\delta}^2) \end{cases}$$

4. 目前本研究僅討論連續型模糊區間係數的算法，未來可持續推導與研究離散型模糊區間相關係數的算法與公式。

5. 在本研究提出新的方法來計算模糊相關係數，然而，並沒有論及統計檢定方法，主要是模糊的隨機變數並不符合常態分配的假設，所以無法以傳統皮爾森相關係數的檢定方法，或是以無母數 Spearman 的相關檢定方法來計算。目前模糊相關檢定方法上尚處於研發階段，未來研究可朝此方向繼續發展。

參考文獻

中文部分

吳柏林（1995）。模糊統計分析：問卷調查研究的新方向。國立政治大學研究通訊。2, 65-80。

吳柏林（1997）。社會科學研究中的模糊邏輯與模糊統計分析。國立政治大學研究通訊。7, 17-38。

吳柏林、許毓云（1999）。模糊統計分析在台灣地區失業率應用。中國統計學報。37(1), 37-52。

吳柏林、曾能芳（1998）。模糊迴歸參數估計及在景氣對策信號之分析應用。中國統計學報。36(4), 399-420。

吳柏林、楊文山（1997）。模糊統計在社會調查分析的應用。社會科學計量方法發展與應用。楊文山主編：中央研究院中山人文社會科學研究所。289-316。

吳柏林、張鈿富、廖敏治（1996）。模糊時間數列與台灣地區中學教師需求人數之預測。國立政治大學學報。73, 287-312。

李允中、王小璠、蘇木春（2003）。模糊理論及其應用。全華科技圖書股份有限公司。

林原宏、鄭舜仁、吳柏林（2003）。模糊眾數及其在教育與心理評量分析之應用。中國統計學報。41(1), 39-66。

胡悅倫、吳柏林（2002）。模糊統計在分析樂觀量表之應用。教育與心理研

究。25, 457-484。（TSSCI）。

張鈿富、吳柏林（1996）。台灣地區中小學在學人數結構改變之探討。國立編譯館館刊。25: 2, 247-262。

陳國任、林雅惠、吳柏林、謝邦昌（1998）。模糊統計分析及在茶葉品質評定的應用。台灣茶葉研究彙報。17, 19-37。

黃仁德、吳柏林（1995）。台灣短期貨幣需求函數穩定性的檢定：模糊時間數列方法之應用。台灣經濟學會年會論文集。169-190。

葉秋呈、施耀振、吳柏林（2004）。應用模糊眾數與模糊期望值於大學生多元學習生活調查分析。智慧科技與應用統計學報。2(1), 109-136。

陳宇煌（1994）。系統模糊決策理論與應用。大連理工大學出版社。

鄧成梁（1996）。運籌學的原理和方法。華中理工大學出版社。

馮德益、樓世博（1991）。模糊數學：方法與應用。科技圖書股份有限公司。

郭桂蓉（1993）。模糊模式識別。國防科技大學出版社。

胡玉立等（1996）。市場預測與管理決策。中國人民出版社。

李安寧、吳達（1986）。模糊數學基礎及其應用。新疆人民出版社。

李懷祖（1992）。決策理論導引。機械工業出版社。

湯兵勇、王文傑、鄭飛（1999）。現代模糊管理數學方法。中國紡織大學出版社，上海。

吳秉堅（1994）。模糊數學及其經濟分析。中國標準出版社。

吳達、吳柏林（2001）。模糊迴歸參數估計方法與應用。系統工程理論實踐（中國科學院，北京）。11, 61-67。

吳柏林、林玉鈞（2002）。模糊時間數列分析與預測：以台灣地區加權股價指數為例。應用數學學報（中國科學院，北京）。25(1), 67-76。

葉秋呈、施耀振、吳柏林（2004）。應用模糊眾數與模糊期望值於大學生多元學習生活調查分析。智慧科技與應用統計學報。2(1), 109-136。

Yuang, JinYeh, Sun, Ching-Min and Wu, B. (2004). Fuzzy sampling survey and statistical analysis for ESL Teaching Effect Evaluations。調查研究（中央研究院調查研究中心）。16, 106-136。

胡悅倫、陳皎眉、吳柏林（2006）。模糊統計於 A 型量表分類之研究。教育與心理研究。29(1), 151-158。（TSSCI）。

何素美、吳柏林（2006）。市場調查分析的新方法：模糊特徵與共識擷取之應用。智慧科技與應用統計學報。4(1), 63-84。

吳志文、吳柏林（2006）。組織績效分析新方法之應用：以旅遊業行銷為例。管理科學與統計決策。3(3), 13-27。

黃瑞華、吳柏林（2007）。以軟計算為基礎的攝影構圖辨認方法。智慧科技與應用統計學報。4(1), 63-84。

高麗萍、吳柏林（2007）。企業資源規劃系統效應之模糊動態評估，資訊管理學報。14(2), 203-224。（TSSCI）。

陳孝煒、吳柏林（2007）。區間回歸與模糊樣本分析。管理科學與統計決策。4(1), 54-65。

林松柏、張鈿富、吳柏林（2007）。出生人口下降對幼兒教育供需影響探討。國教學報。19, 3-28。

徐惠莉、吳柏林、江韶珊（2008）。區間時間數列預測準確度探討。數量經濟與技術經濟研究（中國社科院，北京）。25(1), 133-140。

江明峰、吳柏林、胡日東（2008）。網路抽樣調查與模糊線上統計。智慧科技與應用統計學報。6(1), 55-72。

洪錦峰、吳柏林（2008）。區間時間數列預測及其效率評估。管理科學與統計決策。5(4), 1-13。

王忠玉、吳柏林（2010）。模糊資料均值方法與應用研究。統計資訊與論壇。25(10), 13-17。

朱潤東、吳柏林（2010）。CUSTA 與 NAFTA 的貿易增長效應之時空數列分析。數量經濟與技術經濟研究。（中國社科院北京）。27(12), 118-132。

謝名娟、吳柏林（2012）。高中學生時間運用與學習表現關聯之研究：模糊相關的應用。教育政策論壇。15: 1, 157-176。（TSSCI）。

王忠玉、吳柏林（2012）。模糊資料調查表的設計及應用。經濟研究導刊。160, 14, 174-178。

謝名娟、吳柏林。（2012）。模糊統計在試題難度上的應用。教育心理學報。14,(2) 207-228。（TSSCI）。

謝名娟、吳柏林。（2013）。理性的判斷與感性的度量—從模糊統計的角度來探討試題難度。教育與心理研究。36(4), 79-102。

英文部分

Abboud, N. J., Sakawa, M. and Inuiguchi, M. (1997). A Fuzzy Programming Approach to Multiobjective Multidimensional 0-1 Knapsack Problems. *Fuzzy Sets and Systems*, 86, 1-14.

Alberti, N., Perrone, G. (1999). Multipass machining optimization by using fuzzy possibilistic programming and genetic algorithms, *Proceedings of the Institution of Mechanical Engineers,* 213(3), 273.

Aluja, J. (1996). Towards a new paradigm of investment selection in uncertainty. *Fuzzy Sets and Systems*, 84, 187-197.

Amo, A., Montero, J., Biging, G. and Cutello, V. (2004). Fuzzy classification systems, *European Journal of Operational Research*, 156(2), 495.

Bagnoli, C., and Smith, H. C. (1998). The theory of fuzzy logic and its application to real estate valuation, *Journal of Real Estate Research*, 16(2), 169-199.

Baldwin, J., Lawry, J., and Martin, T. (1998). The application of generalized fuzzy rules to machine learning and automated knowledge discovery. *Inter. J. Uncertainty, Fuzziness and Knowledge-Based Systems*, 6(5), 459-487.

Banderner, H. and Nather, W. (1992). *Fuzzy Data Analysis*. Kluwer Academic, Dordrecht.

Baraldi, A. and Blonda, P. (1999). A survey of fuzzy clustering algorithms for pattern recognition. Part I and Part II. *IEEE Trans. Syst., Man, Cybern. Part B: CYBERN*. 29, 6, 778-785 and 786-801.

Boreux, J. J., Henry, C. G., Guiot, J. and Tressier, L. (1998). Radial tree-growth modeling with fuzzy regression, *Canadian Journal of Forest Research*, 28(8), 1249-1260.

Buckley, J. J. (2003). Fuzzy Probabilities: New Approach and Applications, Physics-Verlag, Heidelberg, Germany.

Buckley, J. J. (2004). Fuzzy Statistics, Springer-Verlag, Heidelberg, Germany.

Bufardi, A. (1998). Fuzzy sets in decision analysis, operations research and statistics, Roman Slowinski, editor, Kluwer Academic Publisher, 1998, i-xxiv and 453 pp., *Journal of Multicriteria Decision Analysis,* 8(2), 112.

Carrano A. L., Taylor, J. B., Young, R E., Lemaster R. L. and Saloni, D. E. (2004). Fuzzy knowledge-based modeling and statistical regression in abrasive wood machining, *Forest Products Journal*, 54(5), 66-72.

Casalino, G., Memola, F. and Minutolo, C. (2004). A model for evaluation of laser welding efficiency and quality using an artificial neural network and fuzzy logic, *Proceedings of the Institution of Mechanical Engineers*, 218(6), 641.

Casals, M. R. and Gil, P. (1994) Bayesian sequential test for fuzzy parametric hypotheses from fuzzy information, *Information Sciences*, 80, 283-298.

Casals, M. R., Gil, M. A. and Gil, P. (1986) The fuzzy decision problem: An approach to the problem of testing statistical hypotheses with fuzzy information, *European Journal of Operational Research*, 27, 371-382.

Chang, P.T. (2002). Fuzzy stage characteristic-preserving product life cycle modeling, *Fuzzy Sets and Systems*, 126 (1), 33-47.

Chen S. R. and Wu, B. (2003). On Optimal Forecasting with Soft Computation for Nonlinear Time Series, *Fuzzy Optimization and Decision Making*, 2(3), 215.

Chen, C, Chern, T. and Wu, B. (2001) On the selection of subset bilinear time series models: a genetic algorithm approach. *Computational Statistics,* 16, 505-517.

Chen, L. H., Kao, C., Kuo, S., Wang, T. Y., and Jang, Y. C. (1996), "Productivity Diagnosis via Fuzzy Clustering and Classification: An Application to Machinery Industry," *Omega, Int. J. Mgmt Sci.*, 24(3), 309-319.

Chen, L. S. and Cheng, C. H. (2005) Selecting IS personnel use fuzzy GDSS based on metric distance method, *European Journal of Operational Research*, 160, 803-820.

Chen, S. and Wu, B. (2003). On optimal forecasting with soft computation for nonlinear time series. *Fuzzy Optimization and Decision Making*. 3, 215-228.

Chen, S. M. (1996). Forecasting enrollments based on fuzzy time series. *Fuzzy Sets and Systems*, 81, 311-319.

Cheng, C. H. (1998). A new approach for ranking fuzzy numbers by distance method, *Fuzzy Sets and Systems*, 95, 307-317.

Cheng, T. W., Goldgof D. B. and Hall L. O. (1998). Fast Fuzzy Clustering. *Fuzzy Sets and Systems*, 93, 49-56.

Cheng, T., Molenaar M. and Lin H.(2001). Formalizing fuzzy objects from uncertain classification results, *International Journal of Geographical Information Science*, 15 (1), 27-42.

Chiang, D. A., Chow, L. R., and Wang, Y. F. (2000). Mining time series data by a fuzzy linguistic summary system, *Fuzzy Sets and Systems*, 112, 419-432.

Chiang, W. Y., Liang, G. S., and Yahalom, S. Z. (2003). The fuzzy clustering method: Applications in the air transport market in Taiwan, *Journal of Database Marketing & Customer Strategy Management*, 11(2), 149.

Clymer, J., P. Corey, and J. Gardner (1992) Discrete Event Fuzzy Airport Control. *IEEE Transactions on Systems, Man, and Cybernetics*, 22(2), 343-351.

Custem, B. V. and Gath I. (1993). Detection of outliers and robust estimation using fuzzy clustering. *Computational Statistics and Data Analysis,* 15, 47-61.

D.J.-F. Jeng, J. Watada, B. Wu and J. Wu, (2006), Fuzzy forecasting with DNA computing, *Lecture Notes in Computer Science*, 4287 (DNA12), 324-336.

Diamond, P. and Kloden, P.(1994). *Metric Spaces of Fuzzy Sets.* World Scientific, Singapore.

Dong, H., and Park, D. (1997). An Efficient Algorithm For Fuzzy Weighted Average. *Fuzzy Sets And Systems*, 87, 39-45.

Dorsey, D. W., and Coovert, M. D. (2003).Mathematical modeling of decision making: A soft and fuzzy approach to capturing hard decisions, *Human Factors*, 45(1), 117.

Driankov, D., Hellendoorn, H. and Reinfrank, M. (1996). *An Introduction to Fuzzy Control.* Springer-Verlag, New York.

Dubois, D. and Prade, H (1991) Fuzzy sets in approximate reasoning, Part 1: Inference with possibility distributions, *Fuzzy Sets and Systems*, 40, 143-202.

Esogbue, A. O., Song, Q. (2003). On Optimal Defuzzification and Learning Algorithms: Theory and Applications, *Fuzzy Optimization and Decision Making*, 2(4), 283.

Galvo, T., and Mesiar, R. (2001). Generalized Medians, *Fuzzy Sets and Systems,* 124, 59-64.

Gehrke, M., Walker, C. and Walker, E. (1997). A mathematical setting for fuzzy logic. *Int. J. Uncertainty, Fuzziness and Knowledge-Based systems.* 5(3). 223-228.

Gertner, G. Z. and Zhu, H. (1996) Bayesian estimation in forest surveys when samples or prior information are fuzzy, *Fuzzy Sets and Systems*, 77, 277-290.

Gil, M. A., Corral, N. and Gil P. (1988). The minimum inaccuracy estimates in tests for goodness of fit with fuzzy observations, *Journal of Statistical Planning and Inference*, 19, 95-115.

Gorsevski, P. V., Gessler, P. E., and Jankowsk, P. (2003). Integrating a fuzzy k-means classification and a Bayesian approach for spatial prediction of landslide hazard, *Journal of Geographical Systems*, 5(3), 223.

Guariso, G., Rizzoli, A. and Werthner, H. (1992) Identification of model structure via qualitive simulation. *IEEE Trans. on Systems, Man, and cybernetics.* 22(5), 1075-1086.

Gvishiani, A. D., Agayan, S. M., Bogoutdinov, S. R., and Ledenev, A. V. (2003). Mathematical Methods of Geoinformatics. II. Fuzzy-Logic Algorithms in the Problems of Abnormality Separation in Time Series, *Cybernetics and Systems Analysis*, 39(4), 555.

Haggstrom, O. (1999). Positive Correlations in the Fuzzy Potts Model, *Annals of Applied Probability*, 9(4), 1149-1159.

Han, J. S., Bang, W. C., and Bien, Z. Z. (2002). Feature Set Extraction Algorithm based on Soft Computing Techniques and Its Application to EMG Pattern Classification, *Fuzzy Optimization and Decision Making*, 1(3), 269.

Harris, T., Stoddard, S. and Bezdek, J. (1993). Application of fuzzy-set clustering for regional typologies. *Growth and Change.* 24, 155-165.

Hathaway, R. J. and Bezdek, J. C. (1993). Switching Regression Models and Fuzzy Clustering. *IEEE Transactions of Fuzzy Systems*, 1, 195-204.

Hohle, U. and Klement, P. (1995). *Non-Classical Logics And Their Applications To Fuzzy Subsets:* A Handbook Of The Mathemetical Foundations Of Fuzzy Set Theory. Boston: Kluwr Academic.

Hong, T. and Lee, C. (1996). Induction of fuzzy rules and membership functions from training examples. *Fuzzy Sets and Systems*, 84, 33-47.

Höppner, F., Klawonn, F., Kruse, R. and Runkler, T. (1999). *Fuzzy Cluster Analysis*. John Wiley &Son, LTD. NY.

Horia F., and Sarbu, C. (1996). A new fuzzy regression algorithm, *Analytical Chemistry,* 68(5), 771.

Hsu, H. and Wu, B. (2008). Evaluating forecasting performance for interval data. *Computers and Mathematics with Applications.* 56(9), 2155-2163.

Hsu, H. and Wu, B. (2010). An innovative approach on fuzzy correlation coefficient with interval data. *International Journal of Innovative Computing, Information and Contro*l. 6(3A), 1049-1058.

Hsu, Y., Liu, H. and Wu, B. (2010). On the optimization methods for fully fuzzy regression models. *International Journal of Intelligent Technologies and Applied Statistics.* 3(1), 45-56.

Hsuan-Ku Liu, Tien-Tsai Chang and Berlin Wu (2010). Numerical methods for solving fuzzy system of linear equations, *Innovative Computing, Information and Control-Express Letters*. (4)1, 25-30.

Hu, Y. C., Chen, R. S., and Tzeng, G. H. (2002). Mining fuzzy association rules for classification problems, *Computers & Industrial Engineering,* 43(4), 735.

Huang, C., Liou, W. and Wu, B. (2008) A Decision Support System for Stock Investment of Listed Companies in Taiwan. *Biomedical Soft Computing and Human Sciences,* 13(1), 31-36.

Huarng K. (2001). Effective lengths of intervals to improve forecasting in fuzzy time series, *Fuzzy Sets and Systems*, 123, 387-394.

Huarng K. (2001). Heuristic models of fuzzy time series for forecasting, *Fuzzy*

Sets and Systems, 123, 369-386.

Hung, W. L. and Wu, J. W., (2001). A note on the correlation of fuzzy numbers by expected interval, *International Journal of Uncertainty, Fuzziness and Knowledge-Based Systems*, 9, 517-523.

Hung, W. L. and Wu, J. W., (2002). Correlation of fuzzy numbers by α-cut method, *International Journal of Uncertainty, Fuzziness and Knowledge-Based Systems*, 10, 725-735.

Hwang, C.M. and Yao, J.S. (1996). Independent Fuzzy Random Variables and their Application. *Fuzzy Sets and Systems*, Vol. 82, 335-350.

Hwang, J. R., Chen, S. M., and Lee, C. H. (1998). Handling forecasting Problems using fuzzy time series, *Fuzzy Sets and Systems*, Vol. 100, 217-228.

Iancu, I. (1997). Reasoning system with fuzzy uncertainty. *Fuzzy Sets and Systems*, 9, 251-59.

Ippolito, L., Loia, V., and Siano, P. (2003). Extended Fuzzy C-Means and Genetic Algorithms to Optimize Power Flow Management in Hybrid Electric Vehicles, *Fuzzy Optimization and Decision Making*, 2(4), 359.

Ishibuchi H., and Yamamoto, T. (2004). Comparison of Heuristic Criteria for Fuzzy Rule Selection in Classification Problems, *Fuzzy Optimization and Decision Making*, 3(2), 119.

Jang, J-S, Sun, C. T. and Mizutani, E. (1997). *Neuro-Fuzzy and Soft-computing*. NY: Pretice-Hall International, Inc.

Jaulent M.C., Joyaux C., and Colombet I. et al. (2001). Modeling uncertainty in computerized guidelines using fuzzy logic, *Journal of the American Medical Informatics Association*, 284-288.

Jeng D. Watada, J. and B. Wu, (2009), Biologically Inspired Fuzzy Forecasting: A New Forecasting Methodology, *International Journal of Innovative Computing, Information and Control*, 5, 12(B), 4835-4844.

Joo, Y., Hwang, H., Kim, K. and Woo, K. (1997). Fuzzy system modeling by fuzzy partition and GA hybrid schemes. *Fuzzy Sets and Syst.* 86, 279-288.

Jorquera, H., Palma, W., and Tapia, J. (2002). A ground-level ozone forecasting

model for Santiago, Chile, *Journal of Forecasting*, 21(6), 451.

Kao, C., and Chyu, C. L. (2003). Least-squares estimates in fuzzy regression analysis, *European Journal of Operational Research*, 148(2), 426.

Kao, L. and Wu, B. (2007). The Dynamic Assessment of information Technology Investment, *International Journal of Innovative Computing, Information and Control.* 3(1), 9-15.

Kim K.J., Moskowitz H., Dhingra A., and Evans G. (2000). Fuzzy multicriteria models for quality function deployment, *European Journal of Operational Research*, 121 (3), 504-518.

Kleyle, R., Korvin, A. de, and McLaughlin, T.(1996). Decision making on the basis of expected cost variance: A fuzzy set approach, *Managerial Finance*, 22(11), 18-29.

Klir, G. and Yuan, (1995). *Fuzzy Sets and Fuzzy Logic-Theory and Applications.* Prentice-Hall, Upper Saddle River, NJ.

Korner, R. (1997). On the Variance of Fuzzy Random Variables. *Fuzzy Sets and Systems*, Vol. 92, 83-93.

Kosko, B. (1993). *Fuzzy thinking : the new science of fuzzy logic*. Hyperion, New York.

Kreinovich, V. Nguyen, H. and Wu, B. (1999). Justification of heuristic methods in data processing using fuzzy theory, with applications to detection of business cycles from fuzzy data. *East-West Journal of Mathematics.* 1(2), 147-157.

Kreinovich, V., Nguyen, H. and Wu, B. (2007). On-line algorithms for computing mean and variance of interval data and their use in intelligent systems. *Journal of Information Science.* 177, 3228-3238.

Kreinovich, V., Nguyen, H. and Wu, B. (2013). Towards a Localized Version of Pearson's Correlation Coefficient, *International Journal of Intelligent Technologies and Applied Statistics.* 6(3) 215-224.

Kumar, K. and Wu, B. (2001). Detection of change points in time series analysis with fuzzy statistics. *International Journal of Systems Science.* 32(9), 1185-1192.

Kuo, C. F., Shih, C. Y., and Lee, J. Y. (2004). Automatic Recognition of Fabric Weave Patterns by a Fuzzy C-Means Clustering Method, *Textile Research Journal*, 74(2), 107.

Kuo, R. J. (2001). A sales forecasting system based on fuzzy neural network with initial weights generated by genetic algorithm, *European Journal of Operational Research*, 129(3), 496.

Kuo, R. J., and Xue, K. C. (1998). A decision support system for system sales forecasint through fuzzy neural networks with asymmetric fuzzy weights, *Decision Support Systems*, 24(2), 105-126.

Kyung Sam Park, and Soung Hie Kim (1996). A note on the fuzzy weighted additive rule. *Fuzzy Sets and Systems*, 77, 315-320.

Lai, W.-T. & Wu, B.(2013). Fuzzy Decision Support System of Admission Examination Policy of K-12 Years' Education in Taiwan. *International Journal of Innovative Management, Information & Production, 4(2)*, 108-118.

Lee, T. S., Chiu, C. C., and Lin, F. C. (2001). Prediction of the unemployment rate using fuzzy time series with Box-Jenkins Methodology, *International Journal of Fuzzy Systems,* 3(4), 577-585.

Lee, Y. C., Hwnag C., and Shih Y. P. (1994). A combined approach to fuzzy model identification. *IEEE Transactions on Systems, Man, and Cybernetics*, Vol. 24, No.5, 736-743.

Lee,Yu-Lan, Chang, Dian-Fu and Wu, B (2012) Evaluating Management Performance and Marking Strategies in Community Colleges, *International Journal of Innovative Computing, Information and Control.* 8(10B). 7405-7415.

Lee,Yu-Lan, Dian-Fu Chang and Wu, B. (2011) Fuzzy Evaluating Goal Oriented and Marketing Strategy in Community Colleges, *International Journal of Innovative Management, Information & Production.* 2(3). 13-24.

Lin C. C., and Chen, A. P.(2004). Fuzzy discriminant analysis with outlier detection by genetic algorithm, *Computers & Operations Research*, 31(6),

877.

Lin, P., Watada, J. and Wu, B. (2009) Fuzzy Synthesis Evaluation on Market Survey with Pop Music Awards. *Journal of Management Science and Statistical Decision.* 6(4), 92-96.

Lin, P-C, Junzo Watada and Wu, B. (2011). Database of Fuzzy Probability Distribution Function and Its Application. *International Journal of Innovative Management, Information & Production.* 2(2). 1-7.

Lin, P-C, Junzo Watada and Wu, B. (2012) Portfolio Selection Model with Interval Values Based on Probability Distribution Functions. *International Journal of Innovative Computing, Information and Control.* 8(8), 5935-5944.

Lin, P-C., J. Watada and B. Wu, (2014) A Parametric Assessment Approach to Solving Facility Location Problems with Fuzzy Demands, *IEEJ Transactions on Electronics, Information and Systems*, 9 (5), 484-493.

Lin, Pei-Chun, Junzo Watada and Wu, B. (2013) Risk assessment of a portfolio selection model based on a fuzzy statistical test. *IEICE Transactions on Information and Systems.* 96, 3, 579-588.

Lin, Y., Yil M. & Wu, B. (2006). Fuzzy classification analysis of rules usage on probability reasoning test with multiple raw rule score. *Educational Technologies.* 2, 54-59.

Lin,Y. H., Yil M., & Wu, B.(2007). The investigation of developmental trends for probabilistic reasoning with fuzzy clustering on rules usage. *Wseas Transactions on Information Science and Applications*, 4(1), 165-170.

Lingras, P., and West, C. (2004). Interval Set Clustering of Web Users with Rough K-Means, *Journal of Intelligent Information Systems*, 23(1), 5.

Liu, H., Wu, B. and Liu, M.(2008). Investors' preference order of fuzzy numbers. *Computers and Mathematics with Applications.* 55, 2623-2630.

Liu, S. T. and Kao, C. (2002). Fuzzy measures for correlation coefficient of fuzzy numbers. *Fuzzy Sets and Systems*, 128, 267-275.

Liu, W. Y., and Song, N.(2001). The fuzzy association degree in semantic data models, *Fuzzy Sets and Systems*, 117, 203-208.

Liu, Y. K., and Liu, B. (2003). Fuzzy Random Variables: A Scalar Expected Value Operator, *Fuzzy Optimization and Decision Making,* 2(2), 143.

Lowen, R. (1990) A fuzzy language interpolation theorem. *Fuzzy Sets and Systems*, 34, 33-38.

Lu, H and Wu, B. (2005). Kernel density estimation for interdeparture time of GI/G/1 queues. *Journal of Mathematics and Statistics.* 1(1)**,** 35-39.

Lucieer A., and Kraak M.J. (2004). Interactive and visual fuzzy classification of remotely sensed imagery for exploration of uncertainty, *International Journal of Geographical Information Science*, 18 (5), 491-512.

Manton, K. Woodbury,K. and Tolley, H. (1993). *Statistical Applications-Using Fuzzy Set.* John Willy & Sons, Inc.,New York.

Meyerowitz, A., Richman, F. and Walker, E. A. (1994). Calculating maximum entropy densities for belief functions. *Intern. J. Uncertainty, Fuzziness and Knowledge-Based Systems*, 2(4), 377-389.

Milan Mares (1994). *Computation over Fuzzy Quantities.* Boca Raton, Fla: CRC.

Mmton, K. G., Woodbuy, M. A. and Tolley, H. D. (1994). *Statistical Applications Using Fuzzy Sets.* J. Wiley, New York.

Narazaki, H. and Ralescu, A. (1994). Iterative induction of a category membership function. *International Journal of Uncertainty, Fuzziness and Knowledge-Based Systems*, 2(1), 91-100.

Nguyen, H and Wu, B. (2000). *Fuzzy Mathematics and Statistical Applications.* Hua-Tai Book Company, Taipei.

Nguyen, H, Wang, T. and Wu, B. (2004). On probabilistic methods in Fuzzy Theory. *International Journal of Intelligent Systems.* 19, 99-109.

Nguyen, H. (1997). Fuzzy sets and probability. *Fuzzy Sets and Systems*, 90, 129-132.

Nguyen, H. and Sugeno, M. (1998). *Fuzzy Modeling and Control.* CRC Press.

Nguyen, H. and V. Kreinovich (1997). *Applications of Continuous Mathematics to Computer Science.* Kluwer Academic.

Nguyen, H. and Wu, B. (1999). Fuzzy/Probability ~ Fractal/Smooth. *International*

Journal of Uncertainty, Fuzziness and Knowledge-Based Systems. 7(4), 363-370.

Nguyen, H. and Wu, B. (2006). Random and fuzzy sets in coarse data analysis. *Computational Statistics and Data Analysis*. 51. 70-85.

Nguyen, H. T. and Prasad, R. (1999). *Fuzzy Modeling and Control-Selected Works of M. Sugeno*. CRC Press, Boca Raton, Florida.

Nguyen, H. T. and Walker E. A. (1999). *A First Course in Fuzzy Logic* (Second Edition) Chapman and Hall/CRC. Boca Raton, Florida.

Nguyen, H. T., Kreinovich, V. and Kosheleva, A. (1996). Is the success of fuzzy logic really paradoxical? *Inter. J. Intelligent systems* (5), 295-326.

Nguyen, H., Kreinovich, V., Wu, Berlin and Gang Xiang (2011). *Computing Statistics under Interval and Fuzzy Uncertainty*, Springer-Verlag: Heidelberg.

Nguyen, H., Wu, B. and Kreinovich, V. (2000). On combining statistical and fuzzy techniques: Detection of Business cycles from uncertain data. in *Trends in Information Technology*, 1, 69-74.

Nguyen, Hao Thi and Wu, B. (2012) Much Ado about Many Things: Principle Functions Analysis and Evaluation of Primary Principals' Instructional Leadership in Vietnam, *International Journal of Innovative Management, Information & Production*. 3(2). 61-73.

Nie, J. (1997). Nonlinear time series forecasting : a fuzzy-neural approach. *Neurocompting*, 16, 63-76.

Orlowski, S. A. (1994). *Calculus of Decomposable Properties, Fuzzy Sets and Decisions*. Allerdon Press.

Ozelkan E. C., Duckstein L. (2000). Multi-objective fuzzy regression: A general framework, *Computers & Operations Research,* 27(7,8), 635.

P.-C. Lin, J. Watada and B. Wu, (2013) Identifying the Distribution Difference between Two Populations of Fuzzy Data Based on a Nonparametric Statistical Method, *IEEJ Transactions on Electronics, Information and Systems*, 8(6), 591-598.

Pal, N. and Bezdek, J. (1995). On cluster validity for the fuzzy c-means model,

IEEE Trans. Fuzzy Systems, 3(3), 370-379.

Paliwal R., Geevarghese G.A., and Babu P.R. et al. (1999). Valuation of landmass degradation using fuzzy hedonic method: A case study of National Capital Region, *Environmental & Resource Economics*, 14 (4), 519-543.

Palm, R., Ddm1kov, D. and Hellendoorn, H. (1997). *Model-Based Fuzzy Control.* Springer-Verlag, Berlin.

Park, K. and Kim, S. (1996). A note on the fuzzy weighted additive rule. *Fuzzy Sets and Systems*, 77, 315-320.

Park, Y. M., Moon U. C., and Lee K. Y. (1995). A self-organizing fuzzy logic controller for dynamic systems using fuzzy auto-regressive moving average(FARMA) model. *IEEE Transactions on Fuzzy Systems*, Vol.3, No.1, 75-82.

Pei-Chun Lin, Wu, B. and Junzo Watada (2012) Goodness-of-Fit Test for Membership Functions with Fuzzy Data. *International Journal of Innovative Computing, Information and Control.* 8(10B). 7437-7450.

Peters, G. (2001). A linear forecasting model and its application to economic data, *Journal of Forecasting,* 20(5), 315.

Rayward-Smith, V. J. (2000). Fuzzy Cluster Analysis: Methods for Classification, Data Analysis and Image Recognition, *The Journal of the Operational Research Society*, 51(6), 769.

Roberge, P. (1995). A knowledge-based framework for planning non-destructive evaluation. *Expert Systems*, 12, 2, 107-112.

Romer, C. and Kandel, A. and Backer, E. (1995). Fuzzy partitions of the sample space and fuzzy parameter hypotheses. *IEEE Transs. Systems, Man and Cybernet.*, 25(9), 1314-1321.

Ronald R. Yager (1996). Constrained OWA aggregation.*Fuzzy Sets and Systems*, 81, 89-101.

Ronald, C. and Blair, J. (1996). *Designing Surveys-A Guide To Decisions And Procedures.* Thousand Oaks, Calif. : Pine Forge.

Ross, T. (1995). *Fuzzy Logic with Engineering Applications.* McGraw-Hill, Inc.

Ruan, D. (1995). *Fuzzy Set Theory and Advanced Mathematical Application.* Kluwer Academic.

Runkler, T. A. (1997). Selection of Appropriate Defuzzification Methods Using Application Specific Properties. *IEEE Transactions on Fuzzy Systems*, Vol.5, No.1, 72-79.

Ruspini, E. (1991) Approximate Reasoning: past, present, future. *Information Sciences.* 57, 297-317.

Sanchez J.D, and Gomez A.T. (2004). Estimating a fuzzy term structure of interest rates using fuzzy regression techniques, *European Journal of Operational Research*, 154 (3), 804-818.

Sanchez J.D., and Gomez A.T. (2003). Applications of fuzzy regression in actuarial analysis, *Journal of Risk and Insurance*, 70 (4), 665-699.

Sanchez J.D., and Gomez A.T. (2003). Estimating a term structure of interest rates for fuzzy financial pricing by using fuzzy regression methods, *Fuzzy Sets and Systems*, 139 (2), 313-331.

Sato, M. and Sato, Y. (1994) On a multicriteria fuzzy clustering method for 3-way data. *International Journal of Uncertainty, Fuzziness and Knowledge-Based Systems.* 2, 127-142.

Song, Q. and B. S. Chissom (1993a). Forecasting enrollments with fuzzy time series-Part I. *Fuzzy Sets and Systems*, 54, 1-9.

Song, Q. and B. S. Chissom (1993b). Fuzzy time series and its models. *Fuzzy Sets and Systems*, 54, 269-277.

Song, Q. and B. S. Chissom (1994). Forecasting enrollments with fuzzy time series-Part II. *Fuzzy Sets and Systems*, 62, 1-8.

Song, Q., and R. P. Leland. (1996). Adaptive learning defuzzification techniques and application, *Fuzzy Sets and Systems,* 81, 321-329.

Song, Q., R. P. Leland, and B. S. Chissom (1997). Fuzzy stochastic fuzzy time series and its models. *Fuzzy Sets and Systems,* 88, 333-341.

Squire, W. and Trapp, G. (1998). Using complex variables to estimate derivatives of real functions. *SIAM Reviews*, 40(1), 110-112.

Stojakovic, M. (1992). Fuzzy Conditional Expectation. *Fuzzy Sets and Systems*, Vol. 52, 53-60.

Stojakovic, M. (1994) Fuzzy Random Variables, Expectation, and Martingales. *Journal of Mathematical Analysis and Applications*, Vol. 184, 594-606.

Su, Chunti and B. Wu (2012) A Fuzzy Evaluation Model for Monitoring the English Human Capital. *International Journal of Innovative Management, Information & Production.* 3(1). 64-75.

Sullivan, J., and Woodall, W. H. (1994). Comparison of fuzzy forecasting and Markov modeling, *Fuzzy Sets and Systems*, 64, 279-293.

Sun, Ching Min and Wu, B. (2007). New statistical approaches for fuzzy data. *International Journal of Uncertainty, Fuzziness and Knowledge-based Systems.* 15(2), 89-106.

Swapan, R., and Ray, K. (1997). Reasoning with vague default. *Fuzzy Sets and Systems*, 91, 327-338.

Syau Y. R., Hsieh, H. T., and Lee, E. S. (2001). Fuzzy Numbers in the Credit Rating of Enterprise Financial Condition, *Review of Quantitative Finance and Accounting*, 17(4), 351.

Tanaka, H., and Ishibuchi, H. (1993). An architecture of neural networks with interval weights and its application to fuzzy regression analysis. *Fuzzy Sets and Systems*, 57, 27-39.

Tseng F.M., Tzeng G.H., and Yu H.C. (1999). Fuzzy seasonal time series for forecasting the production value of the mechanical industry in Taiwan. *Technological Forecasting and Social Change*, 60 (3), 263-273.

Tseng F.M., Tzeng G.H., Yu H.C., and Yuan, J. C. (2001). Fuzzy ARIMA model for for forecasting the foreign exchange market, *Fuzzy Sets and Systems*, 118, 9-19.

Tseng, F., G. Tzeng, H.Yu, and B. Yuan (2001) Fuzzy ARIMA model for forecasting the foreign exchange market. *Fuzzy Sets and Systems*, 118, 9-19.

Tseng, Neng Fang and Wu, B. (2011). Building the three-Group Causal Path in the VAR Model, *International Journal of Innovative Computing, Information*

and Control. Vol.7, No.5(B), 2561-2577.

Tseng, T. and Klein, C. (1992) A new Algorithm for fuzzy multicriteria decision making. *International Journal of Approximate Reasoning.* 6, 45-66.

Tsybokov, A. B. (1997). On nonparametric estimation of density level sets. *Ann. Statist.* 25(3), 948-969.

Turnquist, M. A., and Nozick, L. K. (2004). A Nonlinear Optimization Model of Time and Resource Allocation Decisions in Projects With Uncertainty, *Engineering Management Journal*, 16(1), 40.

Uhrmacher, A. (1995). Reasoning about changing structure: a modeling concept for ecological systems. *Applied Artificial Intelligence*, 9, 157-180.

Wang H. F., and Tsaur, R. C. (2000). Resolution of fuzzy regression model, *European Journal of Operational Research,* 126(3), 637.

Wang L. H., Wu, S., Shih H. J., and Kuo, H. C. (2000). A fuzzy analysis of systematic risk under price limits: The case of the Taiwan Stock Market, *International Journal of Management,* 17(4), 435.

Wang T. Y., and Chen L. H. (2002). Mean shifts detection and classification in multivariate process: a neural-fuzzy approach, *Journal of Intelligent Manufacturing*, 13(3), 211.

Wang, C.H. (2004). Predicting tourism demand using fuzzy time series and hybrid grey theory. *Tourism Management*, 25(3), 367-374.

Wang, H. and Bell, P. (1996). Fuzzy clustering analysis and multifactorial evaluation for students' imaginative power in physics problem solving. *Fuzzy Sets and Systems*, 78, 95-105.

Wang, S., D. Chang, and Wu, B. (2010). Does the digital natives technologies really help? A fuzzy statistical analysis and evaluation on students' learning achievement. *International Journal of Innovative Management, Information & Production.* 1(1). 18-30.

Watada, J. Waripan, T. and Wu, B. (2014) Optimal Decision Methods in Two-echelon Logistic Models. *Management Decision*, 52, 7, 1273-1287.

Watanabe, N. and Imaizumi, T. (1993). A fuzzy statistical test of fuzzy hypotheses.

Fuzzy Sets and Systems, 53, 167-178.

Wei C.P., Liu O. R., and Hu J.H. (2002). Fuzzy Statistics Estimation in Supporting Multidatabase Query Optimization, *Electronic Commerce Research,* 2(3), 287.

Weichselberger, K. (1993). Axiomatic foundations of the theory of interval-probability. *Proceedings of the 2-th Gauss Symposium*, Conference B: Statistical Science. Munich, 47-64.

Wen, F., Chen, L and Wu, B. (2000). Spatial time series analysis in 1997-1998 Eastern Asia financial crisis. *Asia Pacific Management Review*. 5, 331-345.

Wong, Z. and G.J. Klir (1992). *Fuzzy Measure Theory*. New York: Plenum Press.

Wu, B and Ho, Shu-Meei (2008) Evaluating intellectual capital with integrated fuzzy statistical analysis: a case study on the CD POB. *International Journal of Information and Management Sciences*.19(2)**,** 285-300.

Wu, B. and Chang, S. K. (2007). On testing hypothesis of fuzzy mean. *Journal of Industrial and Applied Mathematics*. 24(2)*,* 171-183.

Wu, B. and Chen, L. (2006). Use of partial cumulative sums to detect trends and change periods for nonlinear time series. *Journal of Economics and Management*, 2(2), 123-145.

Wu, B. and Chen, M. (1999). Use fuzzy statistical methods in change periods detection. *Applied Mathematics and Computation*. 99, 241-254.

Wu, B. and Chung, C. (2002). Using genetic algorithms to parameters (d,r) estimation for threshold AR models. *Computational Statistics and Data Analysis*. 38, 315-330.

Wu, B. and Hsu, Y. (2004). The use of kernel set and sample memberships in the identification of nonlinear time series. *Soft Computing Journal*. 8, 207-216.

Wu, B. and Hsu, Yu-Yun. (2004). A New approach of bivariate fuzzy time series: with applications to the stock index forecasting. *International Journal of Uncertainty, Fuzziness and Knowledge-based Systems*. 11(6), 671-690.

Wu, B. and Hung, S. (1999). A fuzzy identification procedure for nonlinear time series: with example on ARCH and bilinear models. *Fuzzy Set and System.*

108, 275-287.

Wu, B. and Kao, L. (2007). New fuzzy dynamic evaluation for ERP benefits. *Journal of Applied Business Researches.* 22(4), 89-102. ABI.

Wu, B. and Nguyen, H. (2014) New Statistical Analysis on the Marketing Research and Efficiency Evaluation with Fuzzy Data. *Management Decision*, 52, 7, 1330-1342.

Wu, B. and Sun, C. (1996). Fuzzy statistics and computation on the lexical semantics. *Language, Information and Computation (PACLIC 11), 337-346. Seoul, Korea.*

Wu, B. and Sun, C. (2001). Interval-valued statistics, fuzzy logic, and their use in computational semantics. *Journal of Intelligent and Fuzzy Systems.* 11,1-7.

Wu, B. and Tseng, N. (2002). A new approach to fuzzy regression models with application to business cycle analysis. *Fuzzy Sets and System.* 130, 33-42.

Wu, B. and Yang, W. (1997). Application of fuzzy statistics in the sampling survey. *Development and Application for the Quantity Methods of Social Science.* 289-316, Academic Sinica, Taiwan.

Wu, B. and Yu-Lan Lee (2013). What's Past is Prologue: Fuzzy Sampling Survey and Median Test on the Investigating Leisure Lifestyle of Aging Society. *International Journal of Intelligent Technologies and Applied Statistics.* 6(3) 293-305.

Wu, B., Lai, W., Wu, CL and Tienliu, T. (2014) Correlation with Fuzzy Data and Its Applications in the 12-Year Compulsory Education in Taiwan. *Communications in Statistics-Simulation and Computation.* (accepted)

Wu, B., Tienliu, T., Wu, CL and Lai,W. (2014) Statistical Analysis with Soft Computation for Fuzzy Answering in Sampling Survey. *Communications in Statistics-Simulation and Computation.* (accepted)

Wu, Berlin, Mei Fen Liu and Zhong Yu Wang (2012) Efficiency Evaluation In Time Management For School Administration With Fuzzy Data. *International Journal of Innovative Computing, Information and Control.* 8(8), 5787-5795.

Wu, H. C. (2003). The fuzzy estimators of fuzzy parameters based on fuzzy random variables, *European Journal of Operational Research*, 146(1), 101-114.

Wu, H.C. (1999). Probability density functions of Fuzzy Random Variables. *Fuzzy Sets and Systems*, Vol. 105, 139-158.

Wu, H.C. (2000). The Law of Large Numbers for Fuzzy Random Variables. *Fuzzy Sets and Systems*, Vol. 116, 245-262.

Xie, J., Wu, B. and Scriboonchita, S. (2010). Fuzzy estimation methods and their application in the real estate evaluation. *International Journal of Intelligent Technologies and Applied Statistics.* 3(2), 187-202.

Xu, B., Dale, D. S., Huang, Y., and Watson, M. D. (2002). Cotton color classification by fuzzy logic, *Textile Research Journal*, 72(6), 504-509.

Xu, Bing and B. Wu. (2007). On nonparametric estimation for the growth of total factor productivity: A study on China and its four east provinces. *International Journal of Innovative Computing, Information and Control.* 3(1), 141-150.

Xu, Z. W., and Khoshgoftaar, T. M. (2001). Software Quality Prediction for High-Assurance Network Telecommunications Systems, *The Computer Journal*, 44(6), 557.

Yager, R. and Filev, D. (1994). Approximate clustering via the mountain method. *IEEE Trans. Syst., Man, Cybern.* 24, 1279-1284.

Yang, Chih Ching, B. Wu and Songsak Sriboonchitta. (2012). A New Approach on Correlation Evaluation with Fuzzy Data and its Applications in Econometrics. *International Journal of Intelligent Technologies and Applied Statistics.* 5(2) 1-12.

Yang, M. (1993). A survey of Fuzzy Clustering. *Math. Compu. Modelling,* 18(11), 1-16.

Yang, M. and Ko, C. (1997). On cluster-wise fuzzy regression analysis. *IEEE Trans. Systems Man Cybernet,* vol 27, 1-13.

Yeh, Chiou-Cherng, Shih, Yaio-Zhern Y. and Wu, B. (2007). Fuzzy time series

forecasting with belief measure. *Kansei Engineering International*. 7(1), 55-70.

Yeung, D.S., and Tsang E.C.C. (1997) Weighted fuzzy production rules, *Fuzzy Sets and Systems*, 88, 299-313.

Yoshinari, Y., W. Pedrycz and K. Hirota (1993). Construction of Fuzzy Models through Clustering Techniques. *Fuzzy Sets and Systems*, 54, 157-165.

Yu, S., and Wu, B. (2009). Fuzzy item response model: a new approach to generate membership function for psychological measurement. *Quality & Quantity*, 43(3), 381-390.

Yuan Horng Lin, and Wu, B. (2011). Comparisons on rule usage of probability reasoning base on OT and ISM. *International Journal of Innovative Management, Information & Production*. 2(1). 89-102.

Yun, K.K. (2000). The Strong Law of Large Numbers for Fuzzy Random Variables. *Fuzzy Sets and Systems*, Vol. 111, 319-323.

Zadeh, L. A. (1965). Fuzzy Sets. *Information and Control*, 8, 338-353.

Zenovich, S.V. (1994). Integration of classification structures. *Nauchno -Tekhnicheskaya Informatsiya*, Seriya 2, 28(6), 8-12.

Zhang L. J., Liu, C.M., Davis, C. J., and Solomon, D. S. (2004). Fuzzy Classification of Ecological Habitats from FIA Data, *Forest Science*, 50(1), 117-127.

Zimmermann, H. J. (1991) *Fuzzy Set Theory and Its Applications*. Boston: Kluwer Academic.

筆記欄

筆記欄

筆記欄

筆記欄

筆記欄

筆記欄

國家圖書館出版品預行編目資料

模糊統計：使用R語言／吳柏林，林松柏
著.－－初版.－－臺北市：五南圖書出版股份
有限公司, 2022.03
　面；　公分
ISBN 978-626-317-670-6 (平裝)

1.CST：模糊理論　2.CST：數理統計
3.CST：R(電腦程式語言)

319.4　　　　　　　　　　　111002440

1H3D

模糊統計：使用R語言

作　　者 — 吳柏林、林松柏

責任編輯 — 唐筠

文字校對 — 許馨尹、黃志誠、鐘秀雲

封面設計 — 姚孝慈

發 行 人 — 楊榮川

總 經 理 — 楊士清

總 編 輯 — 楊秀麗

副總編輯 — 張毓芬

出 版 者 — 五南圖書出版股份有限公司

地　　址：106台北市大安區和平東路二段339號4樓

電　　話：(02)2705-5066　　傳　　真：(02)2706-6100

網　　址：https://www.wunan.com.tw

電子郵件：wunan@wunan.com.tw

劃撥帳號：01068953

戶　　名：五南圖書出版股份有限公司

法律顧問　林勝安律師事務所　林勝安律師

出版日期　2022年3月初版一刷

定　　價　新臺幣560元

經典永恆・名著常在

五十週年的獻禮——經典名著文庫

五南，五十年了，半個世紀，人生旅程的一大半，走過來了。

思索著，邁向百年的未來歷程，能為知識界、文化學術界作些什麼？

在速食文化的生態下，有什麼值得讓人雋永品味的？

歷代經典・當今名著，經過時間的洗禮，千錘百鍊，流傳至今，光芒耀人；

不僅使我們能領悟前人的智慧，同時也增深加廣我們思考的深度與視野。

我們決心投入巨資，有計畫的系統梳選，成立「經典名著文庫」，

希望收入古今中外思想性的、充滿睿智與獨見的經典、名著。

這是一項理想性的、永續性的巨大出版工程。

不在意讀者的眾寡，只考慮它的學術價值，力求完整展現先哲思想的軌跡；

為知識界開啟一片智慧之窗，營造一座百花綻放的世界文明公園，

任君遨遊、取菁吸蜜、嘉惠學子！